普通高等教育软件工程专业系列教材

实用软件工程技术

主　编　郑延斌
副主编　单冬红

科学出版社
北京

内 容 简 介

本书按照概念、工具、方法和管理这一主线对软件工程技术进行了全面介绍。书中介绍了软件工程中的基本概念、实用软件工程工具、传统软件工程方法（结构化方法和面向对象方法）、软件工程管理等内容。重点讲解了软件工程分析、设计和实现的方法及技术，并附以简单实用的例子来进行分析，便于读者理解和熟悉。

本书可作为本科及大专院校计算机及相关专业软件工程的教材，也可供相关技术人员参考使用。

图书在版编目(CIP)数据

实用软件工程技术 / 郑延斌主编. —北京：科学出版社，2013. 7
(普通高等教育软件工程专业系列教材)
ISBN 978-7-03-037569-8

I. ①实… II. ①郑… III. ①软件工程 IV. ①TP311. 5

中国版本图书馆 CIP 数据核字(2013)第 109783 号

责任编辑：于海云 / 责任校对：李 影
责任印制：张 伟 / 封面设计：迷底书装

科 学 出 版 社 出版
北京东黄城根北街 16 号
邮政编码：100717
http://www.sciencep.com
北京凌奇印刷有限责任公司 印刷
科学出版社发行 各地新华书店经销
*
2013 年 7 月第 一 版 开本：787×1092 1/16
2022 年 8 月第六次印刷 印张：14 1/2
字数：381 000

定价：55.00 元

(如有印装质量问题，我社负责调换)

普通高等教育软件工程专业系列教材

编　委　会

《实用软件工程技术》编委会

主　编　郑延斌

副主编　单冬红

编　委　郑延斌　单冬红　高　瑞　郭东峰　于海燕

前　　言

软件工程是信息化技术和计算机科学中一个重要而充满活力的研究领域。随着计算机的日益普及，计算机软件已经无处不在。为克服“软件危机”，提高软件质量，许多专家学者在需求分析、软件设计、测试、项目管理等方面进行了大量的研究工作，并逐渐形成了软件工程技术领域的系统知识。作为信息产业的一个支柱，软件工程这一学科已逐渐为人们所熟悉并广泛应用。

本书从概念、工具、方法和管理四个方面全面而系统地介绍了软件工程技术的内容，强调实例分析和应用训练是本书的主要特色。因此本书对本科生、专科生来说是一本实用性较强的教材。

全书共15章，分为4篇，第一篇软件工程概念(第1~2章)，第二篇软件工程工具(第3~6章)介绍了Project、Visio、PowerDesigner、Rational Rose等工具，第三篇软件工程方法学(第7~12章)介绍了传统的软件工程方法、结构化的分析设计与实现方法、UML建模方法、面向对象方法的应用、软件维护方法等。第四篇软件工程管理(第13~15章)介绍了软件计划管理、软件风险管理和软件企业成熟度模型。

其中第1、2章由河南师范大学郑延斌编写，第7~9章由平顶山学院单冬红编写，第10、11章由新乡学院郭东峰编写，第3、5、12、13章由河南农业大学高瑞编写，第4、6、14、15章由郑州科技学院于海燕编写。

由于作者水平有限，加之编写时间仓促，书中难免存在不妥之处，恳请广大读者批评指正。

编　者

2013年5月

目　录

第二篇 软件工程工具

第三篇 软件工程方法学

第四篇 软件工程管理

第一篇　软件工程概念

第 1 章　软件工程概述

20 世纪 60 年代，随着计算机硬件成本的下降及高级语言的流行，计算机的应用范围逐步扩大，计算机系统已经渗入到人们社会的各个方面，社会对软件的需求急速增长，并对软件提出了更高的要求，但是开发出来的软件仍不能满足用户的要求，从而产生了“软件危机”。软件开发的质量、效率、交付时间等方面都不能满足用户的需求。因此如何解决“软件危机”，为软件开发提供高质量、高效的技术支持，受到了研究者的关注。1968 年，北大西洋公约组织(NATO)会议首次提出了“软件工程”的概念，从而使软件开发开始了从“艺术”、“技巧”和“个体行为”向“工程”和“群体协同工作”转化的历程。软件工程是指导计算机软件开发和维护的一种工程学科，它涉及的知识相当广泛，对软件产业的形成和发展起着决定性的推动作用。

1.1　软件及软件危机

自 1946 年第一台计算机诞生以来，计算机硬件和软件有了飞速的发展。早期的计算机系统还是以硬件为主，软件费用是总费用的 20%左右，人们对软件的认识就是“软件就是代码”。随着计算机硬件技术的发展，计算机的应用已经渗入到社会中的各行各业，所需要的软件也越来越复杂，人们对软件的要求也越来越高，然而软件企业开发出来的软件却不能满足用户的要求，从而导致了软件危机。

1.1.1　软件的概念

“软件”一词是 20 世纪 60 年代才出现的，随着计算机技术的发展，人们对软件的认识也从早期的“计算机代码”到现在的“计算机程序、数据及各种相关文档的完整集合”，其中“程序”是计算机任务的处理对象和处理规则的描述；数据是使程序能正常操作信息的数据结构；“文档”是计算机程序的功能、设计、编制、文字及图形资料。软件是一种特殊产品，它具有如下特性。

(1) 软件的无形性。软件是一种逻辑产品，而不是具体的物质产品，是看不见摸不着的，具有无形性。人们可以把软件保存在计算机的存储器内，也可以保留在外存储器上，但是无法看到软件的形体，必须通过观察、分析、思考和判断了解它的功能及性能等。

(2) 软件产品的成本主要体现在软件的开发和研制上。软件的开发过程中没有明显的制造过程，也不像硬件产品，一旦研制成功就可以重复制造，在制造的过程中需要进行质量控制。当软件开发完成后，通过简单的复制就可以得到大量的软件产品。所以对软件质量的控制，必须在软件开发方面下工夫。

(3) 软件不会用坏，只能被淘汰。软件产品不像硬件那样存在磨损和消耗，不会用坏，直至被淘汰。

(4) 软件生成方式原始。软件产品的生成主要是脑力劳动，至今还没有完全摆脱手工的开发方式。大部分软件产品是“定制”的，很少能够做到利用现有的部件组装成所需要的软件。

(5) 软件成本昂贵。软件的研制工作需要投入大量的、复杂的、高强度的脑力劳动，成本非常高。

1.1.2　软件的分类

软件应用范围广，种类繁多，而且不同应用领域开发出来的软件具有不同的性质，因此要给出软件的一种很科学的分类方法是很难的，下面分别从不同角度对软件进行分类。

1. 按照软件功能划分

(1) 系统软件。这类软件与计算机硬件联系紧密。它能够合理地协调计算机系统的硬件资源、软件资源，并使其高效地工作，是为计算机用户提供各种服务的基础软件。如操作系统、数据库管理系统、语言处理程序、设备驱动程序以及通信处理程序等。

(2) 支撑软件。支撑软件可以协助用户开发软件的工具性软件，既包括帮助开发人员开发软件产品的工具，也包括帮助管理人员控制开发进程的工具。如文本编辑器、图形软件包、设计分析程序、模拟程序、符号执行程序等。

(3) 应用软件。应用软件是计算机中应用程序的总称，主要用于解决一些实际的应用问题，是在特定领域内开发，为特定目的服务的一类软件，如商业数据库处理软件，工程与科学计算软件，计算机辅助设计/制造软件，系统仿真软件，医疗、制药软件，办公自动化软件等。

2. 按软件规模划分

(1) 微型软件。一个人在几天之内完成的软件，程序行数不超过 500。

(2) 小型软件。一个人在半年之内完成的软件，程序行数在 2000 行以下。

(3) 中型软件。5 个人 1 年内完成的软件，程序行数为 5000~50000。

(4) 大型软件。5~10 人在 2~3 年完成的软件，代码行数约 10 万行。

(5) 甚大型软件。100~1000 人参加，在 4~5 年完成的软件，代码行数约为 100 万。

3. 按软件工作方式划分

(1) 实时处理软件。这类软件指在数据或者事件产生以后，必须立即处理并及时反馈信号的软件，起到控制和检测的作用。

(2) 分时处理软件。这类软件允许多个用户同时使用计算机，系统把处理机时间轮流分配给各联机用户，使得各用户都感觉到只是自己在使用计算机。

(3) 交互式软件。能够实现人机通信的软件，在任何时候都可以接收用户发送的信息，这种工作方式给用户很大的灵活性。

(4) 批处理软件。把一组输入或一批数据以成批的方式一次运行，按照顺序逐个执行相应的软件。

4. 按服务对象的范围划分

(1) 项目软件。项目软件即定制软件，是受某个特定客户的委托，由一个或多个软件开发机构在合同的约束下开发的软件。如卫星控制系统、军用防空指挥系统等。

(2) 产品软件。产品软件是由软件开发机构开发，为千百个用户服务或直接提供给市场的软件。如文字处理软件、财务处理软件、人事管理软件等。

5. 按使用的频度划分

(1)一次使用的软件。开发出来的软件只使用一次就不被使用了。如用于人口普查的软件，由于若干年以后才会进行下一次普查，故以前开发的软件若干年后很难适用。

(2)频繁使用的软件。如每天都在使用的天气预报软件。

1.1.3 软件的发展

第一台计算机问世以来，软件就产生了，经历了几十年的发展，已经从程序设计时代(1946~1956 年)、程序系统时代(1956~1968 年)发展到软件工程时代(1968 年至今)。在每个时代，人们对软件的理解和定义是不一样的，表 1-1 给出了软件发展的三个阶段中影响软件质量的各种因素的对比结果。

表 1-1 软件发展的三个阶段及特点

特点	程序设计	程序系统	软件工程
软件所指	程序	程序及说明书	程序、文档、数据
主要程序设计语言	汇编语言、机器语言	高级语言	软件语言
软件工作范围	程序编写	设计和测试	软件生存周期
需求者	程序设计者本人	少数用户	市场用户
开发软件的组织	个人	开发小组	开发小组及大中型软件开发机构
软件规模	小型	中小型	大中小型
决定质量的因素	个人编程技术	小组技术水平	管理水平
开发的技术和手段	子程序 程序库	结构化程序设计	数据库、开发工具、开发环境、工程化开发方法、标准和规范、网络及分布式开发、面向对象技术
维护责任者	程序设计者	开发小组	专职维护人员
硬件特征	价格高 存储量小 工作可靠性差	价格、速度、容量及工作可靠性有明显提高	向超高速、大容量、微型化及网络化方向发展
软件特征	完全不受重视	软件技术的发展不能满足需要，出现软件危机	开发技术有进步，但是未获突破性进展，价格高，未完全摆脱软件危机

1.1.4 软件危机

随着计算机硬件技术的飞速发展，软件技术的发展越来越不能满足硬件发展的需求，甚至远远落后于硬件的发展和人们对软件的期望。1970 年以来，软件的发展遇到了巨大的困难，如时间不能保证、经费一再增加、交付的软件总是存在错误等。1994 年，IBM 公司对 24 家在分布式系统处于领先地位的公司进行了技术统计，结果有 55%的软件超出了预算，68%的软件超出了预定的时间，88%的软件项目需要重新开发。根据美国国防部(DoD)2000 年的统计结果，在预定的软件开发项目中，最终成功的项目仅有 10%，而达到计划要求并能直接使用的软件项目仅有 5%。

软件危机是指计算机软件开发和维护过程中所遇到的一系列严重的问题，这些问题不仅仅是不能正常运行的软件才具有的，而是几乎所有软件都不同程度上存在的。

具体来说，软件危机的表现有以下几点。

(1) 对软件开发的进度和成本估计很不准确。由于缺乏必要的开发经验和知识，实际的开发成本比估计的成本高出很多，实际进度比预期的进度慢了很多。这种现象的出现导致用户的不满和不信任，降低了开发企业的信誉。

(2) 开发的软件产品不能满足用户的要求，用户对已经完成的软件不满意的现象常常发生。开发者在对用户的需求不了解或者是比较模糊的情况下，就着手开发软件，导致开发的软件产品不能满足用户的要求。

(3) 软件的质量不可靠。在软件开发的过程中，没有相应的质量保证体系和措施。在软件测试的过程中，没有进行严格、完全的测试，最后提交给用户的软件质量差。

(4) 软件通常没有相应的文档。在软件开发过程中没有完整、规范的文档，发现问题后进行的修改又比较混乱和随意，没有及时在文档中进行记录，这导致软件在运行过程中出现的错误很难修改，使得软件的维护性差。

(5) 软件常常是不可维护的。程序结构随意，缺乏必要的文档，导致程序中的很多错误是难以修改的，故不可能通过简单的修改使这些程序适应新的硬件环境，也不可能根据用户的要求在软件中增加一些新的功能。

(6) 软件开发的效率低。软件生成率提高的速度赶不上硬件发展的速度，也远远赶不上计算机深入普及的速度，因而出现了软件产品“供不应求”的现象，这极大地妨碍了计算机的发展和应用的普及。

1.1.5 软件危机产生的原因

软件危机的出现，除去软件本身的因素之外，另外还有软件开发、维护方法不当及没有很好的管理措施。导致软件危机的因素很多，总的来说可归结如下。

(1) 软件规模越来越大，结构越来越复杂。随着计算机应用的日益广泛，需要开发的软件规模日益庞大，相应的软件结构也日益复杂。如 1968 年，美国航空公司订票系统达到 30 万条指令；IBM 360 第 16 版达到 100 万条指令，花费了 5000 人年；1973 年美国阿波罗计划达到 1000 万条指令。这些庞大的软件，其处理功能的多样性和运行环境的多样性使得其功能非常复杂。有人估计，软件设计与硬件设计相比，其逻辑量要多达 10~100 倍。对于这些庞大的软件，相应的调用关系、接口信息、数据结构都是非常复杂的，远远超过了人所能够接受的程度。

(2) 软件开发管理困难。软件规模庞大、结构复杂且无形，软件开发过程的进展情况难以度量，其质量也难以评价，这些都导致软件开发过程难以管理，开发进度难以控制，软件质量难以控制，软件可靠性难以保证。

(3) 软件开发费用不断增加。由于软件开发是脑力劳动，它是资金密集、人力密集的产业，而大型软件投入人力多，开发周期长，费用上升快。

(4) 软件开发技术落后。在 20 世纪 60 年代，人们注重一些计算机理论的问题，如编译原理、操作系统原理、数据库原理、人工智能原理、形式语言理论等，不重视软件开发技术的研究，用户要求软件的复杂性与软件技术解决复杂性的能力不相适应，使得它们之间的差距越来越大。

(5) 软件开发工具落后。软件开发工具过于原始，没有高效的开发工具，因而软件生成率低下。在 1960~1980 年，计算机硬件的生产由于采用计算机辅助设计、自动生产线等先进工具，硬件生产率提高了 100 万倍，而软件生产率只提高了 2 倍，相差悬殊。

(6) 软件开发方式落后。软件开发仍然是采用手工开发方式，根据个人习惯和爱好工作，无章可循，无规范可依，靠言传身教的方式工作。

1.1.6 解决软件危机的途径

为了消除软件危机，软件开发者必须做到以下四点。

(1) 正确地认识软件。正如前面定义的那样，软件是程序、数据及相关文档的完整集合。1983 年，IEEE(美国电气和电子工程师协会)给出软件的定义为：计算机程序、方法、规则、相关文档资料以及在计算机上运行程序时所必需的数据。

(2) 必须充分认识到软件开发不是个人技巧的展现，而是一种组织良好，管理严密，各类人员协同配合，共同完成的工程项目。因此，必须充分吸收和借鉴人类长期从事各种工程项目所积累的行之有效的原理、概念、方法和技术。

(3) 应该推广和使用在实践中总结出来的、开发成功的技术和方法，并且研究探索更好更有效的技术和方法，尽快消除早期的错误观点和做法。

(4) 应该开发和使用更好的软件工具。

总之，为消除软件危机，在软件开发过程中既要有技术措施(工具和方法)，又要有必要的组织管理措施。

1.2 软 件 工 程

软件工程是指导计算机软件开发和维护的工程学科。为了克服软件危机，人们从其他产业化生产得到启示，于 1968 年在北大西洋公约组织的工作会议上首先提出“软件工程”的概念，提出要用工程化的思想来管理和开发软件。

1.2.1 软件工程的定义

软件工程是一门指导计算机软件开发和维护的工程学科，是一个交叉学科，涉及计算机科学、工程科学、管理科学、数学等多学科，研究范围广，主要研究如何应用软件开发的科学理论和工程技术来指导软件的开发。软件工程是应用计算机科学、数学及管理科学等原理开发软件的工程，它借鉴传统工程的原则和方法，以提高软件质量，降低成本为目的。

软件工程的定义很多，Fritz Bauer 在 NATO 会议上给出了定义：“软件工程是为了经济地获得可靠的和能在实际机器上高效运行的软件而确立和使用的健全的工程原理(方法)”。IEEE(IEEE93)对软件工程的定义如下：将系统的、规范的、可度量的工程化方法用于软件开发、运行和维护的过程。

1.2.2 软件工程研究内容

软件工程的主要研究内容包括软件开发技术和软件工程管理两个方面。软件开发技术主要研究软件开发方法学、软件开发过程、软件开发工具和软件开发环境；软件工程管理主要研究软件管理学、软件经济学和软件心理学。

1.2.3 软件工程目标

软件工程是一门工程性学科，目的是成功地建造一个大型软件系统，即在给定成本、进度的前提下，开发出具有可修改性、有效性、可靠性、可理解性、可维护性、可重用性、可适应性、可移植性、可追踪性和可互操作性并满足用户需求的软件产品。

简单地说，软件工程的目标有：付出较低的开发成本；达到要求的软件功能；取得较好的软件性能；开发的软件易于移植；需要较低的维护费用；能够按时完成开发任务，及时交付用户使用；开发的软件可靠性高。

1.2.4 软件工程的基本原则

1. 用分阶段的生命周期计划严格管理

在软件开发与维护过程中，需要完成许多性质各异的工作。因此，应该把这个过程划分成若干阶段，并制订相应的、切实可行的计划。然后，严格按照计划对软件的开发与维护进行管理。

2. 坚持阶段性评审

软件质量的保证工作不能等到编码结束后再进行。首先，因为大部分错误都是在编码之前造成的，有统计表明，设计错误占软件错误总数的63%，编码错误只占37%；其次，错误发现与改正得越晚，所要付出的修改代价就越高。因此在每个阶段都要进行严格的评审，以便尽早发现软件开发过程中的错误。

3. 实施严格的产品控制

在软件开发过程中不能随意改变需求，因为需求的修改往往需要付出高昂的代价。但是在软件开发过程中，需求的修改又是难免的，因此不能硬性禁止客户提出改变需求的要求，只能依据科学的产品控制技术来适应这种要求。

4. 采用现代程序设计技术

从提出软件工程的概念开始，人们一直把主要精力用于研究各种新的程序设计技术，20世纪60年代末提出的结构程序设计技术已经成为公认的先进的程序设计技术。以后又进一步发展提出结构化分析与结构化设计技术。实践表明，先进的技术既可以提高软件的开发效率，又可以提高软件的维护效率。

5. 结果应能清楚地审查

软件产品不同于一般的物理产品，软件开发人员的工作进展情况可见性差，难以准确衡量，因此软件产品的开发过程比一般产品的开发过程更加难于评价和管理，为了提高软件开发过程的可见性，更好地进行组织和管理，应该根据软件开发项目的总目标及完成期限，规定开发组织的责任和产品标准，从而使结果能够清楚地审查。

6. 开发小组的人员应该少而精

软件开发小组成员的素质要好，且人数不宜过多。开发小组人员的素质和数量是影响软件产品质量和开发效率的重要因素。素质高的开发人员开发效率比较高，而且错误率也比较低。另外随着开发小组人员数目的增加，交流和讨论问题所造成的通信开销也会急剧增加。

7. 承认不断改进软件工程实践的必要性

遵循上述 6 条原理，就能按照当代软件工程基本原理实现软件的工程化生产，但是仅有这些并不能保证软件开发及维护的过程能够赶上时代前进的步伐，能跟上技术的不断进步。因此在软件开发和维护的过程中要不断采纳新的软件技术，而且要不断总结经验，只有这样才能保证开发的软件能够满足用户的要求，并赶上时代的潮流。

1.2.5 软件工程的三要素

从软件工程目标中可以看出，质量是软件工程的生命线，软件工程以质量保证为基础。质量管理促进了过程的改进，创造了许多行之有效的软件开发方法和工具。软件工程采用层次化的方法，每个层次都包括过程、方法、工具三要素。方法支撑过程和工具，过程和工具促进方法学的研究。

软件工程方法为软件开发提供了如何做的技术，它包括多方面的任务，如项目计划与估算，软件系统分析，数据结构、系统总体结构的设计，算法过程的设计、编码、测试以及维护等。

软件工具为软件工程方法提供了自动的或半自动的软件支撑环境。目前，已经推出了许多软件工具，这些软件工具集成起来，建立起被称为计算机辅助软件工程(Computer Aided Software Engineering，CASE)的软件开发支撑系统。CASE 将各种软件工具、开发机器和一个存放开发过程信息的工程数据库组合起来，形成一个软件工程环境。

软件工程的过程则是将软件工程的方法和工具综合起来，以达到合理、及时地进行软件开发的目的。过程定义了方法使用的顺序、要求交付的文档资料、为保证质量和协调变化所需要的管理及软件开发各个阶段完成的里程碑。

1.2.6 软件工程所面临的问题

软件工程是用于指导软件开发和维护的工程性学科，因此按照软件工程所给出的方法来进行软件的开发与管理，可以减少在软件开发和维护过程中容易出现的错误。如果不按照软件工程方法来开发和管理软件，就不能开发出高质量、满足用户要求的软件，但是按照软件工程的方法进行软件开发和管理，开发的软件不一定是高质量和满足用户要求的，因此软件工程必须解决一些棘手的问题，这些问题包括以下几方面。

1. 软件费用

由于软件生成是通过手工制作完成的，软件是知识密集型的产品，人力资源远远不能满足迅速增长的社会需求，随着人们生活水平的提高，软件费用的增长还将继续。

2. 软件可靠性

软件的可靠性指软件系统能否在特定的环境下运行并得到所期望的结果。随着软件规模的增大，软件变得越来越复杂，其可靠性越来越难以保证。另外软件的应用对象对软件运行的可靠性要求越来越高，在一些关键的应用领域，如航空、航天等，其可靠性要求尤为重要，在银行等服务性行业，软件系统的可靠性也直接关系到该行业的声誉和生存、发展、竞争能力。

3. 软件可维护性

统计数据表明，软件的维护费用占整个软件系统费用的2/3，因为在软件运行维护的过程中，许多隐含的错误需要排除，另外还要根据用户的要求增加一些新的功能，以及为适应新的用户环境所必须做的调整，这些都使得软件维护工作变得非常复杂，然而软件的维护效率是非常低的，因此如何提高软件的可维护性，减少软件维护的工作量，是软件工程所面临的主要问题之一。

4. 软件生成率

随着计算机应用的普及，人们对软件的需求也越来越大，而且越来越复杂，如何改变软件现有的生成状况，提高软件的生成率，也是软件工程所面临的问题之一。

5. 软件重用

为了降低软件费用，提高软件的生成率，软件重用是一个非常重要的手段。当前的软件开发存在大量重复的劳动，耗费了不少人力资源。因此，如何提高软件的可重用性是软件工程所面临的核心问题之一。

1.3 小 结

本章介绍了软件工程的一些基本概念与基础知识，包括软件、软件危机、软件工程等基本概念。另外还介绍了软件的发展、软件危机的表现、软件危机产生的原因及解决软件危机的途径等。

习 题

1. 什么是软件危机？其表现形式是什么？软件危机产生的原因是什么？
2. 什么是软件工程？软件工程的目标是什么？
3. 软件工程的原则是什么？
4. 软件工程面临的问题有哪些？

第2章 软件过程

软件过程是软件工程发展到一定阶段，传统的软件工程难以解决越来越复杂的软件开发问题时，提出的新的解决办法，它使软件工程进入了过程驱动时代。软件过程有效地推动了软件开发的高速发展。

软件过程是为获取软件产品，在软件工具的支持下由软件工程师完成的一系列工程活动。软件过程规定了获取、供应、开发、操作和维护软件时要实施的过程、活动和任务。其目的是为各种活动提供一个公共的框架，以便用相同的语言进行交流。

软件过程是软件工程中非常重要的概念，如同汽车工程和建筑工程中汽车的质量、建筑的质量体系，汽车生产的每个细节都有严格的定义和规范，建筑施工的每一步都要有严格的标准和测试体系。软件过程也称为软件生存周期过程，是指软件生存周期中的一系列相关过程，过程是活动的集合，活动是任务的集合。活动的执行可以是顺序的、迭代的、并行的、嵌套的或者是由条件引发的。

2.1 软件生命周期的基本任务

软件生命周期是指一个软件从提出开发要求开始到该软件报废的整个时期。软件生存周期的各个阶段有不同的划分。软件规模、种类、开发方式、开发环境以及开发使用的方法都影响着软件生存周期的划分。

软件生存周期的一个典型的阶段划分为：问题定义、可行性研究、需求分析、概要设计、详细设计、编码、测试和维护。GB 8566—1988《计算机软件开发规范》将软件生存周期分为软件定义阶段、软件设计阶段、运行与维护阶段。

2.1.1 软件定义阶段

软件定义阶段的任务是确定软件开发的目标及其可行性。该阶段可以细化为如下几个子阶段：问题定义、可行性研究、需求分析、软件项目计划。

1. 问题定义

软件定义阶段需要解决的问题是：说明软件要解决的问题是什么。

2. 可行性研究阶段

可行性研究的目的是就最小的代价在尽可能短的时间内确定问题能否解决，可行性研究的内容包括技术可行性、经济可行性和社会可行性。这个阶段要解决的问题如下。

(1) 对于确定的软件目标有没有可行的解决方案？

(2) 需要的费用是多少？

(3) 需要哪些资源？

(4) 需要多长时间？

3. 需求分析

需求分析是软件定义阶段最重要的一个任务，也是非常困难的。需求分析要解决的根本任务是准确地回答“软件必须做什么”的问题。需求分析的目标是对目标系统提出完整、准确、清晰、具体的要求，即确定软件目标、软件应该具有的功能和性能、构造软件的逻辑模型、制定验收标准。系统分析员通过分析与调研，应该提出关于上述问题的正确回答，并形成一个书面报告，该报告需要得到客户的确认。

4. 软件项目计划

经过需求分析以后，软件项目的目标、规模已经详细地展现在系统分析员面前，因此系统分析员需要对项目的开展，从人员、组织、进度、资金、设备等方面对软件开发进行合理的计划。

2.1.2 软件设计阶段

软件设计时期的根本任务是将需求分析时期得到的逻辑模型设计成具体的计算机软件方案，主要包括设计软件的总体结构、设计具体模块的实现算法、软件设计评审三个方面的工作。 软件设计阶段可以分为概要设计、详细设计、编码和测试。

1. 概要设计

概要设计也称总体设计，其基本目标是能够针对软件需求分析中提出的一系列软件问题，概要地回答如何解决。例如，软件系统将采用什么样的体系构架，需要创建哪些功能模块，模块之间的关系如何，数据结构如何，软件系统需要什么样的网络环境提供支持，需要采用什么类型的后台数据库等。

2. 详细设计

在概要设计的基础上，确定每个模块的内部细节，为编程提供直接依据。该阶段要给出每个模块的实现算法和模块内部的数据结构等细节。

3. 编码

编码阶段就是把设计好的软件结构中的每个模块转换成计算机可以接受的软件代码，即转换成以某种特定程序设计语言表示的“程序清单”。

4. 测试

测试是保证软件质量的重要手段，分为模块测试、组装测试和确认测试。

(1)模块测试是查找各模块在功能和结构上存在的问题。

(2)组装测试是将各模块按照一定的顺序组装起来进行的测试，主要是查找模块接口上存在的问题。

(3)确认测试是按照软件需求说明书上的功能逐项测试，发现不能满足用户要求的问题，确认开发的软件是否合格，能否交付用户使用。

2.1.3 运行与维护阶段

维护是计算机软件不可忽视的重要阶段，维护工作是软件周期最长、工作量最大、费用最昂贵的一项任务。维护阶段的任务是保障软件的正常运行以及对软件进行维护。为了排除软件中可能存在的隐含错误，适应用户需求及系统操作环境的变化，需要对系统进行必要的修改和扩充。

2.2 软件生命周期模型

软件生命周期模型是描述软件开发过程中各项活动如何执行的模型。软件生命周期模型可以为软件开发过程中的所有活动提供统一的政策保证，为参与开发的所有成员提供帮助和指导；软件生命周期模型确立了软件开发和演绎中各阶段的次序限制以及各阶段活动的准则，确立开发过程所遵守的规定和限制，便于各种活动的协调以及各种人员的有效通信，有利于活动重用和管理；软件生命周期模型能够表示各种活动的实际工作方式、各种活动之间的同步和制约关系，以及活动的动态特性。典型的软件生命周期模型有瀑布模型、增量模型、螺旋模型、喷泉模型、变换模型、基于知识的模型和统一过程模型等。

2.2.1 瀑布模型

瀑布模型(或称瀑布式开发流程)是由温斯顿·罗伊斯(Winston Royce)在1970 年最初提出的软件开发模型，在瀑布模型中，开发被认为是按照需求分析、设计、编码、测试(确认)、集成和维护的固定顺序进行。瀑布模型是最早出现的一种模型，也是软件开发过程中最常用的模型，该模型的结构如图 2-1 所示。

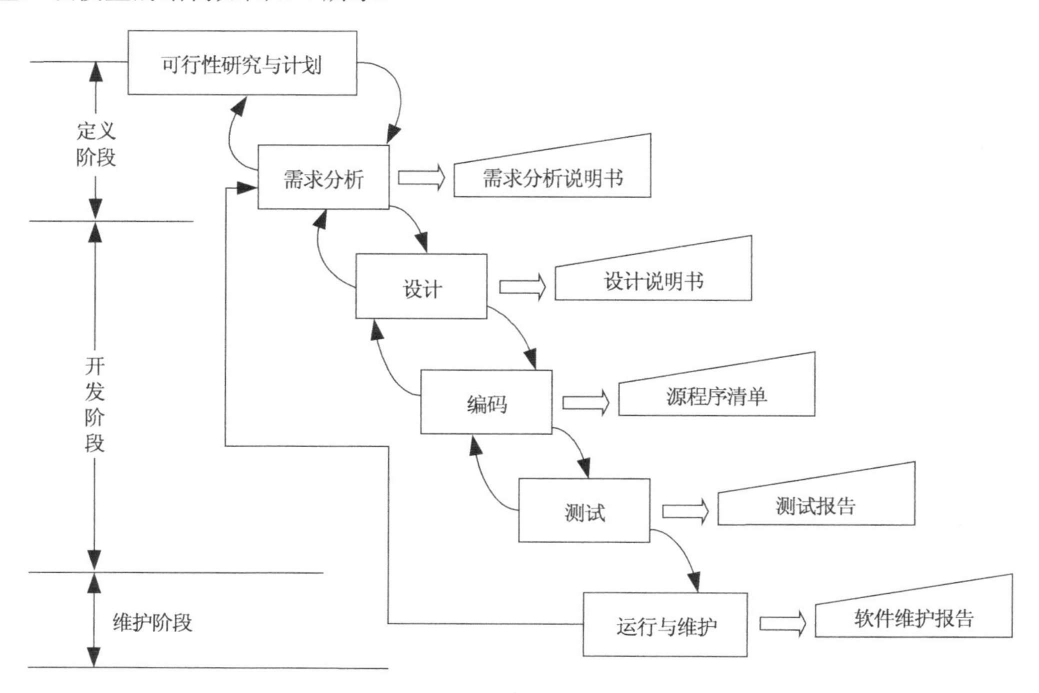

图 2-1 瀑布模型结构图

1. 瀑布模型的特点

瀑布模型是一种整体模型，直到软件开发完成后，用户才能够见到整个软件，它的特点如下。

(1) 阶段间具有顺序性和依赖性。

(2) 推迟实现的观点。

(3) 每个阶段必须完成规定的文档；每个阶段结束前完成文档审查，及早改正错误。

2. 瀑布模型的局限性

虽然瀑布模型是最早出现的模型，也是比较常用的模型，但是这种模型有很多局限性，具体表现如下。

(1) 阶段与阶段划分固定，阶段间产生大量的文档，增加了工作量。

(2) 由于开发模型呈线性，当开发成果尚未经过测试时，用户无法看到软件的效果。

(3) 无法通过开发活动澄清本来不够确切的软件需求，因此需要返工或者不得不在维护阶段纠正需求的偏差。

(4) 由于顺序固定，前期工作中造成的差错到后期阶段所造成的损失更大，为了纠正错误，需要付出高昂的代价。

2.2.2 增量模型

虽然瀑布模型难以适应用户变化的需求，且开发速度慢，但瀑布模型提供了一套工程化的管理模式，能够有效地保证软件质量，使得软件易于维护。

针对瀑布模型的缺陷，研究者提出了增量模型。增量模型是一种非整体开发模型，软件是“逐渐”被开发出来的，开发一部分，向用户展示一部分。

1. 增量模型的分类

依据构造和增加方式的不同，增量模型可以分为增量构造模型、演化提交模型和快速原型。

(1) 增量构造模型。增量构造模型的需求分析阶段和设计阶段与瀑布模型相似。编码和测试阶段是按照增量方式开发的。该模型的优点是，在开发过程中用户能够及早发现软件中的问题，该模型结构如图 2-2 所示。

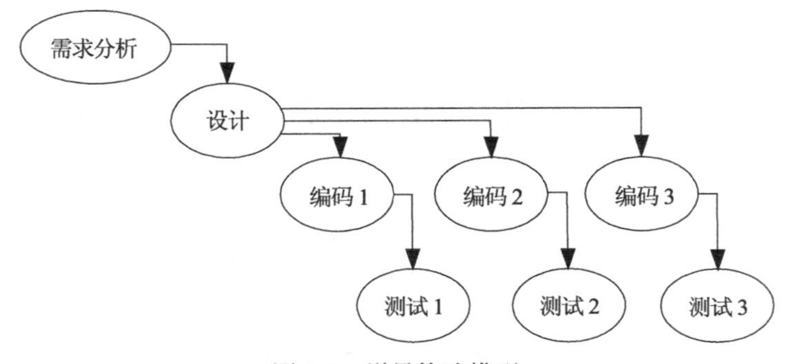

图 2-2　增量构造模型

(2) 演化提交模型。演化提交模型中，各阶段都是增量开发的形式。先对某部分功能进行需求分析，然后按照顺序进行设计、编码和测试，把该部分功能开发完毕并提交用户，直到所有的功能全部开发完毕，如图 2-3 所示。

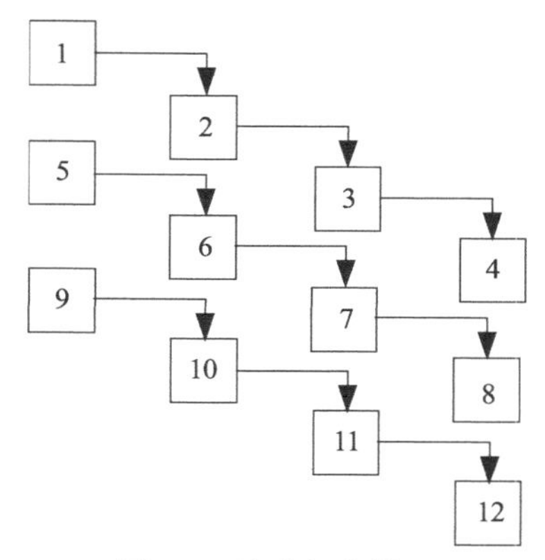

图 2-3　演化提交模型

(3) 快速原型。快速原型 (rapid prototyping model) 是在需求分析之前，首先提供给用户一个最终产品的原型。用户通过对这个原型的使用，明确自己所需软件的界面和功能需求。快速原型可以帮助用户整理自己的需求，并明确软件工作的流程和模式。快速原型虽然不能完全避免设计阶段对需求的修改，但是比瀑布模型好得多。用户可以准确地表达自己的需求，在数据处理模式、界面的输入/输出与开发者形成一致的意见，从而大幅度地减少设计和实现阶段的返工现象，快速原型模型如图 2-4 所示。

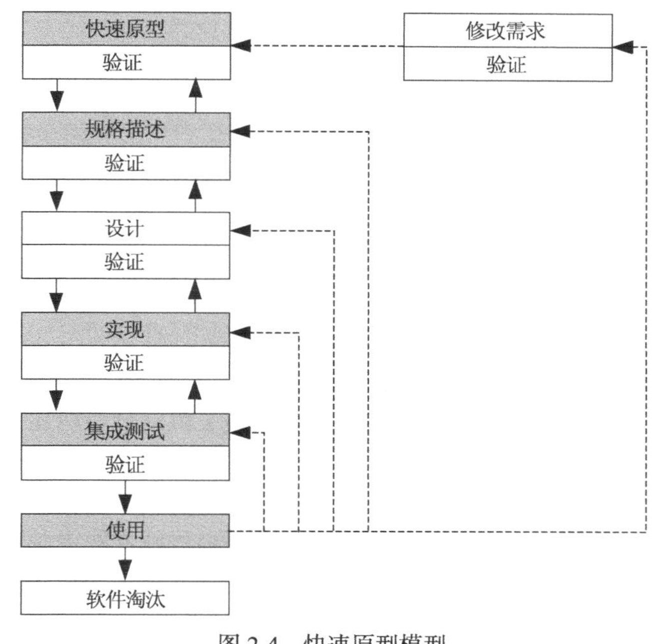

图 2-4　快速原型模型

——► 开发；------► 维护

2. 增量模型的特点

(1) 开发初期的需求定义只是用来确定软件的基本结构，用户只需要对软件需求进行大概的描述，从而有利于用户需求的逐渐明朗。

(2) 软件系统可以按照构建的功能安排开发的优先顺序，并逐个实现和交付使用。

(3) 软件系统是逐渐展开的，因此开发者可以通过对诸多构件的开发逐步积累开发经验，有利于从总体上降低项目的技术风险。

3. 增量模型的缺陷

(1) 由于各个构件是逐渐并入已有的软件体系结构中的，所以加入构件一定不能破坏已构造好的系统，这需要软件具备开放式的体系结构。

(2) 在开发过程中，需求的变化是不可避免的。增量模型的灵活性使其适应这种变化的能力大大优于瀑布模型，但也很容易退化为边做边改模型，从而使软件过程的控制失去整体性。

2.2.3 同步–稳定模型

为了改进增量模型的缺陷，研究者提出了同步-稳定模型（synchronize-and-stabilize model）。该模型描述如下。

在需求分析阶段，搜集大量潜在用户的需求信息，整理并生成需求描述说明书。然后将需求分成 3~4 个版本。第一需求版本仅包含最重要的功能需求，第二个版本包含次要的功能需求。以此类推，最后一个版本包含全部功能需求。在开发每个版本时，功能被划分为许多个并行的工作小组，在规定的时间内完成软件的同步开发，然后将本次完成的所有模块组织到一起进行测试，并对出现的错误和问题进行修改和完善。测试完成后，本版本软件被冻结，不允许作任何改动，称为稳定，交给用户使用。

同步–稳定模型的优点如下。

(1) 尽早的软件测试，而且是集成测试，降低了软件开发的风险，将错误的损失降低到最小。

(2) 定期的软件集成与测试，保证了各个软件开发小组之间交流的持续性，大大降低了软件集成的效率和成功率。

(3) 设计人员可以及时获得软件实现的反馈新信息，而不是当所有模块都开发完成之后才能得到反馈。

2.2.4 螺旋模型

螺旋模型是瀑布模型与增量模型的结合，并且增加了风险分析所建立的一种软件过程模型，适应于指导大型软件项目的开发。螺旋模型将项目开发划分为制订计划、风险分析、实施开发、用户评估等阶段。

制订计划：确定软件目标，选定实施方案，搞清楚项目开发的限制条件。

风险分析：对各个不同的实现方案进行评估，考虑如何识别和消除风险。

实施开发：若原型已经解决了所有性能和用户接口风险，那么接下来就按照瀑布模型的要求进行软件的设计和开发。

用户评估：评价开发工作，提出修正建议。

螺旋模型的结构如图 2-5 所示。沿着螺旋线每旋转一圈，表示开发出一个较前一个版本更为完善的新软件版本。螺旋模型适合大型软件的开发，它吸收了软件工程“演化”的概念，使得开发人员和用户对每个螺旋周期出现的风险有所了解，从而做出相应的反应。

2.2.5 喷泉模型

软件的生命周期模型可以按照瀑布模型先分析后设计，也可按照螺旋模型或增量模型交替进行分析和设计。喷泉模型是一种以用户需求为动力，以对象为驱动的模型，适合于面向对象的开发方法，克服了瀑布模型不支持软件重用和多项开发活动的局限性，开发过程具有迭代性和无间隙性，其结构如图 2-6 所示。

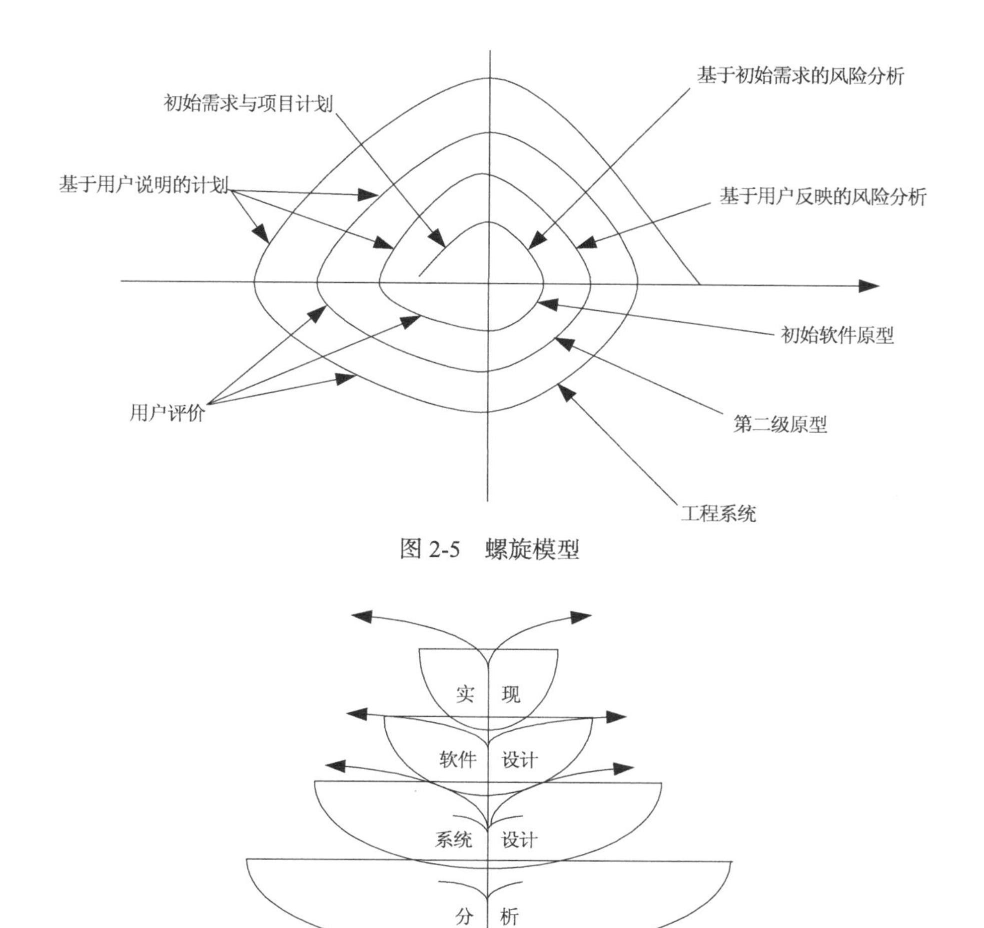

图 2-5 螺旋模型

图 2-6 喷泉模型

喷泉模型的特点如下。

(1) 喷泉模型规定软件开发过程分为四个阶段：分析、系统设计、软件设计和实现。各个阶段相互重叠，反映了软件过程的并行性特点。

(2) 以分析为基础，资源消耗呈塔形，在分析阶段消耗的资源最多。

(3) 反映了软件过程迭代的自然特性，从高层返回低层无资源消耗。

(4) 强调增量开发，分析一点设计一点，不要求一个阶段的彻底完成。

(5) 是对象驱动的过程，对象是所有活动作用的实体，也是项目管理的基本内容。

(6) 实现时可以分为系统实现和对象实现，既反映了全系统的开发过程，也反映了对象族的开发和重用。

2.2.6 基于知识的模型

基于知识的模型也称为智能模型，是一种把瀑布模型和专家系统结合起来的模型。该模型建立了软件开发各阶段所需要的知识库，将模型、相应领域知识和软件工程知识分别存入数据库，以软件工程知识为基础的生产规则，构成的专家系统与含有应用领域知识规则的其他专家系统相结合，构成了该应用领域的开发系统，其结构如图 2-7 所示。

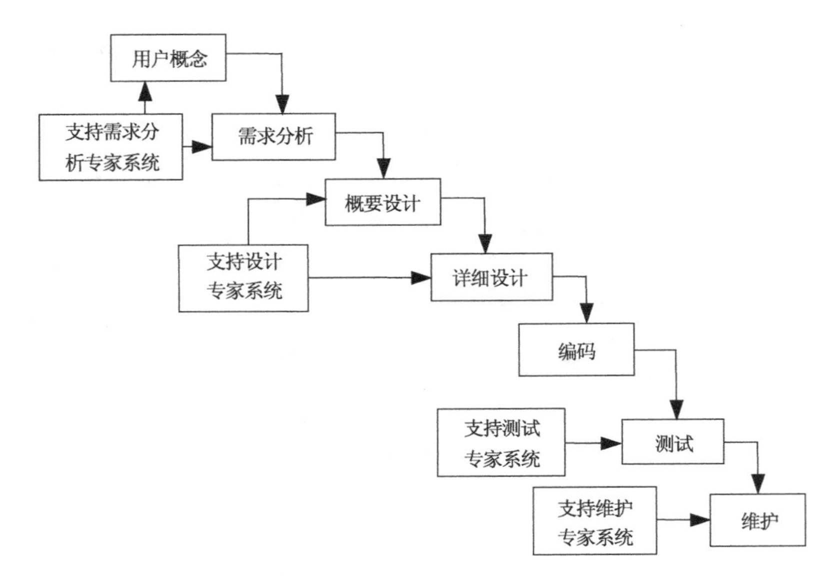

图 2-7　基于知识的模型

1. 基于知识的模型的优点

(1) 通过领域的专家系统，可以使得需求说明更完整、准确和无二义性。

(2) 通过软件工程专家系统，提供一个设计库支持，在开发过程中成为设计者的助手。

(3) 通过软件工程知识、特定应用领域的知识和规则的应用来提供开发的帮助。

2. 基于知识的模型的缺点

(1) 建立适合于软件设计的专家系统是非常困难的，超出了目前的研究范围，是今后软件工程发展的方向。

(2) 建立一个既适合软件工程又适合应用领域的知识库也是非常困难的。

2.3　软件开发方法

软件开发模型是指开发软件项目的总体过程思路。软件开发方法是一种使用早已定义好的技术及符号表示来组织软件生产过程的方法，软件开发方法是克服软件危机的重要方法之一。

2.3.1　结构化方法

结构化方法(structure method)是最早、最传统的软件开发方法。结构化方法由结构化分析、结构化设计和结构化程序设计组成，是一种面向数据流的开发方法。

结构化分析是根据分解与抽象的原则，按照系统中数据处理的流程，用数据流图来建立系统的功能模型，进而完成需求分析的过程。

结构化设计是根据模块独立性原则和软件结构准则，将数据流图转换为软件的体系结构，用软件结构图来建立系统的物理模型，实现系统的概要设计。

结构化程序设计是根据结构化程序设计原理，将每个模块的功能用相应的标准控件结构表示出来，实现详细设计。

2.3.2 Jackson 方法

Jackson 方法是一种面向数据结构的方法。最初为 JSP 方法，在 JSP 方法的基础上又形成了 JSD 方法。

JSP 方法首先描述问题的输入/输出数据结构，分析其对应性，然后推出相应的程序结构，从而给出问题的软件过程描述，适合小规模的项目。

JSD 方法是一种完整的系统开发方法，首先建立现实世界模型，再确定系统的功能需求，是一种基于进程的开发方法，应用于实时性比较强的系统中，包括数据处理系统和一些实时控制系统。

2.3.3 维也纳开发方法

维也纳开发方法(VDM)，是 1969 年在开发 PL/1 语言时，由 IBM 公司维也纳实验室的研究小组提出的。该方法自提出以来，已经成为一种对大型系统软件形式化开发的较有潜力的方法，在欧洲及北美有相当大的影响力。

VDM 是一种形式化的开发方法，软件需求用严格的形式语言来描述，把描述的模型逐步转换成目标系统。该方法是一个基于模型的方法，其主要思想是：将软件当成模型进行描述，即把软件的输入/输出看做模型对象，而这些对象在计算机中的状态可以看做该模型在对象上的操作。

2.3.4 面向对象的方法

面向对象的开发方法是目前比较流行的软件开发方法，起源于 1967 年的第一个面向对象的程序设计语言 SIMULA-67。

面向对象的开发方法的基本出发点是尽可能地按照人类认识世界的方法和思维方式来分析和解决问题。客观世界由许多具体的事物、事件、概念和规则组成，它们均可以被看做对象。面向对象的开发方法包括面向对象的分析、面向对象的设计和面向对象的实现。

面向对象的开发方法有 Booch 方法、Coad 方法和 OMT 方法等。为了统一各种面向对象方法的术语，1997 年推出了统一建模语言，即 UML(Unified Modeling Language)，它是面向对象的标准建模语言，目前已经成为业界的统一标准。

2.4 软件开发工具与开发环境

2.4.1 软件开发工具

软件开发工具是支持软件开发人员开发和维护软件活动而使用的软件。软件开发工具类型很多，不同的开发人员有各自的使用习惯，一般来说常用的软件开发工具有事务系统规划工具(business systems planning tool)、项目管理工具(project management tool)、支撑工具(support tool)、分析和设计工具(analysis and design tool)、程序设计工具(programming tool)、测试工具(testing tool)、原型建造工具(prototyping tool)、维护工具(maintenance tool)、框架工具(framework tool)等。

由于在开发过程中，一种工具支持多种开发活动，所以可以将各种简单的工具组合起来，形成一个工具包，这种工具包通常称为工具箱。工具箱的特点是工具界面不统一，工具内部无联系，工具切换由人工手动完成。

2.4.2 软件开发环境

软件开发过程中的工具箱对软件开发工作提供了很大的帮助，但是工具箱的使用也有不方便的地方，因此为支持整个软件生命周期，将软件开发工具集成化，以形成一个完整的开发环境。该开发环境不仅支持从软件开发到软件维护的个别阶段，而且还能够支持从项目开发计划、需求分析、设计、编码、测试到维护等软件生命周期的所有阶段。从而确保软件项目开发的高度可见性、可控制性和可追踪性。

2.4.3 计算机辅助软件工程

为了实现软件工具在软件生命周期的各个环节自动化，产生了计算机辅助软件工具。CASE 的实质是为软件开发提供一组优化集成的且能大量节省人力的软件开发工具。

CASE 技术是软件工具和软件开发方法的结合。不同于以往的软件技术，它强调解决整个软件开发过程的效率问题，而不是解决个别阶段的问题。

CASE 工具与其他软件工具的区别是：支持专用的个人计算环境；使用图形功能对软件进行说明并建立文档；将软件生命周期各阶段的工作连接到一起；收集和连接软件系统中从最初的软件需求到软件维护各个环节的所有信息；用人工智能技术实现软件开发和维护工作的自动化。目前常用的 CASE 工具包括事务系统规划工具、项目管理工具、支撑工具、分析和设计工具、程序设计工具、测试工具、原型建造工具、维护工具、框架工具。

2.5 小　　结

本章介绍了软件生命周期的概念，它对软件生成和管理有着重要的作用。同时介绍了软件的各种生命周期模型，这些模型为开发人员提供了统一的框架。瀑布模型是最基本的模型，它虽然为软件开发提供了工程化的管理方法和思路，但是该模型存在一定的局限性，因此研究者又提出了增量模型、螺旋模型、喷泉模型、同步-稳定模型、基于知识的模型等。最后介绍了软件开发方法和软件开发工具。

习　　题

1. 软件生命周期是如何定义的？
2. 软件生命周期模型在软件开发过程中的作用是什么？
3. 为什么说瀑布模型不能适应用户变化的需求？
4. 为什么说螺旋模型适合大规模项目的开发？其特点是什么？

第二篇　软件工程工具

第 3 章 Project

本章主要介绍 Project 的基础应用知识及使用技巧，内容概括为：3.1 节概括介绍 Project 2010；3.2 节介绍 Project 2010 的工作界面；3.3 节介绍 Project 2010 一些基本操作和项目管理方法。

3.1 Project 2010 简介

Project 2010 是微软公司开发销售的项目管理软件，也是 Office 产品史上最具创新与革命性的一个版本，其全新设计的用户界面、稳定安全的文件格式、无缝高效的沟通协作等优点深受广大用户的青睐。

3.1.1 Project 的设计目的

软件设计的目的在于协助专案经理发展计划，为任务分配资源，进度跟踪，对项目进行监视、合并及优化，管理预算和分析工作量。

3.1.2 Project 2010 的功用

Project 2010 与 Office 其他组件一样，具有一个崭新的界面。除此之外，新版本的 Project 还包括强大的日程安排、进度管理、视图自定义等功能。具体新增功能如下。

1. 新颖的界面

以前版本的命令和功能常常深藏在复杂的菜单和工具栏中，现在用户可以在包含命令和功能逻辑组的面向任务的选项卡上更轻松地找到它们。

2. 快速查找命令

在 Project 2010 中，用户只需右击，就可以在弹出的包含常用命令的微型工具栏中找到最常用的命令，从而可以帮助用户节省使用项目的时间。

3. 新的查看功能

Project 2010 还新增了一些查看功能，可以帮助用户更清楚地了解工作组的工作情况与人员分配情况。另外，通过新的查看功能，还可以通过日程表视图来查看项目全貌。

4. 用户控制的日程安排

Project 2010 为用户提供了日程排定增强功能，可以改进用户对日程的控制。其中，主要包括 4 种控制日程安排方式，分别是手动排定日期、自动排定日期、非活动任务、自上而下的摘要任务。

3.1.3 Project 的版本历史

第一个版本的 Project 是 1984 年一家与微软合作的公司发布给 DOS 使用。微软于 1985 年购买了这个软件并发布了第二个版本的 Project。1986 年微软发布了第三版本的 Project；同年第四版本的 Project 发布，这是最后一个 DOS 版本的 Project。第一个 Windows 的 Project 于 1990 年发布，这被标记为 Windows 的第一版本。之后的版本发布有：1991 年版、1992 年版、1995 年版、1998 年版、2000 年版、2002 年版、2003 年版、2007 年版及 2010 年版，微软已于 2012 年 10 月发布 msdn 版本。

3.1.4 Project 的优势

Project 用于项目管理上的优势在于，它能够使用户有效地管理和了解项目日程，快速提高工作效率，充分利用现有数据，还可以构造专业的图表和图示。Project 可以帮助用户有效地交流信息，进一步控制资源和财务，还可根据用户需要跟踪项目，快速访问所需信息。

3.2 Project 2010 工作界面

3.2.1 Project 2010 工作界面展示

Project 2010 为用户提供了一个新颖独特且操作简便的用户界面。其工作界面与 Office 其他组件的工作界面大致相同，也是由标题栏、选项卡、组、状态栏及工作表视图组成，唯一的区别是 Project 2010 的工作表视图是由数据视图区与图表视图区组合而成的。

启动 Project 2010 时，将显示如图 3-1 所示的工作界面。

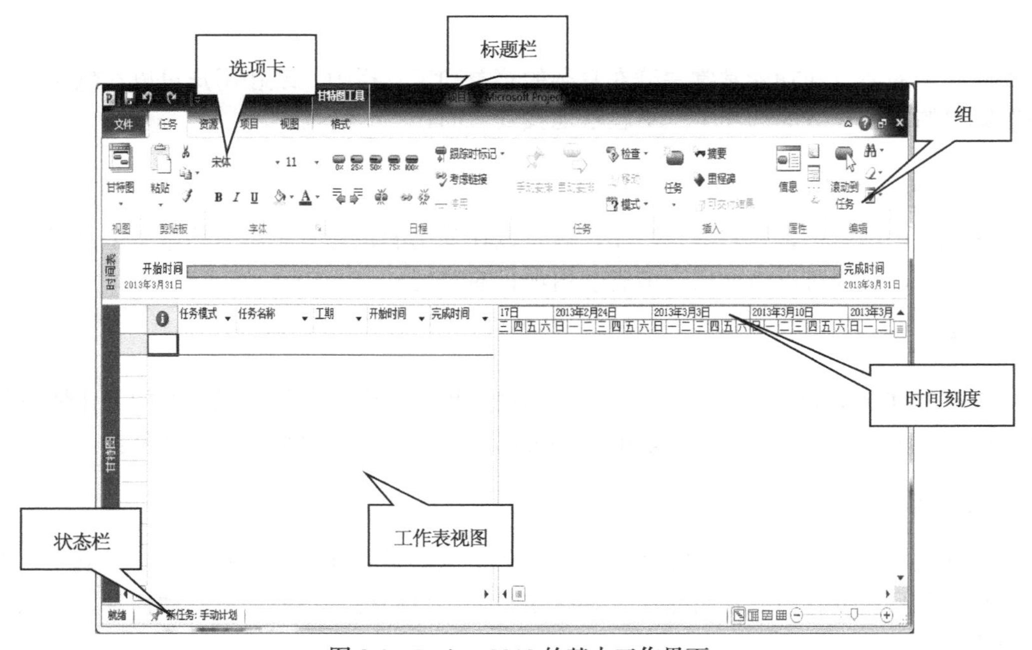

图 3-1 Project 2010 的基本工作界面

1. 标题栏

标题栏位于窗口的最上方，用于显示文件的名称。左侧为快速访问工具栏，右侧为窗口控制按钮，中间显示程序与当前运行的文件名称。

2. 选项卡

在 Project 2010 中选项卡替代了旧版本中的菜单，主要包括文件、任务、资源、项目、视图等选项卡。

3. 组

在 Project 2010 中，组替代了旧版本菜单中的各级命令，直接单击组中的命令可快速实现对 Project 2010 的各种操作。

4. 时间刻度

在甘特图、资源图表、任务分配状况、资源使用状况视图顶部包含时间刻度的灰色分割宽线，时间刻度下方的区域显示了以图表方式表示的任务或资源信息。

5. 工作表视图

工作表视图位于界面的中央，垂直拆分条的左侧为数据视图区，主要用来编辑项目任务名称、工期、开始时间等项目信息，右侧为图表视图区，主要用来显示甘特图、资源图表、资源使用状况、任务分配状况视图中的以图形显示的任务或资源信息。

6. 状态栏

状态栏位于界面的底部，主要显示当前的操作或模式的状态。状态栏中包含了当前编辑状态与新任务的当前模式。

3.2.2 项目管理专用术语概述

在项目管理中，会接触到许多专用术语，为了使读者更好地运用 Project 2010 进行项目管理，在进行具体使用前，先对一些基本的术语进行说明。

1. 任务

任务是指具有开始日期和完成日期的具体工作，它是日程的组成单元。项目通常是由相互关联的任务构成的。

2. 资源

资源是指完成任务所需的人员、设备和原材料等。资源负责完成项目中的任务。资源有 2 种类型，即工时资源和材料资源。工时资源是指人员和设备；材料资源是指可消耗的材料或物品。当需要指定由谁来完成项目中的任务或需要什么资源来完成任务时，可以使用资源。指定给任务的资源可以是单个的人或一台设备，也可以是一个工作组。

3. 成本

完成任何成本都需要付出一定的代价，如人工、消耗材料和每次使用的成本，这都存在成本费用的问题。在 Project 中，成本是指任务、资源、任务分配或整个项目的总计划成本，有时也称为当前成本或当前预算。

4. 里程碑

里程碑用于标识日程的重要事项，它可以作为一个参考点，用来监视项目的进度。里程碑只用于标记项目中的关键时刻。

5. 工期

工期是完成某项任务所需工作时间的总长度，通常是从任务开始日期到完成日期的工作时间量。

6. 关键路径

在网络图中，从开始到结束之间的最长路径，或是没有任何浮动的路径，这个路径对应完成这个项目的最短时间。由于关键路径为最小任务计算工期，定义最早、最迟开始与结束日期，所以关键路径是直接决定项目大小的因素，有助于确保项目按时完成。一般情况下，可根据下述步骤来确定关键路径。

将项目中的各项任务视为具有时间属性的节点，从项目的起点到终点进行有序排列。用具有方向性的线段标出各节点的关系，使之成为一个有方向的网络图。

用正、逆算法计算任务的最早与最晚开始时间，以及最早与最晚结束时间，并计算各个活动的时差。

找出时差为零的路线，该路线即为关键路径。

7. 工作分解结构

通常以产品为导向，通过一个谱系图来组织、定义并以图示表示要完成项目目标所必需的硬件、软件、服务和其他工作任务。

8. 甘特图

甘特图是进度计划常用的一种工具，具体介绍见第四篇相关内容，这里不再具体介绍。

3.3 Project 2010 项目管理

3.3.1 Project 操作入门

对于初学者或是想要快速建立项目的人来说，直接应用模板是最快且最有效的方法。

Project 2010 提供了大量模板供用户直接使用，用户只需选择合适的模板，再将项目的时间与日历进行调整即可。下面以软件项目管理为例，阐述通过 Project 中模板快速创建项目。

双击桌面上的相应图标，启动 Project，其界面如图 3-2 所示。

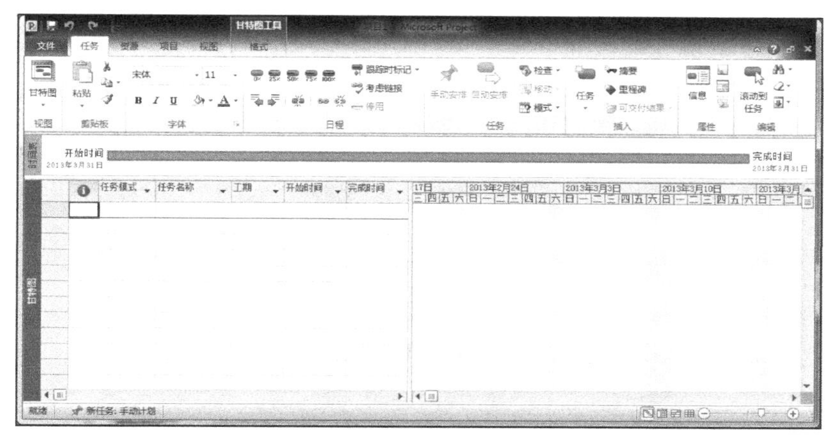

图 3-2　Project 2010 界面

执行“文件”→“新建”命令，在展开的列表中选择“我的模板”选项，如图 3-3 所示。

在“我的模板”中选择相应模板后，单击“确定”按钮，一个初具原型的软件开发的项目计划就出现了，如图 3-4 所示。

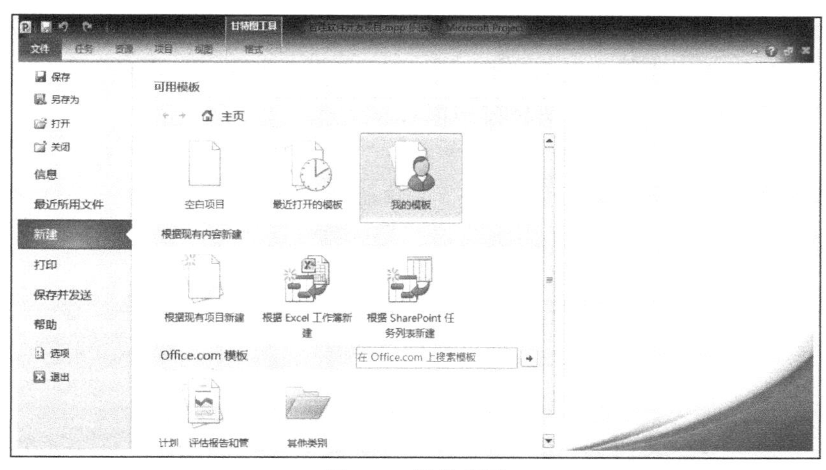

图 3-3　新建项目

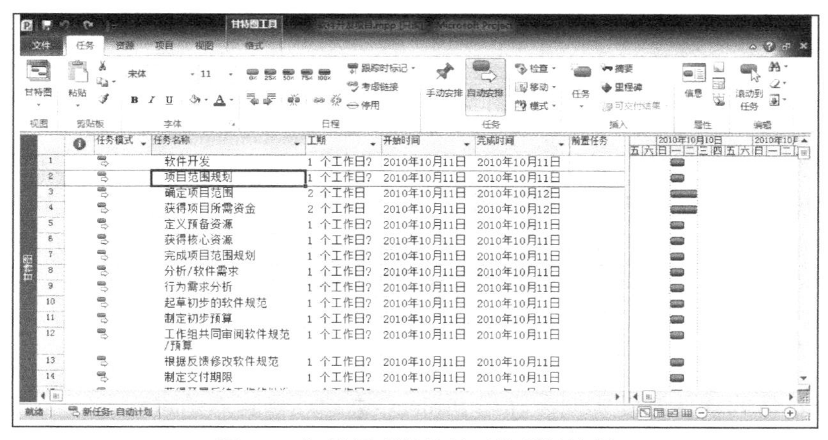

图 3-4　初具原型的软件开发项目计划

要在项目中某个任务之前添加新任务，可以在项目窗口中单击该任务的行号，然后右击，从弹出的快捷菜单中选择“插入任务”命令，如图 3-5 所示。

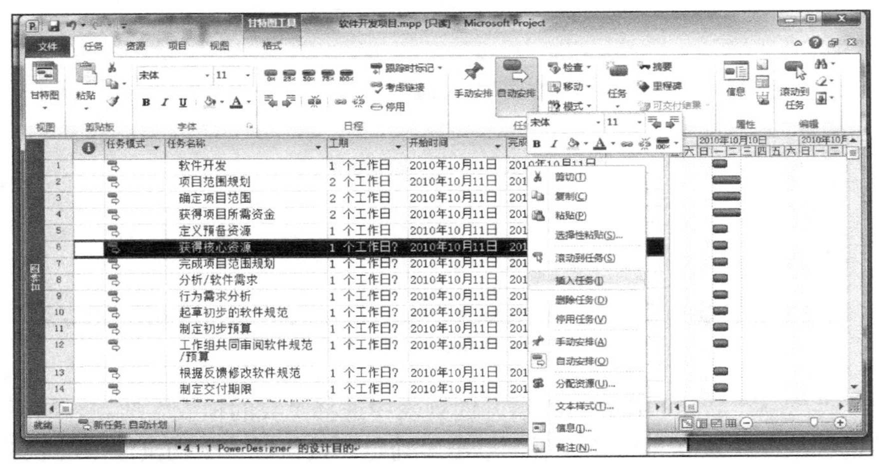

图 3-5　添加任务

利用同样的步骤可以删除不需要的任务，这里不再赘述。在项目原来的任务中，可以针对所设置的任务名称或工期修改项目进行时的日历。选择“项目”选项卡下的“项目信息”选项，将弹出如图 3-6 所示的项目信息对话框。

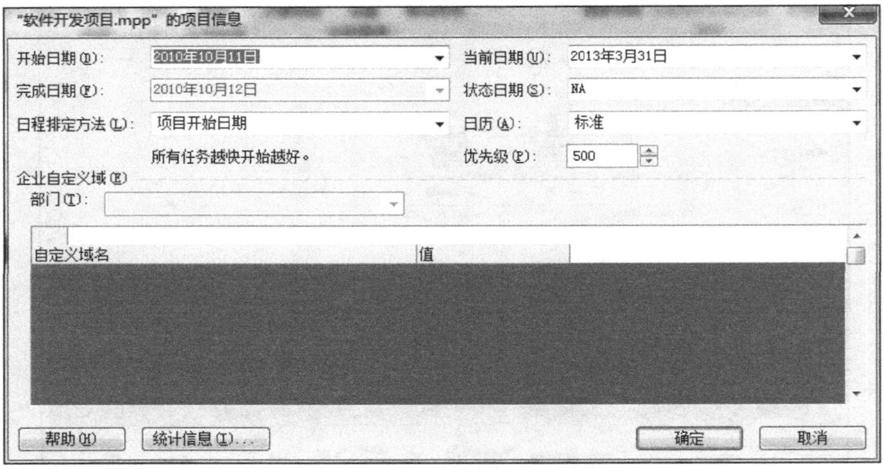

“软件开发项目.mpp” 的项目信息
开始日期(D)：2010年10月11日　　当前日期(U)：2013年3月31日
完成日期(F)：2010年10月12日　　状态日期(S)：NA
日程排定方法(L)：项目开始日期　　日历(A)：标准
所有任务越快开始越好。　　优先级(P)：500
企业自定义域(E)
部门(T)：
自定义域名　　值
帮助(H)　统计信息(I)...　确定　取消

图 3-6　项目信息

这里如果要求该软件项目必须在 2012 年 10 月 12 日前完成，因此在“日程排定方法”列表框中选择“从项目完成之日起”选项，在“完成日期”列表框中选择“2012 年 10 月 12 日”，输入安排计划的完成日期。接着在“日历”列表中，设置用户自己的工作日历，最后单击“确定”按钮，就会发现软件项目计划已经变为所需要的时间。

3.3.2　利用 Project 进行项目管理

下面结合具体的软件开发实例，介绍 Project 进行项目管理的过程。

某公司需要开发一款新软件，需要根据客户的需求设计软件的整体功能，并在客户规定的 2010 年 12 月 12 日之前交付软件并进行相应的培训。为保证软件项目顺利完成，需要运用 Project 2010 软件创建项目文档、项目任务、项目日历等，并通过创建软件开发项目文档来启动项目。

1. 创建软件项目

首先启动 Project 2010，执行“项目”→“属性”→“项目信息”命令，在弹出的对话框中，分别设置项目的开始日期、日历、优先级等选项。执行“项目”→“属性”→“更改工作时间”命令，切换至“工作周”选项卡，单击“详细信息”按钮，进行工作时间的设置。然后根据需要插入新的任务，完善每个任务的详细任务。最后单击快速访问工具栏中的“保存”按钮，设置保存名称和保存位置。

2. 管理软件开发项目任务

为软件开发项目创建任务后，为确定整个项目所需的工时，还需要为项目任务设置工期值，以及创建任务之间的相关性，同时需要设置任务的延迟或重叠时间，具体操作步骤如下。

选择第 2~57 个任务，执行“任务”→“日程”→“降级任务”命令，设计 1 级任务。使用相同的方法设置 2，3 级任务。选择某一任务相应的“工期”单元格，输入需要的数字，并按 Enter 键，使用同样的方法设置其他任务的工期。然后创建里程碑任务，对于所有的子任务，创建任务的相关性。所谓相关性，举例说明，如要先打好地基才能盖房子，先砌好墙才能刷墙面等。在 Project 中共提供了 4 种任务的相关性。设有任务 A 和 B，如果它们之间的相关性为“完成-开始”，则意味着只有任务 A 完成后，任务 B 才能开始；若它们之间的相关性为“开始-开始”，则只有任务 A 开始后，任务 B 才能开始；若相关性为“完成-完成”，则意味着只有在任务 A 完成后，任务 B 才能完成。“开始–完成”的相关性表示只有在任务 A 开始后，任务 B 才能完成。任务相关性设置完成后的效果如图 3-7 所示。

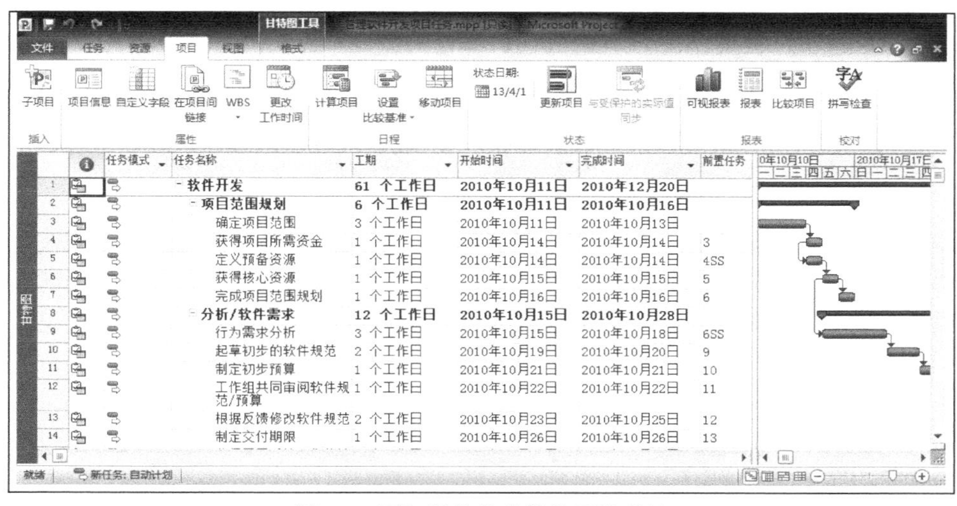

图 3-7　更加结构化的软件开发项目

3. 管理软件开发项目资源

虽然任务是项目中的重要元素，但是仅依靠任务是无法完成整个预计项目的，此时项目经理还需要为项目创建项目资源，并将资源赋予任务。在确保项目时间足够的情况下，监督与控制项目的任务成本与总成本。下面将介绍资源创建、资源分配以及资源调整等操作方法。

创建工时资源。打开文档，执行“任务”→“视图”→“甘特图”→“资源工作表”命令。在“资源名称”单元格中输入资源名称，按 Enter 键完成工时资源的输入。

创建成本资源。在“资源名称”单元格中输入成本资源名称，按 Tab 键，将“类型”设置为成本。使用同样的方法创建其他成本资源。

执行“资源”→“属性”命令后，可进行资源的可用时间、资源的备注信息等设置。最后通过执行“资源”→“工作分配”→“分配资源”命令对各种资源进行分配。图 3-8 显示了资源分配的情况。

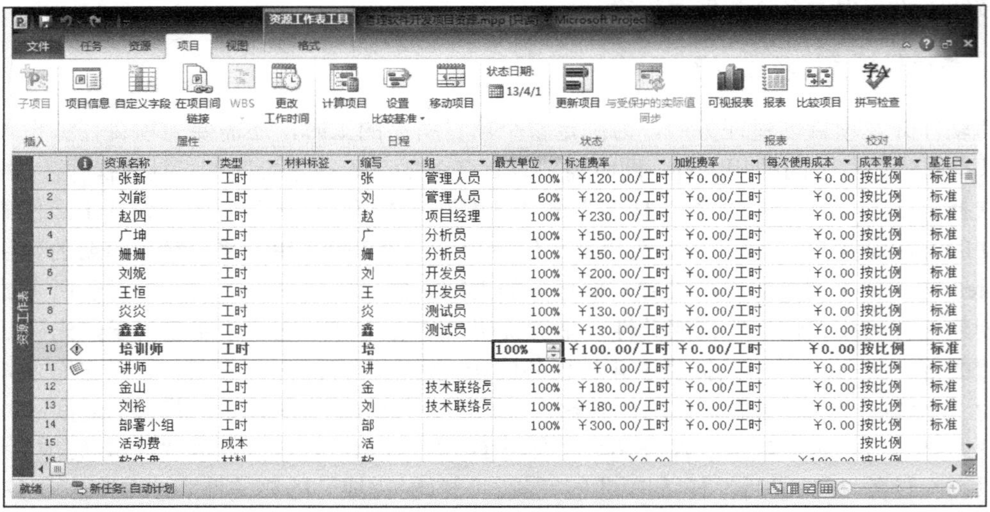

图 3-8 资源分配图

Project 2010 还可以根据项目需要对项目进行动态跟踪，实时调整项目，这些功能介绍在此不再一一列举。

3.4 小 结

软件项目计划是软件工程管理的重要组成部分，进度安排是软件项目计划的关键组成部分，借助 Project 可以方便地进行软件项目的进度安排。学习 Project 不仅可以提高开发人员的个人项目管理能力，而且对企业业务管理效率的提升和项目执行力的贯彻有很大的帮助。

习 题

1. Project 2010 工作界面由哪几部分组成？
2. Project 2010 的功能有哪些？
3. 解释下列词语

   任务 资源 成本 里程碑 关键路径
4. 任务的相关性包括哪几种？

第 4 章　Visio

本章主要介绍软件开发工具 Visio 的安装过程以及在 Visio 中绘制业务流程图和数据流程图的步骤。

4.1　Visio 简介

Office Visio 是为了便于信息技术和商务专业人员就复杂信息、系统和流程进行可视化处理、分析和交流而产生的绘图软件。使用具有专业外观的 Office Visio 图表，可以促进对系统和流程的了解，深入了解复杂信息并利用这些知识作出更好的业务决策。

Visio能够帮助创建具有专业外观的图表，以便理解、记录和分析信息、数据、系统和过程。Visio 以可视方式传递重要信息，就像打开模板、将形状拖放到绘图中以及对即将完成的工作应用主题一样轻松。另外，Visio 中的新增功能和增强功能使得创建 Visio 图表更为简单快捷，令人印象更加深刻。

4.2　Visio 的安装步骤

(1) 双击 Visio 安装程序图标启动 Visio 安装程序，进入安装向导界面，如图 4-1 所示。

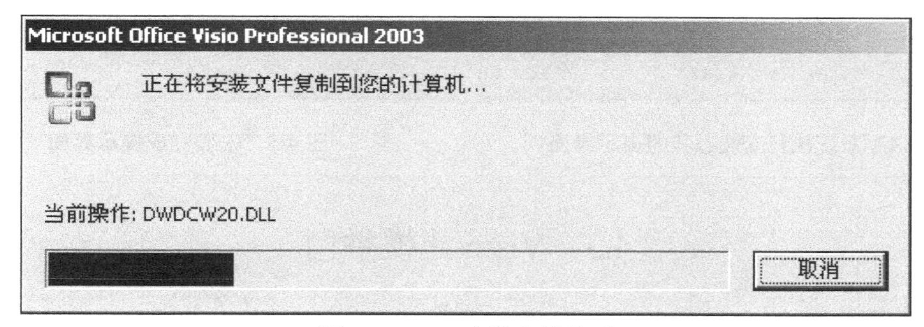

图 4-1　Visio 安装向导界面

(2) 安装向导执行结束后，系统弹出产品密钥输入界面，如图 4-2 所示。按照提示要求输入正版软件的产品序列号，然后单击“下一步”按钮进入用户名信息输入界面。

(3) 在用户名信息输入界面中，按照提示要求分别输入用户名、缩写以及单位的名称，然后单击“下一步”按钮进入最终用户许可协议提示界面，选中“我接受《许可协议》中的条款”复选框，然后单击“下一步”按钮进入安装类型选择界面，如图 4-3 所示。

(4) 在图 4-3 所示的安装类型选择界面中根据需要选择安装类型，设置安装位置，单击“下一步”按钮，进入系统执行安装过程的提示界面，如图 4-4 所示，最后进入安装完成提示，如图 4-5 所示，单击“完成”按钮完成安装。

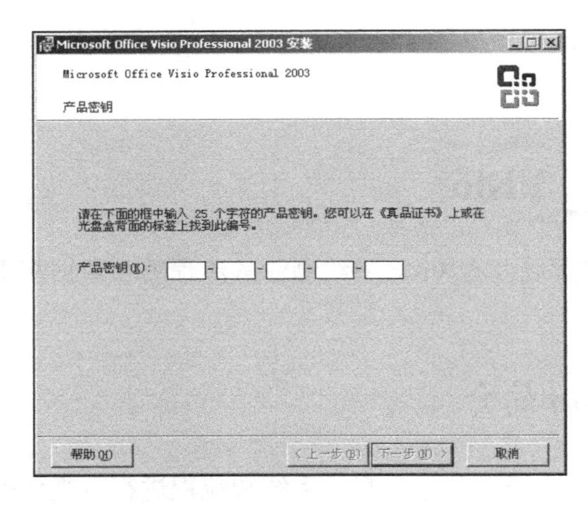

图 4-2　产品密钥输入界面

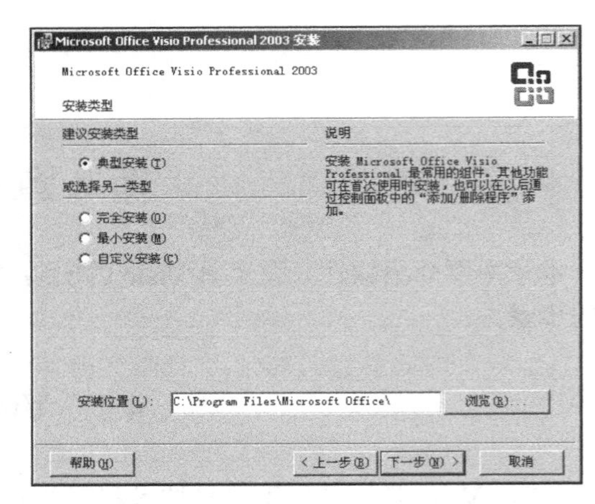

图 4-3　安装类型选择界面

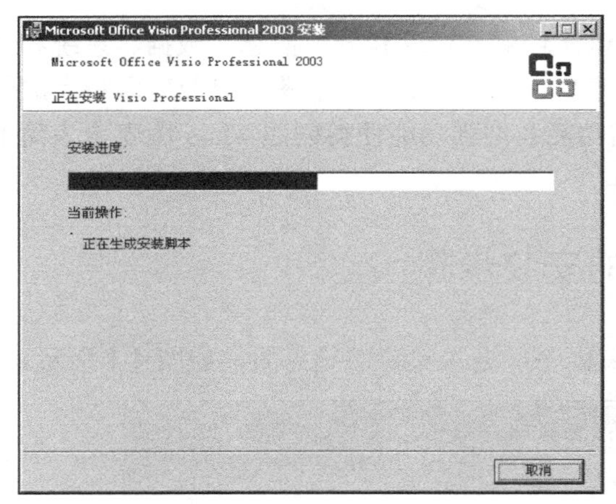

图 4-4　系统执行安装过程的提示界面

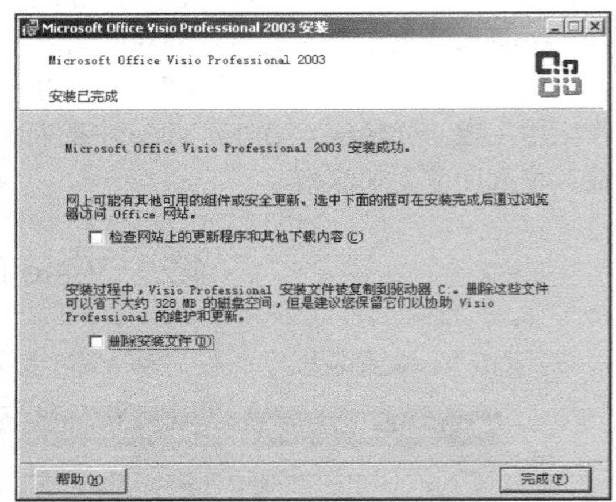

图 4-5　安装完成提示界面

4.3　Visio 建模举例

4.3.1　业务流程图

业务流程图(Transaction Flow Diagram，TFD)就是用一些规定的符号及连线表示某个具体业务处理过程。业务流程图是一种描述系统内各单位、人员之间业务关系，作业顺序和管理信息流向的图表，它可以帮助分析人员找出业务流程中的不合理流向。它是完整的业务流程，以业务处理过程为中心，一般没有数据的概念。下面以汽车公司车辆配置业务流程(图 4-6)为例，具体说明在 Visio 中的具体绘制步骤。

(1)启动 Visio，新建一个 Visio 文件或打开已有的 Visio 文件。

(2)选择“形状”菜单“基本形状”菜单下的“基本流程图形状”选项，如图 4-7 所示。根据需要绘制基本图元。

(3)添加文本，双击各个图形输入相应文本。

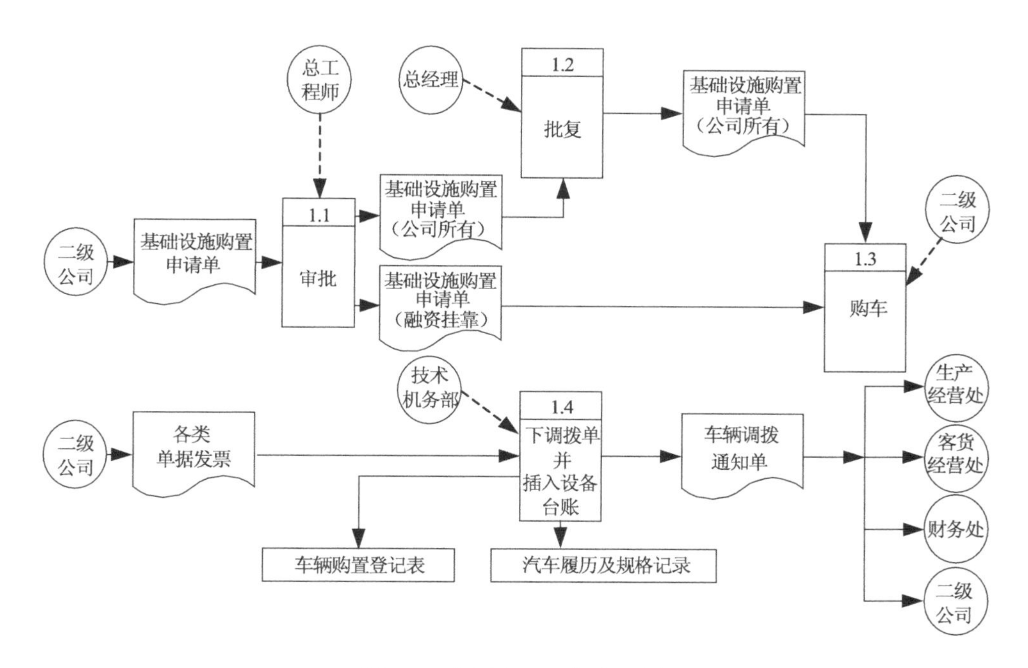

图 4-6　车辆配置业务流程图

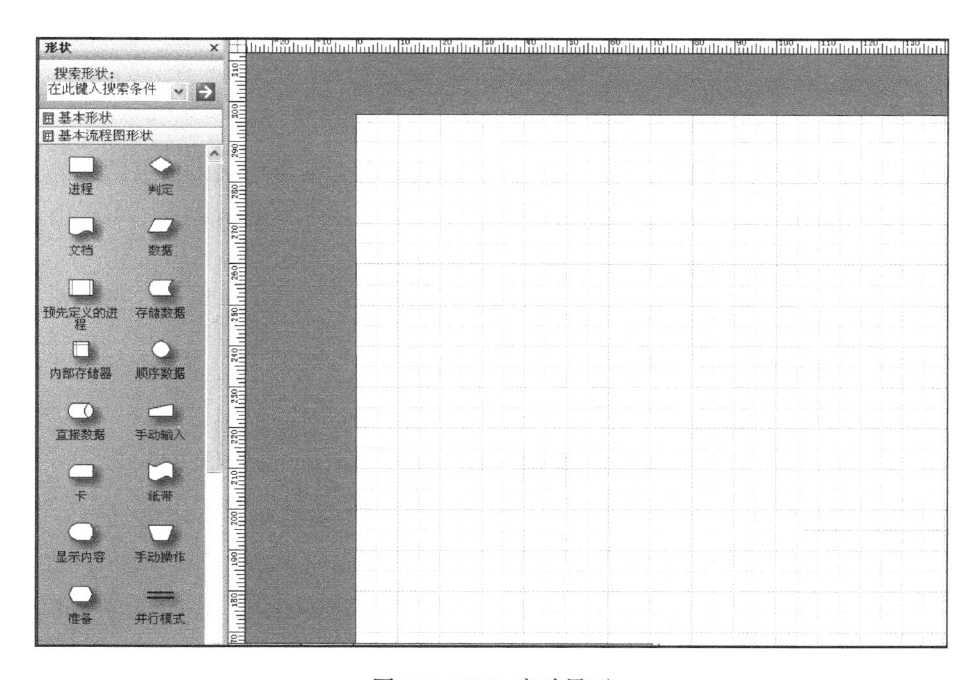

图 4-7　Visio 启动界面

(4)连接图形，利用“常用”工具栏中的“连接线工具”按钮可实现图形连接。

(5)在线条上添加文字。

(6)对流程图中的图形进行排版。

(7)完善并保存为一个文件，如图 4-8 所示。

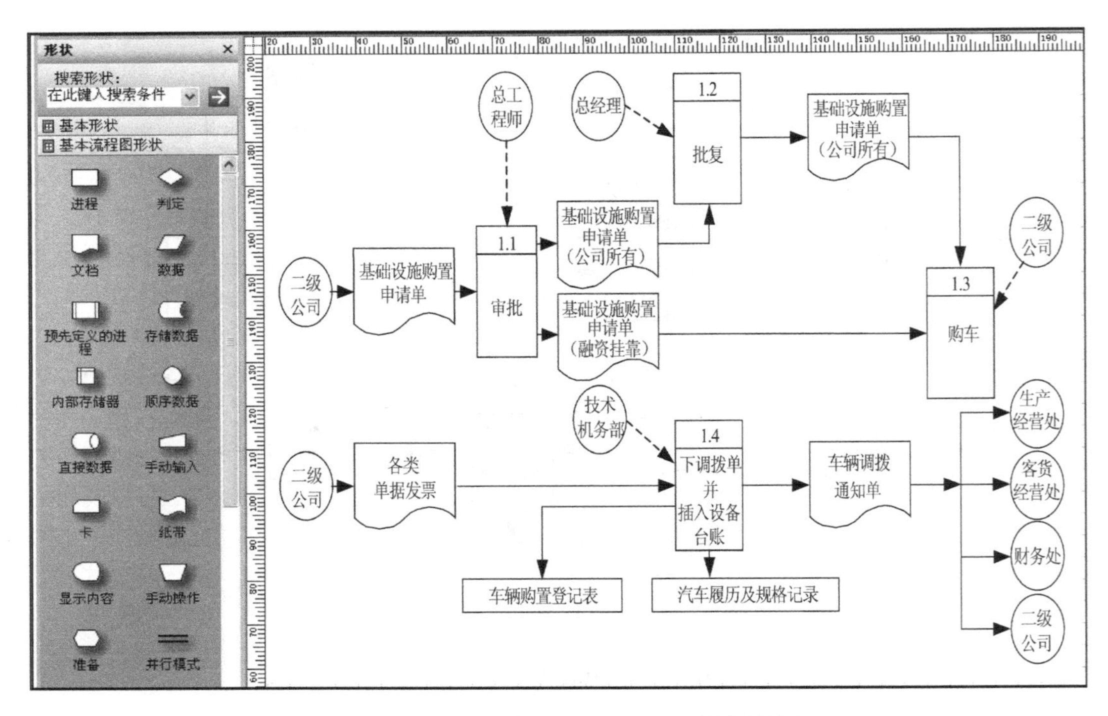

图 4-8　车辆配置业务流程在 Visio 中的绘制结果

4.3.2　数据流程图

数据流程图是描述系统数据流程的工具，它将数据独立抽象出来，通过图形的方式描述信息的来龙去脉和实际流程。为了描述复杂的软件系统的信息流向和加工，可采用分层的数据流图(Data Flow Diagram，DFD)来描述，一般分为顶层、中间层、底层。

下面以学生成绩管理系统为例，在该系统中，教务人员录入学生信息、课程信息和成绩信息，学生可以随时查询自己所选课程的成绩。由于学生成绩属于敏感信息，系统必须提供必要的安全措施以防非法存取。第 0 层 DFD 如图 4-9 所示。

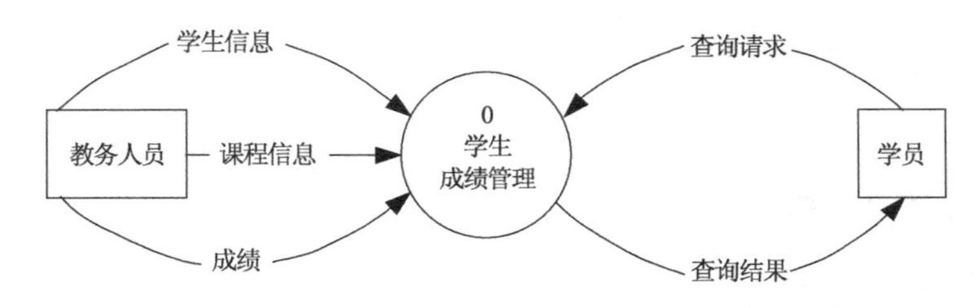

图 4-9　第 0 层 DFD

对第 0 层 DFD 中的一个加工学生成绩管理进行展开，形成第 1 层 DFD，如 4-10 所示。

对第 1 层 DFD 中的一个加工查询学生成绩进行展开，形成第 2 层 DFD，如图 4-11 所示。

对 DFD 各层分别用 Visio 进行绘制。以第 0 层为例，具体绘制步骤类似业务流程绘制过程，最终在 Visio 中的绘制结果如图 4-12 所示。

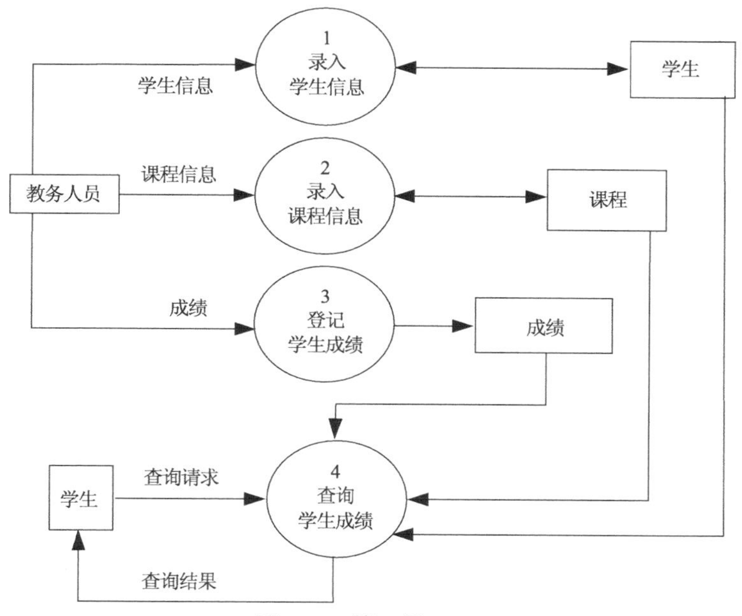

图 4-10　第 1 层 DFD

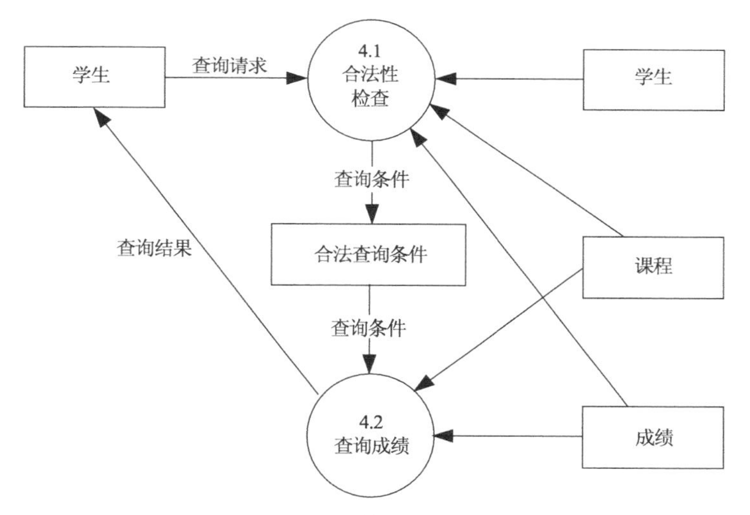

图 4-11　第 2 层 DFD

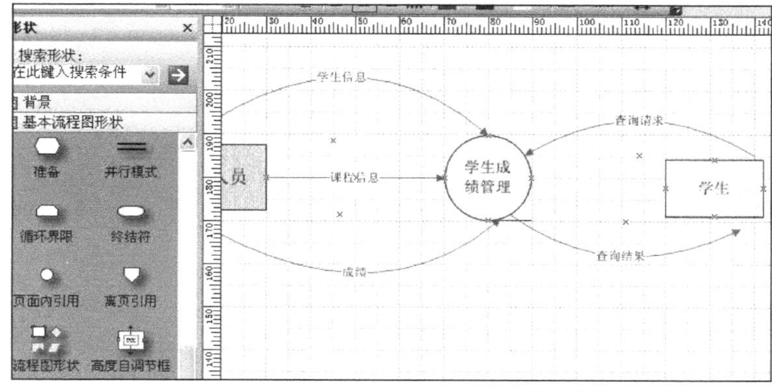

图 4-12　第 0 层 DFD 在 Visio 中的绘制结果

一般绘制数据流图应当遵循以下原则。

(1) 分层时，子图的输入/输出数据流必须和父图中相应加工的输入/输出数据流一致。

(2) 加工的编号应该唯一且具有层次性。

(3) 加工不应该只有输入或只有输出，通常既有输入又有输出。

(4) 数据流图不应反映处理的顺序。

(5) 加工之间应通过数据存储进行通信，避免从一个加工直接流到另一个加工。

(6) 数据应通过加工进行流动，避免从一个数据存储直接流到另一个数据存储。

(7) 数据流图中所有元素的命名应当对客户有意义，且与业务相关。

(8) 不要在一个图中绘制 7 个以上的加工，否则难以绘制和理解。

4.4 小　　结

本章详细介绍了 Visio 工具的使用方法。Visio 是一个很好的画图工具，在软件项目的开发过程中，需要书写大量的文档，这些文档有许多内容都是用图的形式表示的，当然目前有很多流行的制图工具，Visio 是常用工具之一。

习　　题

1. 应用 Visio 绘制业务流程图的步骤有哪些？
2. 应用 Visio 绘制数据流程图的步骤有哪些？
3. 在 Visio 中完成图 4-10 和图 4-11 的绘制。

第 5 章　PowerDesigner

本章主要介绍 PowerDesigner 的基础应用知识及使用技巧，内容主要有：5.1 节概括介绍 PowerDesigner；5.2 节介绍 PowerDesigner 的工作界面；5.3 节介绍 PowerDesigner 的一些基本操作，并结合具体项目介绍 PowerDesigner 如何进行项目管理数据库建模。

5.1　PowerDesigner 概述

5.1.1　PowerDesigner 简介

PowerDesigner 是 Sybase 公司推出的一个集成了 UML 和数据建模的 CASE 工具。它不仅可以用于系统设计和开发的不同阶段(对象分析、对象设计以及开发阶段)，而且可以满足管理、系统设计、开发等相关人员的使用需要。它可与许多流行的数据库设计软件，如 PowerBuilder、Delphi、VB 等配合使用来缩短开发时间，并使系统设计更优化。

5.1.2　PowerDesigner 的功用

PowerDesigner 包含四个模块，即业务处理模型(BPM)、概念数据模型(CDM)、物理数据模型(PDM)和面向对象模型(OOM)。这四个模块覆盖了软件开发生命周期的各个阶段。

在软件开发周期中，首先进行的是需求分析，并完成系统的概要设计；系统分析员可以利用 BPM 画出业务流程图，利用 OOM 和 CDM 设计出系统的逻辑模型；然后进行系统的详细设计，利用 OOM 完成程序框图的设计，并利用 PDM 完成数据库的详细设计，包括存储过程、触发器、视图和索引等。最后，根据 OOM 生成的源代码框架进入编码阶段。此外，PowerDesigner 还提供了模型文档编辑器，用于为各个模块建立的模型生成详细文档，以使相关人员对整个系统有清晰的认识。

5.1.3　PowerDesigner 的版本历史

PowerDesigner 最初由王晓昀在 SDP Technologies 公司开发完成。SDP Technologies 是一个建于 1983 年的法国公司，1995 年，Powersoft 公司收购了该公司，而在 1994 年年初，Sybase 已经收购了 Powersoft 公司。在这些并购之后，为了保持 Powersoft 的产品商标的一致性，1995 年软件改名叫做 PowerDesigner。1997 年发布了 PowerDesigner 6.0，2001 年 12 月发布 PowerDesigner 9.5 的最初版本，并发布了升级及维护版本。2004 年 12 月发布了版本 PowerDesigner 10.0，2005 年发布了 PowerDesigner 11.0，2007 年 7 月发布了 PowerDesigner 12.5，2008 年发布了 PowerDesigner 15.0，加入了全新的 Enterprise Architecture 建模，支持自定义框架等功能。2011 年 10 月，Sybase 发布了 PowerDesigner 16。

5.1.4　PowerDesigner 的优势

PowerDesigner 是一个集所有现代建模技术于一身的完整工具，它集成了强有力的业务建模技术、传统的数据库分析和设计以及 UML 对象建模技术。它包括数据库模型设计的全过程，实现了对元数据的管理、冲突分析和企业知识库等功能。

5.2 PowerDesigner 工作界面

启动 PowerDesigner，PowerDesigner 的工作界面如图 5-1 所示。

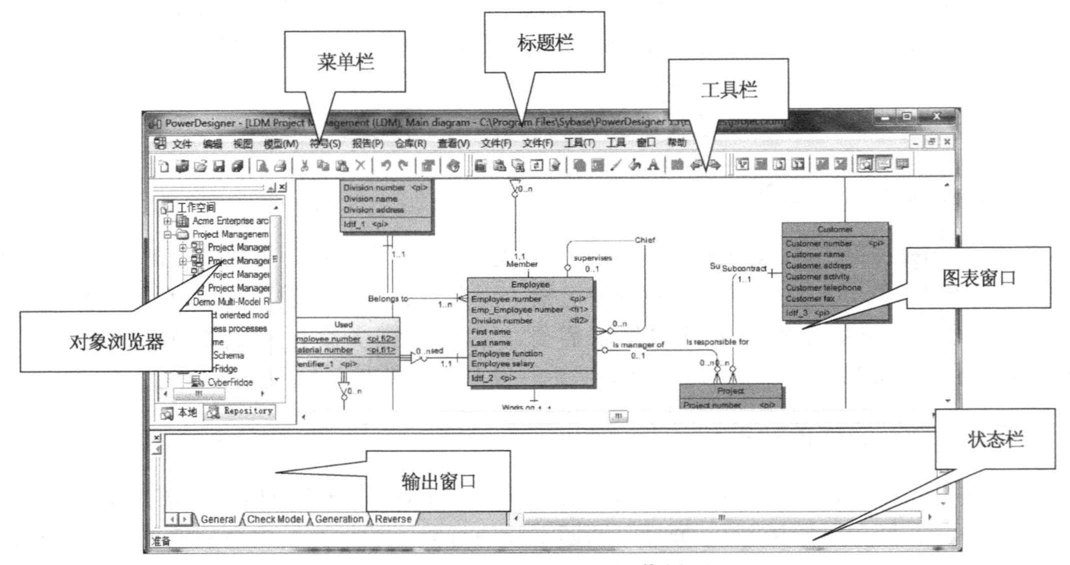

图 5-1　PowerDesigner 工作界面

1. 对象浏览器

对象浏览器可以用分层结构显示工作空间，显示模型以及模型中的对象，实现快速导航。

2. 工作空间

工作空间是浏览器中树的根，是组织及管理所有设计元素的虚拟环境。

3. 输出窗口

输出窗口显示操作的进程，如模型检查或从数据库逆向工程。

4. 图表窗口

图表窗口用于组织模型中的图表，以图形方式显示模型中各对象之间的关系。

5.3 PowerDesigner 数据模型及使用

5.3.1 业务处理模型

业务处理模型是从业务人员的角度描述业务的各种不同内在任务和内在流程的概念模型，并使用流程图表示从一个或多个起点到终点间的处理过程、流程消息和合作协议。通过

BPM 可以描述系统的行为和需求，可以使用图形表示对象的概念组织结构，然后生成所需要的文档。BPM 适用于应用系统分析阶段，用于完成系统需求分析和逻辑设计。

首先介绍 BPM 的创建过程：执行“文件”→“建立新模型”命令，打开如图 5-2 所示的对话框，在该对话框中选择要建立的模型类型——Business Process Model，并单击“OK”按钮。

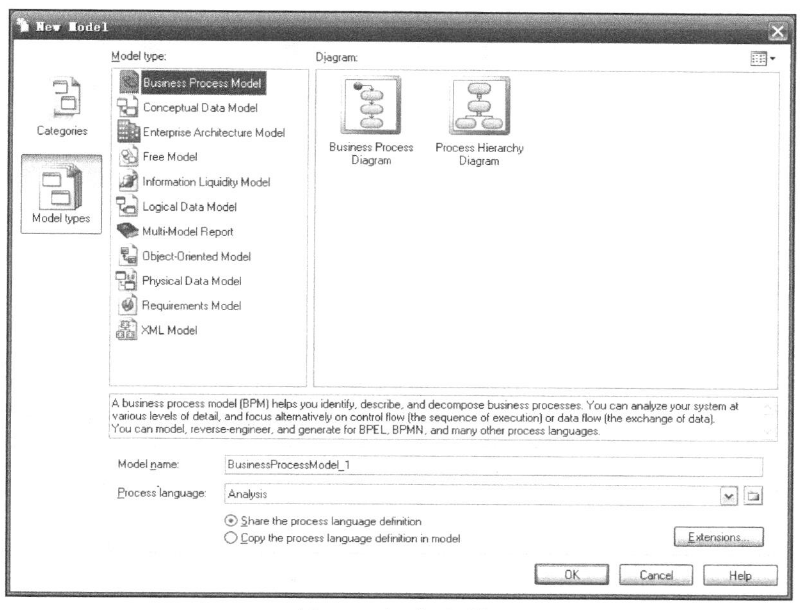

图 5-2　新建对话框

为了更确切地描述一个 BPM 模型的功能，可以对该模型的属性进行详细的指定。过程如下：执行“模型”→“Model Properties”命令，打开模型属性窗口，根据需要修改模型的属性。

业务处理流程图(Business Process Diagram，BPD)表示业务处理过程间的关系，注重的是处理过程中的数据流程。在一个模型中可以定义多个业务处理流程图，各个流程图相互独立地设计一个业务处理。定义业务处理流程图的方法如下：执行“View”→“New Diagram”命令，打开如图 5-3 所示的新建流程图属性对话框，在 Name 文本框中输入流程图的名称，然后单击“OK”按钮。

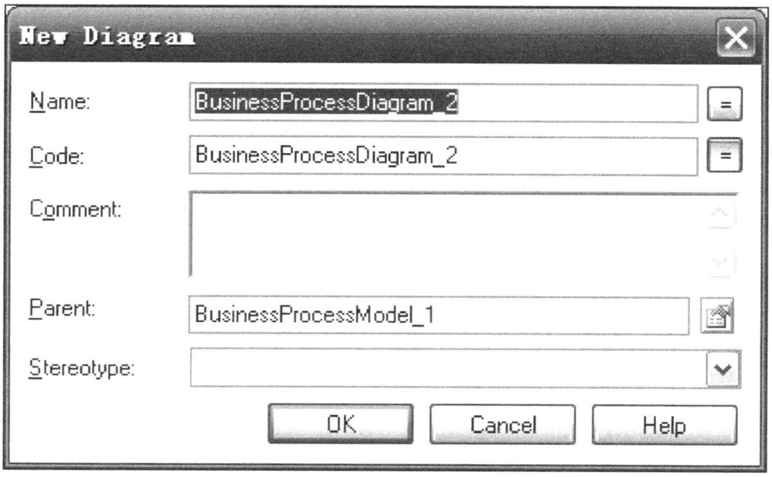

图 5-3　新建流程图属性对话框

起点是 BPD 所表达的整个处理过程的起点，表示的是处理过程和处理过程外部的入口，因为在一个 BPM 中可以定义多个 BPD，所以在一个模型中可以创建多个起点。在工具栏中单击按钮，在 BPM 工作区中单击，就会在单击处创建一个起点。起点的创建还有其他方法，这里不再赘述。

处理过程被认为是为了达到某个目标而执行的动作。在工具栏中选择处理过程工具，在工作区中单击，就会出现一个处理过程的图标，双击该图标，可进行处理过程的属性设置。

流程表示存在或很可能存在数据交互的两个对象间的交互关系，可以使用工具栏上的→工具创建流程。流程包含名称、流程的起始对象、流程的终止对象、数据流的传输方式等属性，这些属性可以在属性定义窗口中修改。接着可以利用工具创建资源与资源流程。最后再新建终点即可完成流程图的创建。

5.3.2 概念数据模型

数据库的设计通常都是从概念结构设计开始的，在这个层面上不需要考虑实际物理实现的细节。在概念数据模型设计过程中，会涉及一些基本概念，下面先对这些基本概念进行阐述。

1. 实体

实体是客观世界中存在的且可以相互区分的事物，它可以是有形的或无形的、具体的或抽象的、有生命的或无生命的。例如，公司中的每个员工是一个实体，超市中的每件商品也是一个实体。每个实体都有一组特征，称为实体的属性，用来描述实体的状态和特征。例如，某个学生的姓名为高壮壮，性别为男，学号为 123457382，出生日期是 1994 年 10 月 30 日，这一组具体的指标表明了高壮壮这一实体的各项属性。实体与属性之间的关系如图 5-4 所示。

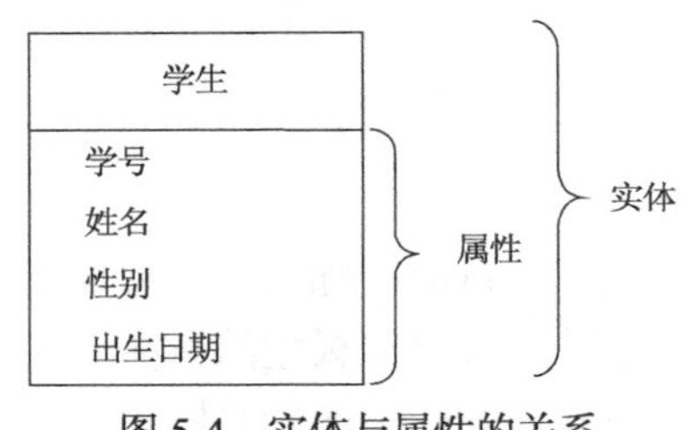

图 5-4 实体与属性的关系

2. 联系

实体之间通过联系相互关联。按照实体之间的数量对应关系，通常可将联系分为一对一联系(one to one)、一对多联系(one to many)、多对多联系(many to many)、递归关系(recursive relationship)及标识关系(identify relationship)等。

如果实体集 A 中的一个实体至多与实体集 B 中一个实体相联系，反之亦然，则称实体集 A 与实体集 B 具有一对一联系，例如，每个学生只能有一个学号，而一个学号只能对应一个学生，则学生与学号之间具有一对一联系。

如果对于实体集 A 中的每个实体，实体集 B 中有 n 个实体(n≥2)与之联系，反之，对于实体集 B 中的每个实体，实体集 A 中只有一个实体与之联系，则称 A 与 B 有一对多联系。例如，一个学院有若干教职工，而每个教职工只在一个学院工作，则学院与教职工之间具有一对多联系。

如果对于实体集 A 中的每个实体，实体集 B 中有 n 个实体(n≥0)与之联系，反之一样，则称实体集 A 与实体集 B 有多对多联系。例如，一个员工可以参与多个项目，一个项目可有多个员工参与。

递归关系是一对一、一对多、多对多联系中的一个特例，即同一实体型中的不同实体集之间的联系。例如，员工实体集中包含了经理实体集和员工实体集，这两个实体集之间的联系就是递归联系，即一个员工本身担任了经理职务。

对于实体集 B 中的每个实体，如果找不到唯一标识符，而必须依赖实体集 A 中的每个实体的唯一标识符，则称实体集 B 与实体集 A 有依赖关系联系。

3. 域

域是某个或某些属性的取值范围，域定义后可以被多个实体的属性共享。域的定义在模型设计中非常重要，它使得不同实体中的属性标准化更加容易。

4. 建立概念模型

CDM 表现数据库的全部逻辑结构，在分析阶段用以理清数据之间的关联性，以实体–关系图表示实体的属性及与其他实体之间的联系。建立 CDM 的过程如下。

首先建立实体。执行“文件”→“建立新模型”命令，打开如图 5-5 所示的对话框，在该对话框中选择要建立的模型类别，然后单击“OK”按钮。

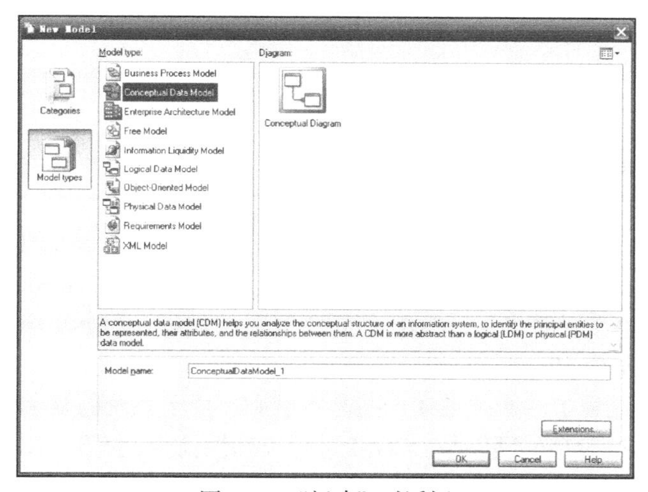

图 5-5 “新建”对话框

CDM 工作区就会出现，工作区包括左侧的浏览窗口，右侧的设计窗口，下侧输出窗口和浮动的工具窗口，可以利用工具窗口中的图标在设计窗口中绘制 E–R 图。CDM 工作区如图 5-6 所示。

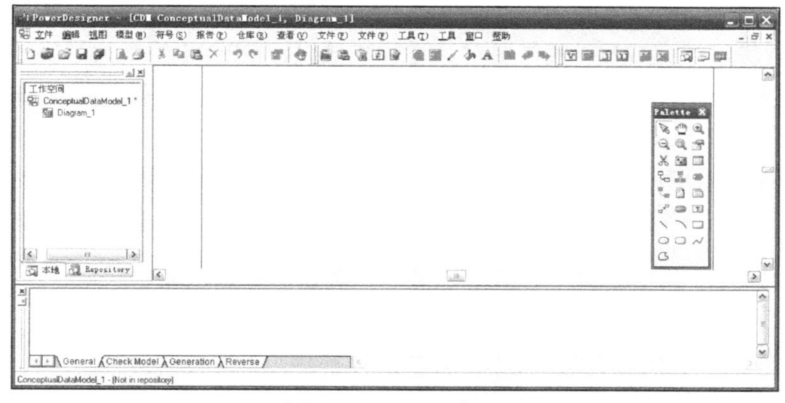

图 5-6 CDM 工作区

成功创建实体后，在设计窗口的适当位置就会出现一个实体符号，双击该实体，在打开的对话框中可进行实体属性的设置。在设置属性时，需要确定属性的域值。可以创建一些常用的域应用到数据对象上。

接下来需要在实体之间建立联系。实体的联系通常是依据业务规则确定的。选择工具栏中的图标，然后单击第一个实体，保持左键按下的同时把光标拖拽到第二个实体上然后释放左键，一个默认联系就建立了，如图 5-7 所示。

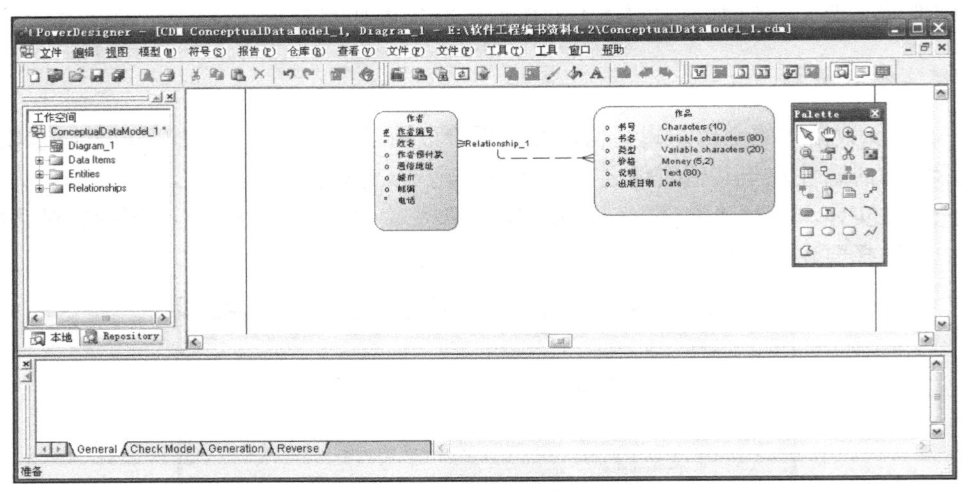

图 5-7　CDM 工作区

选中图 5-7 中定义的联系，双击打开“联系属性”对话框。在 General 中定义联系的常规属性，其中 Name 栏定义联系名称，Code 栏定义联系的代码。两个实体具体是什么类型的联系，要在 Detail 选项卡中定义。

在创建 CDM 的过程中，必须遵守一些基本准则。由于系统的复杂性，很可能会有设计人员违背这些准则，这就有必要随时对 CDM 进行正确性检查。打开 CDM 模型，执行“Tools”→“Check Model”命令打开模型检查参数设置窗口，在 Options 中进行错误级别和自动更新选项的设置。选择 Selection 页，在该页中选择要检查的对象，单击“确定”按钮，就可以开始 CDM 模型的检查。如果发现错误，系统将显示提示信息。

5.3.3　物理数据模型

数据库的逻辑设计完成后，就需要对其进行物理设计，PDM 就是为了实现这一目的而设计的。物理数据模型是以常用的数据库管理系统(DBMS)理论为基础，将 CDM 中所建立的概念模型生成相应的 SQL 脚本。利用 SQL 脚本在数据库中产生信息的存储结构，并保证数据在数据库中的完整性和一致性。利用正向工程，由 PDM 可生成 SQL 脚本，再通过 SQL 脚本在数据库中建立相应的数据存储结构。反之，利用逆向工程，通过数据库中已经存在的数据存储结构可导出对应的 PDM。

在 PDM 的创建过程中涉及一些专用概念，下面简要介绍这些概念。

1. 表、视图、主键

表是数据库中用来存放相关数据的一种数据结构。PDM 中的表可以由 CDM 中的实体转换而成。

视图是从一个或多个基本表或其他视图中导出的表，用户可以通过它看到自己感兴趣的内容。但视图是一个虚表，其对应的数据并不独立地存放在数据库中，数据库中存储的只是视图的定义。

主键用来唯一标识表中的一条记录，它是由 CDM 中的主标识符转换产生的。例如，学生的学号就可以作为主键来使用。

2. 存储过程和触发器

存储过程是 SQL 语句和控制流语句构成的集合。存储过程的建立大大提高了 SQL 的效率和灵活性。

触发器是一种特殊的存储过程，它在特定表的数据被添加、删除或更新时发挥作用。触发器的一个主要优点是当数据被修改时，它能自动进行工作。

3. 完整性检查约束

完整性是指数据库中数据的一致性和正确性，通过对数据库中插入、删除和修改数据时进行限制和约束来实现数据的完整性。完整性约束提供了在创建表的同时定义完整性的手段，简化了完整性的控制过程。

4. 创建 PDM

执行“File”→“New Model”命令，在弹出的窗口中选择 PDM，单击“OK”按钮。利用 Palette 工具栏中的图标创建表，利用图标创建参照关系，利用图标创建视图，利用图标创建存储过程。

为满足不同 PDM 的显示需求，需要定义 PDM 的显示参数。执行“Tools”→“Display Preferences”命令，在 General 节点中设置整个模型的显示参数，如图 5-8 所示。

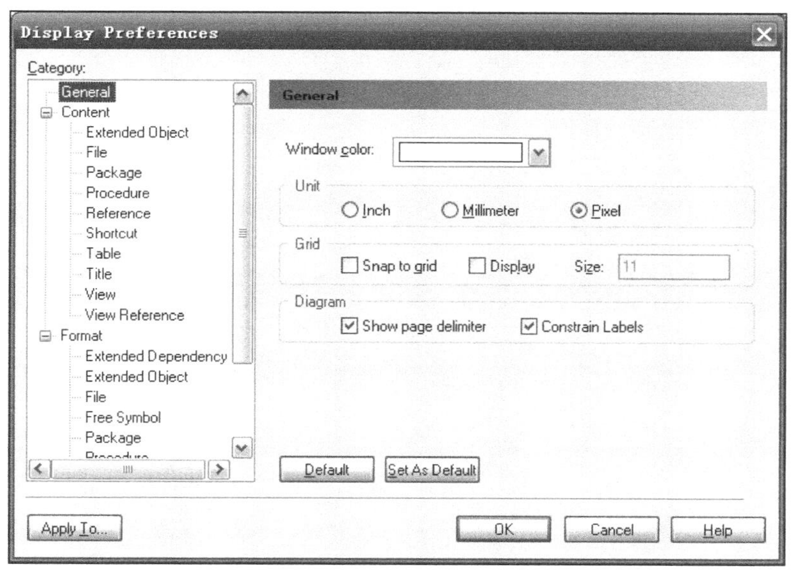

图 5-8　定义 PDM 的显示参数

主键是表的主标识符，定义主键的方法是：双击 PDM 模型中的某个表，打开 Table Properties 进行主键的设置。

建立索引可以为查询表提供多种存取途径，可以有效地提升查询速度。建立索引的方法如下：在 PDM 模型窗口中，双击要建立索引的表，打开表的属性定义窗口，选择 Indexes 页，在 Name 列的空白处单击，添加一个新索引，根据需要修改索引的名称和代码。

利用 PDM 完成系统的详细设计后，就可以直接将设计的结果生成到数据库中，从而实现设计与开发的统一。

5.4 小　结

本章主要介绍了 PowerDesigner 的基础应用知识及使用技巧。目前，PowerDesigner 已经是最为流行的软件分析设计工具之一，它将对象设计、数据库设计和关系数据库无缝地集成在一起，提供了完整的企业分布式应用系统的分析设计和建模解决方案。利用 PowerDesigner 中提供的建模工具，可以完成数据库从抽象到设计实现的全过程。

习　题

1. PowerDesigner 工作界面由哪几部分组成？
2. 什么是 PDM、CDM、BPM、BPD？
3. 在 CDM 中，如何创建实体？
4. 解释存储过程和触发器的概念。
5. 实体的联系有哪几种？

第 6 章 Rational Rose

本章主要介绍软件开发工具 Rational Rose 的安装过程和在 Rational Rose 中绘业务用例图、用例图、类图、活动图、协作图、状态图、构件图和部署图的步骤。

6.1 Rational Rose 简介

Rational Rose 是 Rational 公司出品的基于 UML 的功能强大的可与多种开发环境无缝集成并支持多种开发语言的可视化建模工具。Rational Rose 采用用例、逻辑、组件和部署视图支持面向对象的分析和设计，在不同的视图中建立相应的 UML 图形，反映系统的不同特征。Rational Rose 具有良好的界面，可编辑纯文本文件、修改和定义主菜单、添加运行模块，还可以生成各种代码和数据框架，如 C++、Java、Visual Basic、IDL(Interface Design Language)、DDL(Data Definition Language)等。Rational Rose 的企业级产品提供的正向/反向工程功能可以在系统的 UML 设计模型和系统语言代码之间转换。

Rational Rose 中定义了一套“扩展接口”，叫做 Rose Script，类似 Office 中的 VBA(Visual Basic for Application)，直接调用 Rational Rose 模型的对象。如果模型中需要有特定的数据结构，生成 Rational Rose 不直接支持的代码，程序员可考虑将其进行模型的扩展，直接在模型中加入特定的数据结构。Rational Rose 产品为大型软件工程提供了可塑性和柔韧性极强的解决方案。

Rational Rose 的运行环境为 Windows 2000/Windows XP 及以上版本，如果是 Windows 2000，则要确认已经安装了 Server Pack 2。

6.2 Rational Rose 的安装步骤

Rational Rose 的具体安装步骤如下。

(1) 双击启动 Rational Rose 的安装程序，进入安装向导界面，如图 6-1 所示。

(2) 单击“下一步”按钮进入产品选择界面，如图6-2 所示。Rational Rose 提供了 Rational License Server 和 Rational Rose Enterprise Edition 两种产品，其中 Rational License Server 可以用来实现证书的统一管理和发放，以保证客户端从中获得相应授权和使用；Rational Rose Enterprise Edition 是企业级版本，一般选择此项进行 Rational Rose 的安装。

(3) 完成产品选择后，单击“下一步”按钮，系统给出了用户必须遵守的许可协议条款，即弹出许可协议提示界面，选中“Yes，I accept the agreement.”单选按钮并单击“下一步”按钮，进入选择安装路径和安装类型界面，根据需要选择安装类型并设置安装路径，弹出安装确认提示界面，如图 6-3 所示。

(4) 系统开始执行安装过程，安装完成后，弹出如图 6-4 所示的安装完成提示界面。Rose 安装完成后必须重新启动计算机才能完成配置并使用，因此在提示界面中选中 Restart 单选按钮后单击“完成”按钮，系统重新启动。重新启动后完成全部安装。

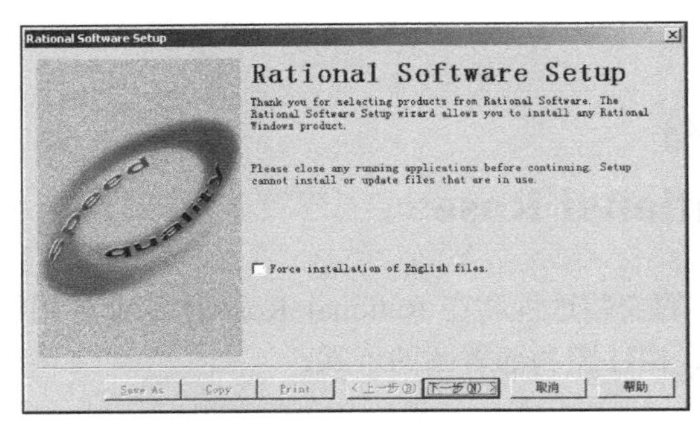

图 6-1 安装向导界面

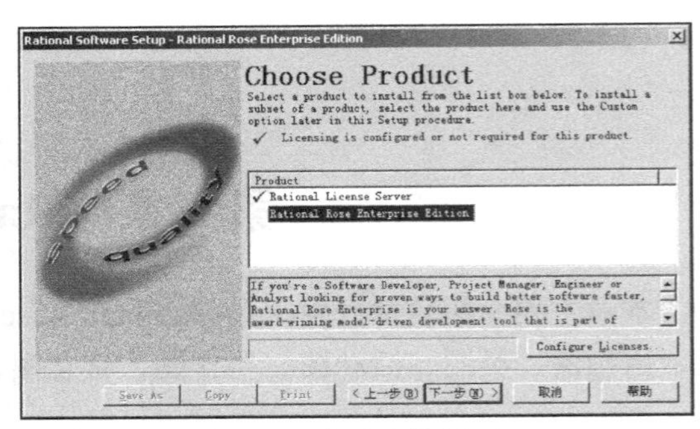

图 6-2 产品选择界面

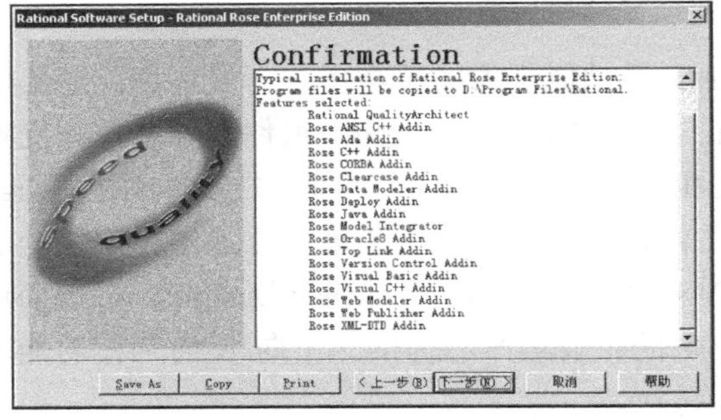

图 6-3 安装确认提示界面

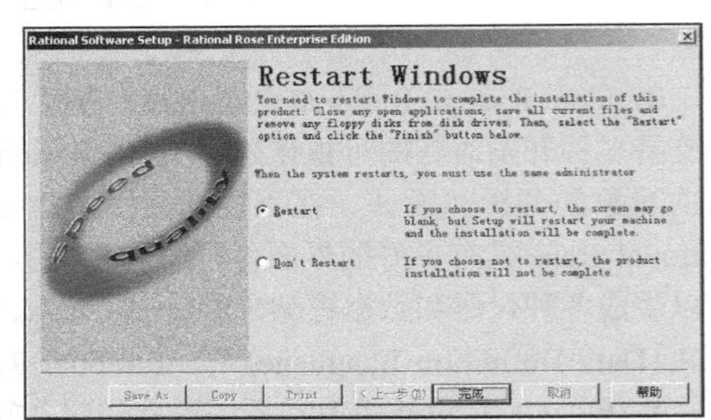

图 6-4 安装完成提示界面

6.3 Rational Rose 建模举例

6.3.1 业务用例图

业务用例图用于建立机构的业务模型，包括描述整个机构业务执行的流程和所提供的功能等。其中涉及的模型元素有业务执行者、业务工人、业务用例、业务实体和机构单元，业务用例图对这些元素及其相互关系加以描述。

在 Rational Rose 的浏览器窗口(图 6-5)中，右击 Use Case View 项目，选择弹出的快捷菜单中的“New”下的“Use Case Diagram”菜单项，在其中增加业务用例图。

图 6-5 Rational Rose 业务用例浏览器窗口

6.3.2 用例图

用例图是需求分析中的产物，主要作用是描述参与者和用例之间的关系，帮助开发人员可视化地了解系统的功能。借助于用例图，系统用户、系统分析人员、系统设计人员、领域专家能够以可视化的方式对问题进行探讨，减少了大量交流上的障碍，便于对问题达成共识。

用例图中模型元素之间可以建立四种关系，分别为关联关系、包含关系、扩展关系和泛化关系。

(1) 关联关系。关联关系用来描述执行者和用例之间的交互关系。例如，图书管理系统，客户执行者需要与网上购书用例进行交互，而网上购书用例又要与物流管理系统执行者进行交互。在 Rational Rose 中使用单箭头图标来表示模型元素彼此之间的关联关系，图 6-6 为 Rational Rose 中关联关系的表现形式。

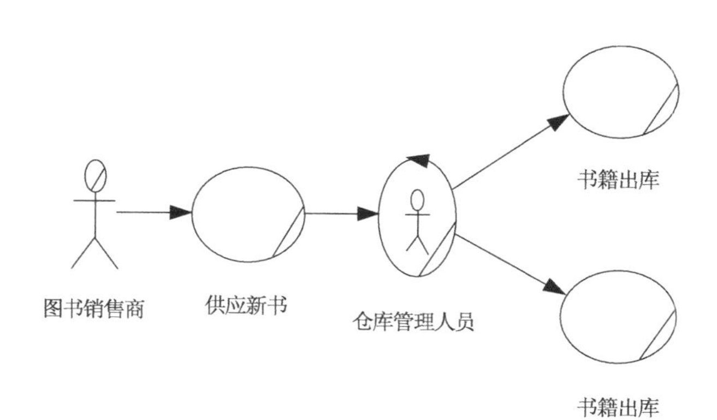

图 6-6　用例图中的关联关系

(2) 包含关系。把不同用例之间的相同行为提出来单独组成一个用例，当其他用例使用该用例时，用例之间就形成了包含关系。在 Rational Rose 中使用单向虚线箭头图标来表示元素彼此之间的包含关系，并标注<<include>>，图 6-7 为登记借书和登记还书两个用例，它们都需要对读者进行验证，都包含了验证读者用例。

(3) 扩展关系。在用例的执行过程中，可能会出现异常行为，也可能会在不同的流程图分支中选择执行，将这些异常行为或可选分支抽象成一个单独的扩展用例，它与主用例之间形成扩展关系。在 Rational Rose 中，扩展关系用带关键字<<extend>>的虚线表示，箭头指向被扩展的用例。图 6-8 为查询读者用例和查询图书用例与登记借书用例形成的扩展关系。

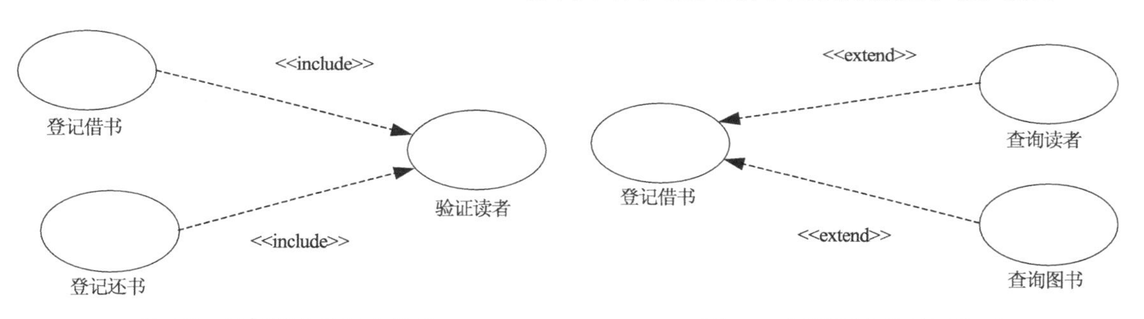

图 6-7　用例图中的包含关系

图 6-8　用例图中的扩展关系

图 6-9　用例图中的泛化关系

(4) 泛化关系。用例图中的泛化关系是描述用例之间一般与特殊的关系，不同子用例代表了父用例之间的不同实现方法。图 6-9 为用例中的泛化关系，表示身份验证有密码验证和智能卡验证两种方式。

6.3.3　类图

类图是描述类、接口以及它们之间关系的图，它显示了系统中各个类的静态结构，用于对系统的静态视图(它用于描述系统的功能需求)建模。

发现和定义对象类应以问题域和系统责任为出发点，正确地运用抽象原则，尽可能全面地发现对象的因素，并对其进行检查和整理，最终得到系统的对象类。

可以在用例模型的基础上，通过识别实体类、边界类和控制类，从而发现和定义系统中的对象类。

在找到系统的对象类之后，需要分析和认识各类对象之间的关系，从而使对象类构成一个整体的、有机的系统模型。对象与外部的关系有以下几种。

(1) 对象之间的分类关系，即泛化关系。

(2) 对象之间的组成关系，即聚合关系。

(3) 对象之间的静态关系，即关联关系。

(4) 对象之间的动态关系，即依赖关系。

在 Rational Rose 中，类图创建菜单在浏览窗口的逻辑视图(logic view)下面，逻辑视图中一般已有一个自动创建的名为 Main 的类图。也可通过右键菜单选择“New”下的“Class Diagram”菜单项创建新的类图。选择类图右侧的工具栏中的“类”(class)按钮，可以在类图中创建一个新的类。并为其指定类名，增加相应的属性和行为。

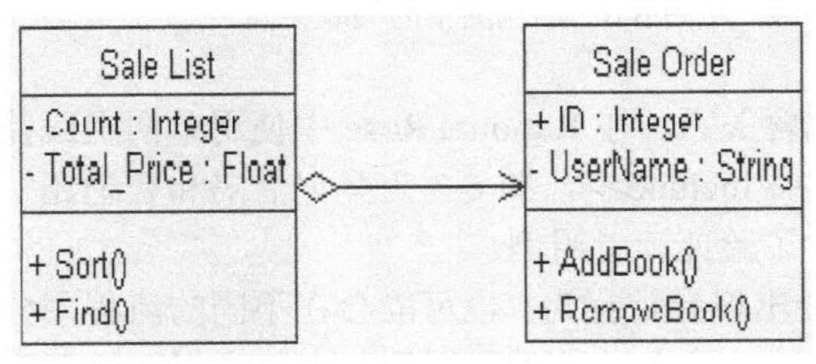

图 6-10 类之间的聚集关系

类图中的多个类之间存在着彼此的相互关系，Rational Rose 中可在类之间定义关联、聚集、泛化、依赖关系。对不同的关系采用不同的方式建立，图 6-10 为类之间的聚集关系。

6.3.4 协作图

在 Rational Rose 中，协作图表示模型系统中对象之间的交互行为，强调发送和接收消息的对象之间的组织结构。

在 Rational Rose 中，通过执行“New”→“Collaboration Diagram”命令在 Rational Rose 的逻辑视图中创建一个协作图，并在其中增加对象，为新增的对象设置规范，包括对象的名称、对应的类名、说明文档等。在对象之间建立连接，对象之间的连接使用实线表示。同一个对象上也可以建立特殊的“反身连接”。连接上添加消息，表示对象之间传送的信息的内容。图 6-11 描述了两个对象之间的连接，以及在它们之间传送的 3 个消息，并把消息映射为对象的操作。

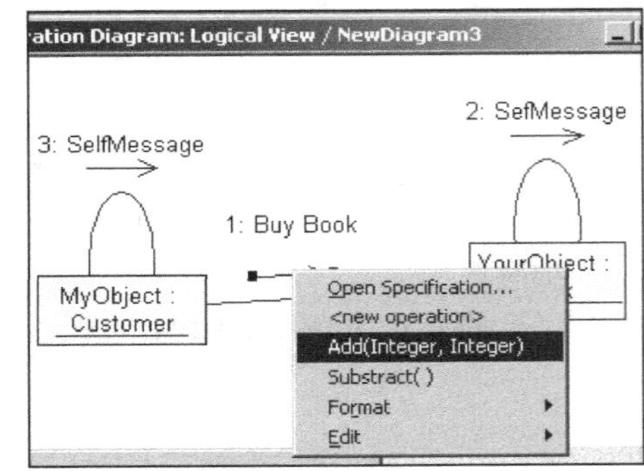

图 6-11 协作图

6.3.5 活动图

活动图(activity diagram)阐明了业务用例实现的工作流程，描述一个操作完成所需要的活动步骤。

在 Rational Rose 浏览器窗口中，通过执行“New”→“Activity Diagram”命令可以创建新的活动图，可以增加泳道，并在相应的泳道中添加相应的活动，在活动之间设置转换和转换发生需要具备的条件，增加开始和结束状态。

6.3.6 状态图

状态图(statechart diagram)是描述一个实体基于事件反映的动态行为，显示了该实体如何根据当前所处的状态对不同的事件作出反应。通常创建一个 UML 状态图是为了以下研究目的：研究类、角色、子系统或组件的复杂行为。

在 Rational Rose 浏览器窗口中，执行“New”→“Statechart Diagram”命令可以创建新的状态图。状态图中可以加入对象的各种不同状态，包括初始状态和结束状态。

状态设置完成后，需要在状态之间增加彼此的转换和设置与转换有关的属性。状态之间的转换用带箭头的线段表示，箭头的方向由转换之前的状态指向转换之后的状态。图 6-12 为 BOOK 对象状态图。

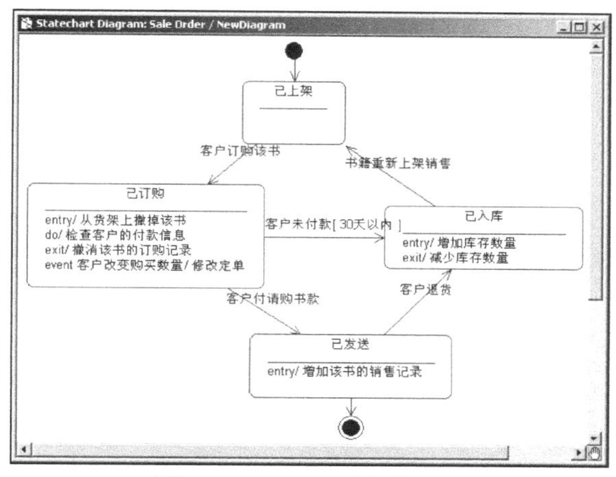

图 6-12　BOOK 对象状态图

6.3.7　构件图和部署图

构件图主要用于描述各种软件构件之间的依赖关系。在 Rational Rose 浏览器窗口中，选择 Component View 项目并执行“New”→“Component Diagram”命令可以创建新的构件图。

部署图(deployment diagram)是用来显示系统中软件和硬件的物理架构。一个部署图描述了一个运行时的硬件节点，以及在这些节点上运行的软件组件的静态视图，它描述了处理器、设备和软件构件运行时的体系结构。

6.4　小　　结

软件开发工具 Rational Rose 是基于 UML 的功能强大的可与多种开发环境无缝集成并支持多种开发语言的可视化建模工具。主要介绍了 Rational Rose 的安装过程和使用方法以及在 Rational Rose 中绘业务用例图、用例图、类图、活动图、协作图、状态图、构件图和部署图的步骤。

习　　题

1. 如何用 Rational Rose 创建业务用例图？
2. 用例图有哪几种不同关系？
3. 如何用 Rational Rose 创建类图？
4. 构件图和部署图有什么区别？

第三篇　软件工程方法学

第 7 章　结构化的分析技术

结构化分析主要包含可行性分析和需求分析两部分。结构化分析技术给出一组帮助系统分析人员产生功能规约的原理与技术，它一般利用图形表达用户需求，使用的手段主要有数据流图、数据字典、结构化语言、判定表及判定树等。

7.1　可行性分析

7.1.1　可行性分析的任务

可行性研究的任务是以市场为前提，以技术为手段，以经济效果为最终目标，对拟建的投资项目，在投资前期全面系统地论证该项目的必要性、可能性、有效性和合理性，对项目作出可行或不可行的评价。简而言之，可行性分析的任务是明确应用项目开发的必要性和可行性。可行性研究的目的不是解决问题，而是确定问题解决的价值。要达到这个目标，不能单靠主观猜想，要进行客观的分析。必须分析几种主要的可能解法的利弊，从而判断原定的系统规模和目标在多大程度上是可行的，系统完成后所能带来的效益是否大于投资开发这个系统的程度。因此，可行性研究实质上是要进行一次压缩和简化系统分析和设计的过程，即在较高层次上以较抽象的方式进行系统分析和设计的过程。

可行性研究的工作量取决于问题领域的规模。一般来说，可行性研究的成本是预期的工程总成本的 5%～10%。

7.1.2　可行性分析的步骤

可行性研究也有一些比较成熟的步骤方法，并非每个项目都必须严格按照这些步骤执行，但是了解这些步骤对于项目的开发具有良好的借鉴意义。可行性研究过程有下述一些步骤。

1. 复查系统规模和目标

系统分析员访问关键人员，仔细阅读和分析有关材料，以便对问题定义阶段书写的关于规模和目标的报告书进一步复查确认，改正含糊不清或不确切的叙述，清晰地描述对目标系统的所有限制和约束。这个步骤的工作，就是为了确保系统分析员正在解决的问题与被要求解决的问题一致。

2. 研究目前正在使用的系统

如果待开发系统是一个全新的系统，则可以跳过此步骤。不然，现有的系统是信息的重要来源。新的目标系统必须也能完成它的基本功能；而且新系统必须能解决旧系统中存在的问题。所以应该仔细分析现有系统的文档资料和使用手册，也要实地考察现有系统。之后，系统分析员应该画出描绘现有系统的高层系统的流程图，并请有关人员检验他对现有系统的认识是否正确。千万不要花费太多时间了解和描绘现有系统的实现细节，只需对现有系统和其他系统之间的接口情况进行记录，这些是设计新系统时的重要约束条件。

3. 导出新系统的高层逻辑模型

优秀的设计过程通常总是从现有的物理系统出发，导出现有系统的逻辑模型，再参考现有系统的逻辑模型，设想目标系统的逻辑模型，最后根据目标系统的逻辑模型建造新的物理系统。

通过前一步的工作，系统分析员对目标系统应该具有的基本功能和所受的约束已有一定的了解，能够使用数据流图描绘数据在系统中流动和处理的情况，从而概括地表达出他对新系统的设想。通常为了把新系统描绘得更清晰准确，还应该有一个初步的数据字典，定义系统中使用的数据。数据流图和数据字典共同定义了新系统的逻辑模型，以后可以从这个逻辑模型出发设计新系统。

4. 进一步定义问题

新系统的逻辑模型实质上表达了分析员对新系统必须做什么的看法。分析员应该和用户一起再次复查问题定义、工程规模和目标，这次复查应该把数据流图和数据字典作为讨论的基础。如果系统分析员对问题有误解或者用户曾经遗漏了某些要求，那么现在是发现和改正这些错误和遗漏问题的时候了。

可行性研究的前四个步骤实质上构成了一个循环。系统分析员定义问题，分析这个问题，导出一个试探性的解；在此基础上再次定义问题，再一次分析这个问题，修改这个解；继续循环这个过程，直到提出的逻辑模型完全符合系统目标。

5. 导出和评价供选择的解法

系统分析员应该从他建议的系统逻辑模型出发，导出若干较高层次的(较抽象的)物理解法供比较和选择。导出供选择的解法的最简单的途径是从技术角度出发考虑解决问题的不同方案，还可以使用组合的方法导出若干可能的物理系统。

最后为每个在技术、操作和经济等方面都可行的系统制定实现进度表，这个进度表不需要(也不可能)制定得很详细，通常只需要估计生命周期每个阶段的工作量。

6. 推荐行动方针

根据可行性研究结果应该做出的一个关键性决定是，是否继续进行这项开发工程。系统分析员必须清楚地表明他对这个关键性决定的建议。向用户推荐一种方案，在推荐的方案中应清楚地表明以下几点。

(1) 本项目的开发价值。

(2) 推荐这个方案的理由。

(3) 制定实现进度表，这个进度表不需要也不可能很详细，通常只需要估计生命周期每个阶段的工作量。

7. 草拟开发计划

系统分析员应该为所推荐的方案草拟一份开发计划，除了制定工程进度表之外还应该估计对各类开发人员和各种资源的需要情况，应该指明什么时候使用以及使用多长时间。此外，还应该估计系统生命周期每个阶段的成本。最后，应该给出下一个阶段(需求分析)的详细进度表和成本估计。

8. 书写计划任务书

应该把上述可行性研究各个步骤的工作结果写成清晰的文档，请用户、客户组织的负责人及评审组审查，以决定是否继续这项工程及是否接受系统分析员推荐的方案。计划任务书包括以下内容。

(1)系统概述。当前系统及其存在问题的简单描述；新系统的开发目的、目标、业务对象和范围。

(2)可行性分析。这是报告的主体。论述新系统在经济上、技术上、运行上、法律上的可行性，以及对新系统的主客观条件的分析。

(3)拟订开发计划。包括工程进度表，人员配备情况，资源配备情况，估计出每个阶段的成本、约束条件等。

(4)结论意见。综合上述分析，说明新系统是否可行，结论分为三类：可立即进行、推迟进行、不能和不值得进行。

9. 提交审查

用户和使用部门的负责人仔细审查上述文档，也可以召开论证会。

7.1.3 可行性分析的主要内容

进行可行性分析，首先需要进一步分析和澄清问题定义，在问题定义阶段初步确定规模和目标，如果是正确的就进一步加以肯定，若有错误就应该及时改正，如果对目标系统有任何约束和限制，也必须把它们清楚地列举出来。通过初步分析，绘制系统的顶层数据流图，可以使系统分析员全面了解系统业务处理概况的过程，它是系统分析员作进一步分析的依据。此外，投资开发新系统往往要冒一定的风险，系统的开发成本可能比预计的高，效益可能比预期的低，所以在可行性分析阶段还要对系统开发的经济效益进行评估。

1. 可行性分析

在澄清了问题定义之后，系统分析员应该导出系统的逻辑模型。然后从系统逻辑模型出发，探索若干可供选择的主要解法(系统实现方案)。对每种解法都应该仔细研究它的可行性，一般来说，至少应该从下述几个方面研究每种解法的可行性。

(1)技术可行性。技术可行性是最难决断和最关键的问题。根据客户提出的系统功能、性能及实现系统的各项约束条件，从技术的角度研究系统实现的可行性。

风险分析：在给出的限制范围内，能否设计出系统，并实现必要的功能和性能。

资源分析：研究开发系统的人员是否存在问题，可用于建立系统的其他资源，如硬件、软件等是否具备。

技术分析：相关技术的发展是否支持这个系统。

(2)经济可行性。经济可行性研究主要进行成本效益分析，包括估计项目的开发成本，估算开发成本是否会高于项目预期的全部利润。

(3)运行可行性。运行可行性研究内容包括新系统规定的运行方式是否可行，如果新系统是建立在原来已担负其他任务的计算机系统上的，就不能要求它在实时在线状态下运行，以免与原有的任务相矛盾。

(4) 法律可行性。法律可行性是指研究在系统开发过程中可能涉及的各种合同、侵权、责任以及各种与法律相抵触的问题。

(5) 开发方案可行性。提出系统实现的各种方案并进行评价之后，从中选择一种最优秀的方案。

2. 系统流程图

在进行可行性研究时需要了解和分析现有的系统，并以概括的形式表达对现有系统的认识。进入设计阶段以后应该把设想的新系统的逻辑模型转变成物理模型，因此需要描绘未来的物理系统的概貌。

系统流程图是描绘物理系统的传统工具，它的基本思想是用图形符号以黑盒子的形式描绘系统里面的每个部件(程序、文件、数据库、表格、人工过程等)。绘制数据流图经常用到的符号如表 7-1 所示。

表 7-1　数据流图符号集

符号	名称	说明	符号	名称	说明
	处理	能改变数据或数据位置的加工或部件		输入/输出	表示输入/输出，是一个广义的不指明具体设备的符号
	连接	指出转到图的另一部分或从另一部分转来，通常在同一页上		换页连接	指出转到另一页图上或由另一页图转来
	人工操作	由人工完成处理		通信链路	远程通信线路传送数据
	数据流	用来连接其他符号，指明数据流动方向			

3. 数据流图

数据流图有四种基本符号：正方形(或立方体)表示数据的源点或终点；圆角矩形(或圆形)代表变换数据的处理；开口矩形(或两条平行横线)代表数据存储；箭头表示数据流，即特定数据的流动方向，如图 7-1 (a) 所示。在数据流图中应该描绘所有可能的数据流向，而不应该描绘出现某个数据流的条件。

图 7-1 (b) 表示的是条件符号，表示条件的与、或和异或关系。

数据存储和数据流都是数据，只所处的状态不同。数据存储是处于静止状态的数据，数据流是处于运动中的数据。有时数据的源点和终点相同，如果只用一个符号代表数据的源点和终点，则至少将有两个箭头和这个符号相连(一个进，一个出)，可能其中一条箭头线相当长，这将降低数据流图的清晰度。另一种表示方法是再重复画一个同样的符号(正方形或立方体)表示数据的终点。有时数据存储也需要重复，以增加数据流图的清晰度。

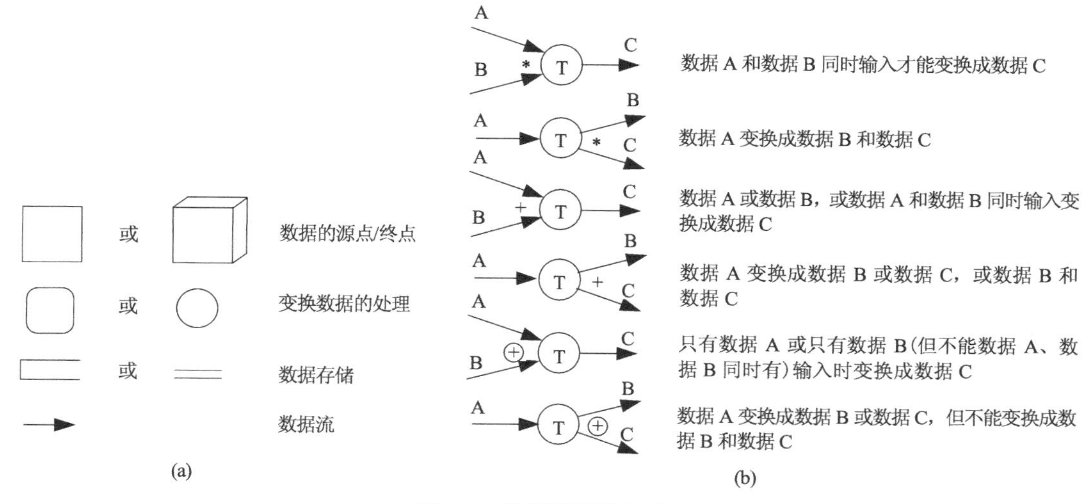

图 7-1　数据流图的符号

画数据流图的基本目的是利用它作为交流信息的工具。系统分析员把他对现有系统的认识或对目标系统的设想用数据流图描绘出来，供有关人员审查确认。由于在数据流图中通常仅使用四种基本符号，而且不包含任何有关物理实现的细节，所以绝大多数用户都可以理解和评价它。

4. 数据字典

数据字典是关于数据的信息的集合，也就是对数据流图中包含的所有元素的定义的集合。任何字典最主要的用途都是供人查阅对不了解的条目的解释，数据字典的作用也正是在软件分析和设计的过程中给人提供关于数据的描述信息。

数据流图和数据字典共同构成了系统的逻辑模型，没有数据字典，数据流图就不严格；然而没有数据流图，数据字典也难于发挥作用。只有将数据流图和对数据流图中每个元素的精确定义放在一起，才能共同构成系统的规格说明。

1)数据字典的内容

一般来说，数据字典应该由四类元素的定义组成：数据流、数据流分量(数据元素)、数据存储、处理。

但是，对数据处理的定义用其他工具(如IPO图或PDL)描述更方便，因此本书中数据字典将主要由数据的定义组成，这样做可以使数据字典的内容更单纯，形式更统一。

2)定义数据的方法

定义绝大多数复杂事物的方法，都是用被定义的事物的成分的某种组合表示这个事物，这些组成成分又由更低层的成分的组合来定义。从这个意义上说，定义就是自顶向下的分解，所以数据字典中的定义就是对数据自顶向下的分解。那么，应该把数据分解到什么程度呢？一般来说，当分解到不需要进一步定义，每个和工程有关的人都清楚其含义的元素时，这种分解过程就完成了。

由数据元素组成数据的方式只有下述4种基本类型。

(1)顺序，即以确定次序连接两个或多个分量。

(2)选择，即从两个或多个可能的元素中选取一个。

(3) 重复，即把指定的分量重复零次或多次。

(4) 可选，即一个分量是可有可无的(重复零次或一次)。

虽然可以使用自然语言描述由数据元素组成数据的关系，但是为了更加清晰简洁，一般使用下列符号：“=”意思是等价于(或定义为)；“+”意思是和(连接两个分量)；“[ ]”意思是或(从方括号内列出的若干分量中选择一个)，通常用“|”号隔开供选择的分量；“{ }”意思是重复(重复花括号内的分量)；“()”意思是可选(圆括号里的分量可有可无)。

3) 数据字典的用途

数据字典最重要的用途是作为分析阶段的工具。在数据字典中建立的一致的定义有助于改进系统分析员和用户之间的沟通。对数据的一致的定义也有助于改进不同的开发人员或不同的开发小组之间的交流沟通。如果要求所有开发人员都根据公共的数据字典描述数据和设计模块，则能减少接口定义不一致的问题。

4) 数据字典的实现

目前，数据字典几乎总是作为 CASE 的一部分实现。在开发大型软件系统的过程中，数据字典的规模和复杂程度迅速增加，人工维护数据字典几乎是不可能的。

如果在开发小型软件系统时暂时没有数据字典处理程序，建议采用卡片形式书写数据字典，每张卡片上保存描述一个数据的信息。这样做更新和修改起来比较方便，而且能单独处理描述每个数据的信息。每张卡片上主要应该包含这样一些信息：名字、别名、描述、定义、位置。

5. 成本效益分析

经济效益通常表现为减少运行费用或增加收入。但是，投资开发新系统往往存在一定的风险，系统的开发成本可能比预计的高，效益可能比预期的低。

1) 成本估计

(1) 自顶向下成本估计。这类估计通常仅由少数高层(技术与管理)人员参加，所以属于“专家判断”的性质。这些专家依靠从前的经验，把将要开发的软件与过去开发过的软件进行对比，借以估计新的开发所需要的工作量和成本。这种方法的缺点是，对开发中某些局部的问题或特殊困难容易低估，甚至没有考虑到。如果所开发的软件缺乏可以借鉴的经验，在估计时就可能出现较大的误差。

(2) 自底向上成本估计。与自顶向下估计相反，由底向上估计不是从整体开始，而是从一个个任务单元开始。其缺点是，具体工作人员往往只注意到自己范围内的工作，对综合测试、质量管理和项目管理等涉及全局的花费可能估计不足，甚至完全忽视。

(3) 算法模型估计。算法模型就是资源模型，是成本估计的又一有效工具。由于任何资源模型都是根据历史数据导出的，所以比较客观，计算结果的重复性也好(不论什么时候使用模型，都能得出同样的结果)。

2) 费用估计

(1) 代码行技术。代码行技术是比较简单的定量估算方法，它把开发每个软件功能的成本和实现这个功能需要用的源代码行数联系起来。

(2) 任务分解技术。这种方法首先把软件开发工程分解为若干相对独立的任务，再分别估计每个单独的开发任务的成本，最后加起来得出软件开发工程的总成本，如表 7-2 所示。

任务分解技术步骤如下。

①确定任务，即每个功能都必须经过需求分析、设计、编码和测试工作。

②确定每项任务的工作量。

③找出与各项任务相对应的劳务费数据，即每个单位工作量成本(元/人月)。

④计算各个功能和各个阶段的成本及工作量，然后计算总成本和总工作量。

表 7-2　任务分解技术计算软件开发总成本

任务	所占比例/%
可行性研究	5
需求分析	10
软件设计	25
编码单元测试	20
综合测试	40
合计	100

3)几种度量效益的方法

(1)货币的时间价值。成本估算的目的是对项目投资，但投资在前，取得效益在后，因此要考虑货币的时间价值。通常用利率表示货币的时间价值。设年利率为 i，现已存入 P 元，则 n 年后可得钱数为

$$F = P(1+i)^n$$

这就是 P 元钱在 n 年后的价值。反之，若 n 年后能收入 F 元，那么这些钱现在是价值是

$$P = F/(1+i)^n$$

例如，在工程设计中用 CAD 系统来取代大部分人工设计工作，每年可节省 9.6 万元。如果软件生存期为 5 年，则 5 年可节省 48 万元。而开发这个 CAD 系统共投资 20 万元。货币的将来值与现在值如表 7-3 所示。

表 7-3　货币的时间价值——将来值与现在值

年份	将来值/万元	$(1+i)^n$	现在值/万元	累计的现在值/万元
1	9.6	1.05	9.1429	9.1429
2	9.6	1.1025	8.7075	17.8504
3	9.6	1.1576	8.2928	27.1432
4	9.6	1.2155	7.8979	34.0411
5	9.6	1.2763	7.5219	41.5630

(2)投资回收期。投资回收期是衡量一个开发工程价值的经济指标。投资回收期就是积累的经济效益等于最初的投资所需要的时间。上例中，引入 CAD 系统两年以后，可以节省 17.85 万元，比最初投资还少 2.15 万元，但第三年可以节省 8.29 万元，即

$$2.15/8.29 = 0.259$$

(3)纯收入。工程的纯收入是衡量工程价值的另一项经济指标。纯收入就是在整个生存周期之内系统的累计经济效益(折合成现在值)与投资之差。上例中，引入 CAD 系统之后，5 年内工程的纯收入预计是

$$41.563-20 = 21.563(万元)$$

成本–效益分析首先是估算将要开发的系统的开发成本，然后与可能取得的效益进行比较和权衡。效益分有形效益和无形效益两种。有形效益可以用货币的时间价值、投资回收期、纯收入等指标进行度量；无形效益主要从性质上、心理上进行衡量，很难直接进行量的比较。

投资回收期就是使累计的经济效益等于最初的投资费用所需要的时间。项目的纯收入指在整个生存周期之内的累计经济效益(折合成现在值)与投资之差。纯收入是软件生命周期内项值之差，这两项是经济效益与投资。成本–效益分析的目的是从经济角度评价开发一个新的软件项目是否可行。

7.1.4 方案选择与可行性分析报告

可行性研究最根本的任务是对以后的行动方针提出建议。如果问题没有可行的解，系统分析员应该建议停止这项开发工程，以避免时间、资源、人力和金钱的浪费；如果问题值得解，系统分析员应该推荐一个较好的解决方案，并且为工程制订一个初步的计划。

通常情况下，可行性分析报告应包含如下内容：

1.引言
  1.1 编写目的
  1.2 背景
  1.3 定义
  1.4 参考资料

2.可行性研究的前提
  2.1 要求
  2.2 目标
  2.3 条件、假定和限制
  2.4 进行可行性研究的方法
  2.5 评价尺度

3.对现有系统的分析
  3.1 数据流图
  3.2 工作负荷
  3.3 费用支出
  3.4 人员和设备
  3.5 局限性

4.所建议的系统
  4.1 对所建议系统的说明
  4.2 数据流程和处理流程
  4.3 改进之处
  4.4 影响
  4.5 局限性
  4.6 技术条件方面的可行性

5.投资及效益分析
  5.1 支出
  5.2 收益
  5.3 收益/投资比
  5.4 投资回收周期
  5.5 敏感性分析

6.社会方面条件的可行性
  6.1 法律方面的可行性
  6.2 使用方面的可行性

7.2 需求分析

需求分析是软件定义时期的最后一个阶段，它的基本任务是准确地回答“系统必须做什么”。

需求分析的任务还不是确定系统怎样完成它的工作，而是确定系统必须完成哪些工作，也就是对目标系统提出完整、准确、清晰、具体的要求。在需求分析阶段结束之前，系统分析员应该写出软件需求规格说明书，以书面形式准确地描述软件需求。

在分析软件需求和书写软件需求规格说明书的过程中，系统分析员和用户都起着关键的、必不可少的作用。只有用户才真正知道自己需要什么，但是他们并不知道怎样用软件实现自己的需求，用户必须把他们对软件的需求尽量准确、具体地描述出来；系统分析员知道怎样用软件实现用户的需求，但是在需求分析开始时他们对用户的需求并不十分清楚，必须通过与用户沟通获取用户对软件的需求。

需求分析和规格说明是一项十分艰巨而复杂的工作。用户与系统分析员之间需要沟通的内容非常多，在双方交流信息的过程中很容易出现误解或遗漏，也可能存在二义性。因此，不仅在整个需求分析过程中应该采用行之有效的通信技术，集中精力工作，而且必须严格审查验证需求分析的结果。

目前有许多不同的需求分析阶段的结构化分析方法，一般而言，这些分析方法基本都遵守以下准则。

(1) 必须理解并描述问题的信息域，并建立相应的数据模型。

(2) 必须定义软件必须完成的功能，建立初步功能模型。

(3) 定义软件行，建立相应的行为模型。

7.2.1 需求分析的任务

需求分析的任务包括对系统的综合要求以及数据要求等进行确认，以便在此基础上进行系统的分析和设计。

1. 确定对系统的综合要求

(1) 功能需求。这方面的需求指定系统必须提供的服务。通过需求分析应该划分出系统必须完成的所有功能。

(2) 性能需求。软件开发的技术型指标，通常包括速度(响应时间)、信息量速率、主存容量、磁盘容量、安全性等方面的需求。

(3) 可靠性和可用性需求。可靠性需求定量地指定系统的可靠性。可用性与可靠性密切相关，它量化了用户可以使用系统的程度。

(4) 出错处理需求。这类需求说明系统对环境错误应该怎样响应。在某些情况下，“出错处理”指的是当应用系统发现它自己犯了一个错误时所采取的行动。但是，应该有选择地提出这类出错处理需求。软件开发的目的是开发出正确的系统，而不是用无休止的出错处理代码掩盖自己的错误。总之，对应用系统本身错误的检测应该仅限于系统的关键部分，而且应该尽可能少。

(5) 接口需求。接口需求描述应用系统与它的环境通信的格式。常见的接口需求有用户接口需求、硬件接口需求、软件接口需求、通信接口需求。

(6) 约束。设计约束或实现约束描述在设计或实现应用系统时应遵守的限制条件。在需求分析阶段提出这类需求，并不是要取代设计(或实现)过程，只是说明用户或环境强加给项目的限制条件。常见的约束有精度、工具和语言约束、设计约束、应该使用的标准、应该使用的硬件平台。

(7) 逆向需求。逆向需求说明软件系统不应该做什么。理论上有无限多个逆向需求，应该仅选取能澄清真实需求且可消除可能发生的误解的那些逆向需求。

(8) 人的因素。

(9) 文档需求。说明需要哪些文档，文档针对哪些读者。

(10) 数据需求。需要说明输入/输出数据的格式，接收/发送数据的频率，数据的准确度和精度，数据流量等问题。

(11) 资源需求。软件运行时所需的数据、软件、内存空间等资源。

(12) 软件成本耗费与开发进度需求。说明开发的软硬件投资限制和时间基点等。

(13) 安全保密要求。是否需要对访问系统或系统信息加以控制，用户之间的数据如何隔离，用户程序如何与其他程序和操作系统隔离，系统的备份要求等。

(14) 质量保证。规定系统的平均出错时间，出错后，重启系统允许的时间，维护是否包括对系统的改进，系统的移植性等。

2. 对系统的数据要求进行分析

任何一个软件系统本质上都是信息处理系统，系统必须处理的信息和系统应该产生的信息在很大程度上决定了系统的面貌，对软件设计有深远影响，因此，必须分析系统的数据要求，这是软件需求分析的一个重要任务。分析系统的数据要求通常采用建立数据模型的方法。

复杂的数据由许多基本的数据元素组成，数据结构表示数据元素之间的逻辑关系。利用数据字典可以全面准确地定义数据，但是数据字典的缺点是不够形象直观。为了提高可理解性，常常利用图形工具辅助描绘数据结构。常用的图形工具有层次方框图和 Warnier 图。软件系统经常使用各种长期保存的信息，这些信息通常以一定方式组织并存储在数据库或文件中，为减少数据冗余，避免出现插入异常或删除异常，简化修改数据的过程，通常需要把数据结构规范化。

3. 导出系统的逻辑模型

综合上述两项分析的结果可以导出系统的详细逻辑模型，通常用数据流图、实体-联系图、状态转换图、数据字典和主要的处理算法描述这个逻辑模型。

4. 修正系统开发计划

根据在分析过程中获得的对系统的更深入更具体的了解，可以比较准确地估计系统的成本和进度，修正以前制订的开发计划。

7.2.2 需求获取的途径

与用户沟通获取需求的方法。

1) 访谈

访谈是最早使用的获取用户需求的技术，也是迄今为止仍然广泛使用的需求分析技术。访谈有两种基本形式，分别是正式的和非正式的访谈。正式访谈时，系统分析员将提出一些事先准备好的具体问题。在非正式访谈中，系统分析员将提出一些用户可以自由回答的开放性问题，以鼓励被访问人员说出自己的想法。

在访问用户的过程中，使用情景分析技术往往非常有效。所谓情景分析，就是对用户将来使用目标系统解决某个具体问题的方法和结果进行分析。

情景分析技术的用处主要体现在以下两个方面。

(1) 它能在某种程度上演示目标系统的行为，从而便于用户理解，而且还可能进一步揭示出一些系统分析员目前还不知道的需求。

(2) 由于情景分析较易为用户所理解，使用这种技术能保证用户在需求分析过程中始终扮演一个积极主动的角色。需求分析的目标是获知用户的真实需求，而这一信息的唯一来源是用户，因此，让用户起积极主动的作用对需求分析工作获得成功是至关重要的。

注意，访谈时不要使用信息技术专业术语，另外还要引导用户让他说出与系统有关的业务。

2) 面向数据流自顶向下求精

软件系统本质上是信息处理系统，而任何信息处理系统的基本功能都是把输入数据转变成需要的输出信息。通过可行性分析研究中目标系统的高层数据流图，需求分析的目标之一就是把数据流和数据存储定义到元素级。在实际业务中，数据决定了需要的处理和算法，是需求分析的出发点，所以重点围绕数据流中数据元素的来源、用途、去向捕获需求，并进行详细细化分解。

输出数据是由哪些元素组成的呢？通过调查访问不难搞清这个问题。那么，每个输出数据元素又是从哪里来的呢？既然它们是系统的输出，显然它们或者是从外面输入到系统中的，或者是通过计算由系统中产生的。沿数据流图从输出端往输入端回溯，应该能够确定每个数据元素的来源，与此同时也就初步定义了有关算法。

对数据流图细化之后得到一组新的数据流图，不同的系统元素之间的关系就会变得更清楚了。对这组新数据流图的分析追踪可能产生新的问题，这些问题的答案可能又在数据字典中增加一些新条目，并且可能导致新的或精化的算法描述。随着分析过程的进展，经过问题和解答的反复循环，系统分析员越来越深入具体地定义了目标系统，最终得到对系统数据和功能要求的满意了解。图 7-2 粗略地描述了上述分析过程。

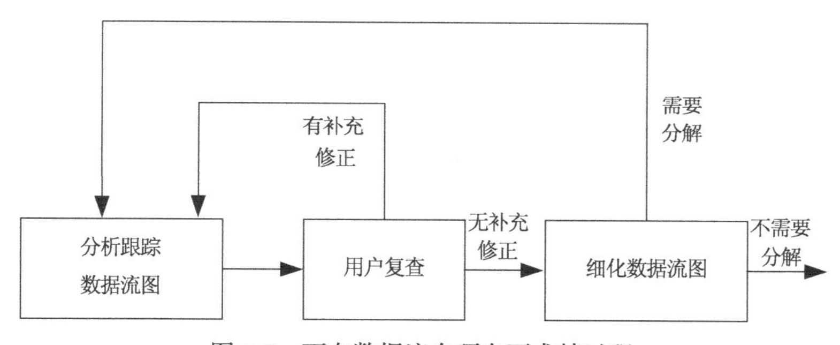

图 7-2　面向数据流自顶向下求精过程

3) 简易的应用规格说明技术

这种方法提倡用户与开发者密切合作，共同标识问题，提出解决方案要素，商讨不同方案并指定基本需求。使用传统的访谈或面向数据流自顶向下求精的方法定义需求时，用户处于被动地位而且往往有意无意地与开发者区分“彼此”。由于不能像同一个团队的人那样齐心协力地识别和精化需求，简易的应用规格说明技术已经成为信息系统领域的主流技术。

使用简易的应用规格说明技术分析需求的典型过程如下。

(1) 初步访谈。通过用户对基本问题的回答，初步确定待解决问题的范围和解决方案，然后开发者和用户分别写出产品需求。

(2) 制定初步产品需求。邀请开发者和用户双方代表出席，在开会前预先把写好的产品需求分发给与会者，要求每位与会者在开会前几天认真审查产品需求，并且列出作为系统环境组成部分的对象、系统将产生的对象以及系统为了完成自己的功能将使用的对象。此外，还要求每位与会者列出操作这些对象或与这些对象交互的服务(处理或功能)。最后还应该列出约束条件(例如，成本、规模、完成日期)和性能标准(例如，速度、容量)。每位与会者列出的内容不一定都是毫无遗漏的，但希望能准确地表达出每个人对目标系统的认识。

(3) 列表讨论。每位与会者应该把他们在会前准备好的列表展示出来供大家讨论。在展示了每个人针对某个议题的列表之后，大家共同创建一张组合列表。在组合列表中消去冗余项，加入在展示过程中产生的新想法，但是并不删除任何实质性的内容。组合列表将被缩短、加长或重新措辞，以便更准确地描述将被开发的产品。讨论的目标是，针对每个议题(对象、服务、约束和性能)都创建出一张意见一致的列表。

(4) 小型规格说明。形成意见一致的列表之后，与会者进行分组，为每张列表中的项目制定小型规格说明。小型规格说明是对列表中包含的单词或短语的准确说明。在完成小型规格说明之后，每个与会者都制定出产品的一整套确认标准，并把自己制定的标准提交会议讨论，最后由一名或多名与会者根据会议成果起草完整的软件需求规格说明书。

简易的应用规格说明技术，这种面向团队的需求收集方法确实有许多突出的优点：开发者与用户不分彼此，齐心协力，密切合作；即时讨论并求精；有能导出规格说明的具体步骤。

4) 快速建立软件原型

快速建立软件原型是最准确、最有效、最强大的需求分析技术。快速建立软件原型就是快速建立起来的旨在演示目标系统主要功能的可运行的程序。构建原型的要点是，它应该实现用户看得见的功能(例如，屏幕显示或打印报表)。快速建立软件原型的目的是尽快向用户提供一个可在计算机上运行的目标系统的模型，因此，原型的某些缺陷是可以忽略的，只要这些缺陷不严重地损害其功能，不会使用户对产品的行为产生误解，就不必管它们。

如果原型的第一版与用户需求差距太大，就必须根据用户的意见迅速地修改它，构建出原型的第二版，以更好地满足用户需求。在实际开发软件产品时，原型的修改过程可能重复多遍，如果修改耗时过多，势必延误软件开发时间。

7.2.3 需求分析过程

如果将需求分析阶段的工作归结为编写需求规格说明书，这种简化的做法往往是导致项目后期层出不穷问题的罪魁祸首。一般采用以下步骤形成软件需求。

1. 获取用户需求

这是该阶段的一个最重要的任务。需要了解客户方的所有用户类型以及潜在的类型。然后根据他们的要求确定系统的整体目标和系统的工作范围。对用户进行访谈和调研。交流的方式可以是会议、电话、电子邮件、小组讨论、模拟演示等不同形式。需求分析人员对收集到的用户需求作进一步的分析和整理。

需求分析人员将调研的用户需求以适当的方式呈交给用户方和开发方的相关人员。大家共同确认需求分析人员所提交的结果是否真实地反映了用户的意图。需求分析人员在这个任务中需要执行下述活动。

(1) 明确标识出未确定的需求项(在需求分析初期往往有很多这样的待定项)。

(2) 使需求符合系统的整体目标。

(3) 保证需求项之间的一致性，解决需求项之间可能存在的冲突。

2. 分析用户需求

在很多情形下，分析用户需求是与获取用户需求并行的，主要通过建立模型的方式来描述用户的需求，为客户、用户、开发方等不同参与方提供一个交流的渠道。这些模型是对需求的抽象，以可视化的方式提供一个易于沟通的桥梁。用户需求的分析与获取用户需求有着相似的步骤，区别在于分析用户需求时使用模型来描述，以获取用户更明确的需求。分析用户需求需要执行下列活动。

(1) 以图形表示的方式描述系统的整体结构，包括系统的边界与接口。

(2) 通过原型、页面流或其他方式向用户提供可视化的界面，用户可以对需求作出自己的评价。

(3) 系统可行性分析，需求实现的技术可行性、环境分析、费用分析、时间分析等。

(4) 以模型描述系统的功能项、数据实体、外部实体、实体之间的关系、实体之间的状态转换等方面的内容。

用于需求建模的方法有很多种，最常用的包括数据流图、实体关系图和用例图三种方式。

3. 编写需求文档

判断每个需求是否具备应有的特性的一种方式是由持不同观点的工程管理人员所作的正规检查。另一种有力的方法是在编写代码前依据需求编写测试用例。测试用例能够明确显现在需求中描述的产品行为(特性)，能够显现缺陷、冗余和含糊不清之处。

每个需求必须精确描述要交付的功能。正确性依据于需求的来源，如真实的客户或高级别的系统需求说明书。一个软件需求与其对应的系统需求说明书相抵触是不正确的(系统需求说明书本身可能不正确)。只有用户代表能够决定用户需求的正确性，这就是为什么在检查需求时，要包括他们或他们的代理的关键所在。

在已知的能力、有限的系统及其环境中，每个需求必须是可实现的。为了避免需求的不可行性，在需求分析阶段应该有一个开发人员参与，在抽象阶段应该有市场人员参与。这个开发人员应能检查在技术上什么能做什么不能做，哪些需要额外的付出或者其他权衡。

每个需求应载明什么是客户确实需要的，什么要顺应于外部的需求，接口或标准。每个需求源于用户认可、具有说明需求的原始资料。

4. 评审需求文档

评审是保证软件质量一个很重要的手段，评审的好坏直接影响项目的顺利执行。对于测试人员来说，在整个软件项目过程中，接触到的评审主要有三类：需求评审、软件设计评审、测试用例评审。这三类评审在软件项目过程的每个阶段都是至关重要的，不仅影响着软件质量，更直接影响着测试人员的工作量。

需求评审是对产品需求文档的评审。需求文档是由PD(Product Designer，产品设计人员)根据用户的需求，抽象、细化成产品需求，对技术人员来说也是比较直观的需求文档，通过这份文档技术人员可以了解用户和PD想要得到的是一个什么样的产品，它是PD和技术人员沟通的桥梁，所以它的评审至关重要。

评审的目标：①产品需求文档可以全面、清晰地描述产品的功能和性能；②项目组成员对用户需求的理解达到一致；③形成一份最终的对研发具有指导作用的文档，后续的工作都要以这份文档为基础而展开。

好的需求评审不仅能产出一份高质量的产品需求文档，保证了后续工作的确定性、正确性，也会大大降低后续工作中的沟通成本，无形中也就减少了开发人员的工作量，并控制了项目风险，第一时间保证了项目质量。

5. 需求管理

需求管理包括在工程进展过程中维持需求约定集成性和精确性的所有活动，包括控制对需求基线的变动，保持项目计划与需求一致，控制单个需求和需求文档的版本情况，管理需求和联系链之间的联系或管理单个需求和其他项目之间的依赖关系，以及跟踪基线中需求的状态。需求管理的主要活动如图 7-3 所示。

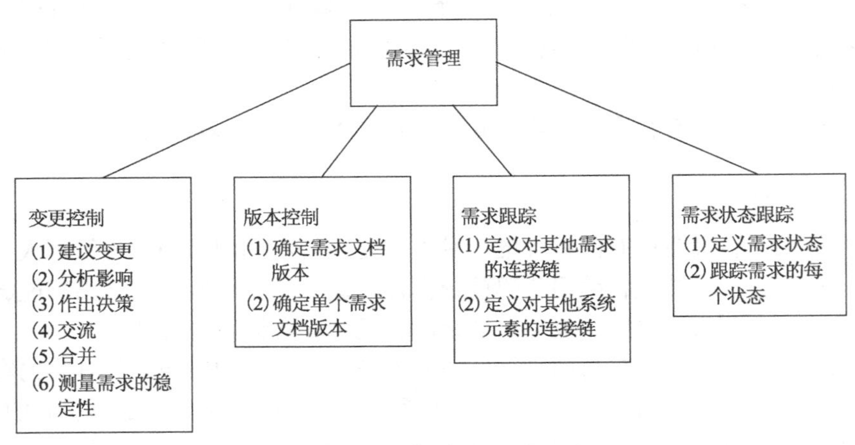

图 7-3　需求管理的主要活动

7.2.4　需求分析技术

人们常常采用建立事物模型的方法来更好地理解复杂事物。所谓模型，就是为了理解事物而对事物作出的一种抽象，是对事物的一种无歧义的书面描述。通常，模型由一组图形符号和组织这些符号的规则组成。

根据结构化分析准则，需求分析过程应该建立三种模型，它们分别是数据模型、功能模型和行为模型。实体–联系图(Entity-Relationship Diagram，E-R 图)，描绘数据对象及数据对象之间的关系，是用于建立数据模型的图形。数据流图，描绘当数据在软件系统中移动时被变换的逻辑过程，指明系统具有的变换数据的功能，因此，数据流图是建立功能模型的基础。状态转换图(简称状态图)，指明了作为外部事件结果的系统行为。为此，状态转换图描绘了系统的各种行为模式(称为状态)和在不同状态间转换的方式，状态转换图是行为建模的基础。

1. 实体–联系图

为了把用户的数据要求清楚准确地描述出来，系统分析员通常建立一个概念性的数据模型(也称为信息模型)。概念性数据模型是一种面向问题的数据模型，是按照用户的观点对数据建立的模型。它描述了从用户角度看到的数据，它反映了用户的现实环境，而且与在软件系统中的实现方法无关。

数据模型中包含三种相互关联的信息：数据对象、数据对象的属性及数据对象彼此间相互连接的关系。

数据对象是对软件必须理解的复合信息的抽象。所谓复合信息是指具有一系列不同性质或属性的事物，仅有单个值的事物(例如，宽度)不是数据对象。可以由一组属性来定义的实体都可以被认为是数据对象。数据对象彼此间是有关联的，例如，教师“教”课程，学生“学”课程，“教”或“学”的关系表示教师和课程或学生和课程之间的一种特定的连接。

属性定义了数据对象的性质，必须把一个或多个属性定义为标识符，也就是说，当希望找到数据对象的一个实例时，用标识符属性作为关键字(通常简称键)。

应该根据对所要解决的问题的理解，来确定特定数据对象的一组合适的属性。

数据对象彼此之间相互连接的方式称为联系，也称为关系，联系可分为以下三种类型。

(1) 一对一联系(1∶1)。例如，一个部门有一个经理，而每个经理只在一个部门任职，则部门与经理的联系是一对一的。

(2) 一对多联系(1∶N)。例如，某校教师与课程之间存在一对多的联系“教”，即每位教师可以教多门课程，但是每门课程只能由一位教师来教，如图 7-4 所示。

(3) 多对多联系(M∶N)。例如，图 7-4 表示学生与课程间的联系(“学”)是多对多的，即一个学生可以学多门课程，而每门课程可以有多个学生来学。

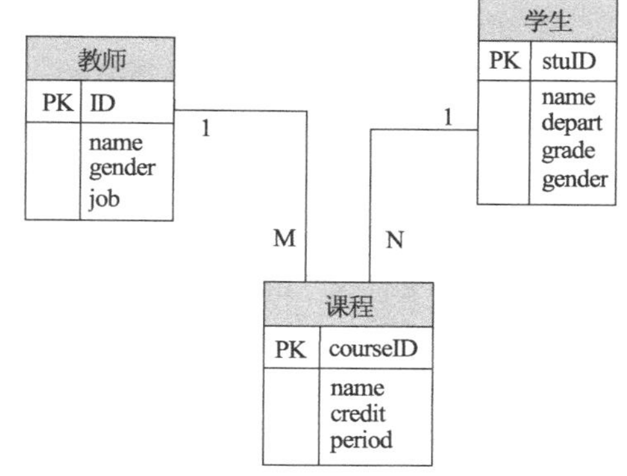

图 7-4　教师-学生 E-R 图

联系也可能有属性。例如，学生“学”某门课程所取得的成绩，既不是学生的属性也不是课程的属性。由于成绩既依赖于某名特定的学生又依赖于某门特定的课程，所以它是学生与课程之间的联系“学”的属性。

2. 实体–联系图的符号

通常，使用实体–联系图来建立数据模型，可把用 E-R 图描绘的数据模型称为 E-R 模型。

E-R 图包含了实体(数据对象)、关系和属性等三种基本成分，通常用矩形框代表实体，用连接相关实体的菱形框表示关系，用椭圆形或圆角矩形表示实体(或关系)的属性，并用直线把实体(或关系)与其属性连接起来。

人们通常就是用实体、联系和属性这三个概念理解现实问题的，因此，E-R 模型比较接近人的习惯思维方式。此外，E-R 模型使用简单的图形符号表达系统分析员对问题域的理解，不熟悉计算机技术的用户也能理解它，因此，E-R 模型可以作为用户与系统分析员之间有效的交流工具。

3. 状态转换图

状态转换图通过描绘系统的状态及引起系统状态转换的事件来表示系统的行为。此外，状态图还指明了作为特定事件的结果系统将做哪些动作(例如，处理数据)。因此，状态图提供了行为建模机制。

状态是任何可以被观察到的系统行为模式，一个状态代表系统的一种行为模式。状态规定了系统对事件的响应方式。系统对事件的响应既可以是做一个(或一系列)动作，也可以是仅改变系统本身的状态，还可以是既改变状态又做动作。

在状态图中定义的状态主要有初态(初始状态)、终态(最终状态)和中间状态。在一张状态图中只能有一个初态，而终态则可以有0至多个。

状态图既可以表示系统循环运行过程，也可以表示系统单程生命周期。当描绘循环运行过程时，通常并不关心循环是怎样启动的。当描绘单程生命期时，需要标明初始状态(系统启动时进入初始状态)和最终状态(系统运行结束时到达最终状态)。

事件是在某个特定时刻发生的事情，它是对引起系统做动作或(和)从一个状态转换到另一个状态的外界事件的抽象。例如，内部时钟表明某个规定的时间段已经过去，用户移动或单击等都是事件。简而言之，事件就是引起系统做动作或(和)转换状态的控制信息。

在状态图中，初态用实心圆表示，终态用一对同心圆(内圆为实心圆)表示。

中间状态用圆角矩形表示，可以用两条水平横线把它分成上、中、下三个部分。上面部分为状态的名称，这部分是必须有的；中间部分为状态变量的名字和值，这部分是可选的；下面部分是活动表，这部分也是可选的。

活动表的语法格式如下：

```
事件名(参数表)/动作表达式
```

其中，“事件名”可以是任何事件的名称。在活动表中经常使用3种标准事件：entry，exit和do。entry事件指定进入该状态的动作，exit事件指定退出该状态的动作，而do事件则指定在该状态下的动作。需要时可以为事件指定参数表。活动表中的动作表达式描述应做的具体动作。

状态图中两个状态之间带箭头的连线称为状态转换，箭头指明了转换方向。状态变迁通常是由事件触发的，在这种情况下应在表示状态转换的箭头线上标出触发转换的事件表达式；如果在箭头线上未标明事件，则表示在源状态的内部活动执行完之后自动触发转换。

事件表达式的语法如下：

```
事件说明[守卫条件]/动作表达式
```

其中，事件说明的语法为：事件名(参数表)。守卫条件是一个布尔表达式。如果同时使用事件说明和守卫条件，则当且仅当事件发生且布尔表达式为真时，状态转换才发生。如果只有守卫条件没有事件说明，则只要守卫条件为真，状态转换就发生。动作表达式是一个过程表达式，当状态转换开始时执行该表达式。

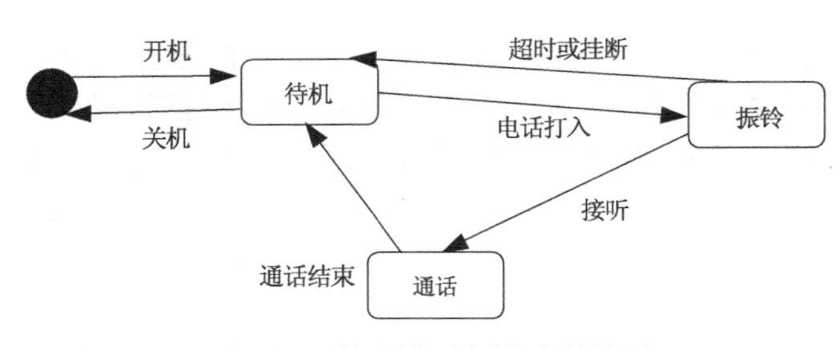

图7-5　手机接打电话状态转换图

为了具体说明怎样用状态图建立系统的行为模型，下面举一个例子。图7-5是人们非常熟悉的手机接打电话系统的状态图。

假如电话初始状态是“关机”状态，通过开机动作进入“待机”状态，在“待机”状态下，如果有电话打入，则进入“振铃”状态，在此状态下，会发生3种状态转化，超时未接听、挂断和接听，前两种事件(“超时”和“挂断”)又会使手机处于“待机”状态，“接听”事件会使手机处于“通话”状态，“通话”状态结束又进入“待机”状态。限于篇幅，拨打电话的手机状态转化可以自行绘制，这里不再赘述。

4. *层次方框图*

层次方框图用树形结构的一系列多层次的矩形框描绘数据的层次结构。树形结构的顶层是一个单独的矩形框，它代表完整的数据结构，下面的各层矩形框代表这个数据的子集，底层的各个框代表组成这个数据的实际数据元素(不能再分割的元素)。例如，图 7-6 是层次方框图的一个例子。

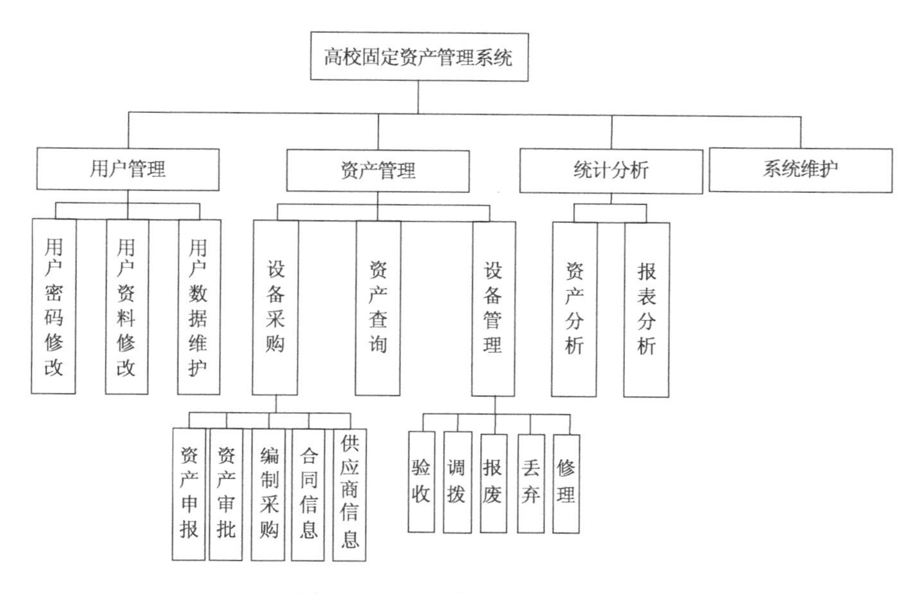

图 7-6　层次方框图的一个例子

随着结构的精细化，层次方框图对数据结构也描绘得越来越详细，这种模式非常适合于需求分析阶段的需要。系统分析员从对顶层信息的分类开始，沿图中每条路径反复细化，直到确定了数据结构的全部细节。

5. Warnier 图

法国计算机科学家 Warnier 提出了表示信息层次结构的另外一种图形工具。和层次方框图类似，Warnier 图也用树形结构描绘信息，但是这种图形工具比层次方框图提供了更丰富的描绘手段。

用 Warnier 图可以表明信息的逻辑组织，也就是说，它可以指出一类信息或一个信息元素是重复出现的，也可以表示特定信息在某一类信息中是有条件地出现的。因为重复和条件约束是说明软件处理过程的基础，所以很容易把 Warnier 图转变成软件设计的工具。

6. IPO 图

IPO 图是输入、处理、输出图的简称，它是美国 IBM 公司发展完善起来的一种图形工具，能够方便地描绘输入数据、对数据的处理和输出数据之间的关系。

IPO 图使用的基本符号简单，容易掌握。它的基本形式是在左边的框中列出有关的输入数据，在中间的框内列出主要的处理，在右边的框内列出产生的输出数据。处理框中列出处理的次序暗示了执行的顺序，但是用这些基本符号还不足以精确描述执行处理的详细情况。

在 IPO 图中还用类似向量符号的粗大箭头清楚地指出数据通信的情况。图 7-7 是一个查询信息的例子，通过这个例子不难了解 IPO 图的用法。

建议使用一种改进的 IPO 图(也称为 IPO 表)，这种图中包含某些附加的信息，在软件设计过程中将比原始的 IPO 图更有用，如图 7-8 所示。在需求分析阶段可以使用 IPO 图简略地描述系统的主要算法(数据流图中各个处理的基本算法)。当然，在需求分析阶段，IPO 图中的许多附加信息暂时还不具备，但是在软件设计阶段可以进一步补充修正这些图，作为设计阶段的文档。这正是在需求分析阶段用 IPO 图作为描述算法的工具的重要优点。

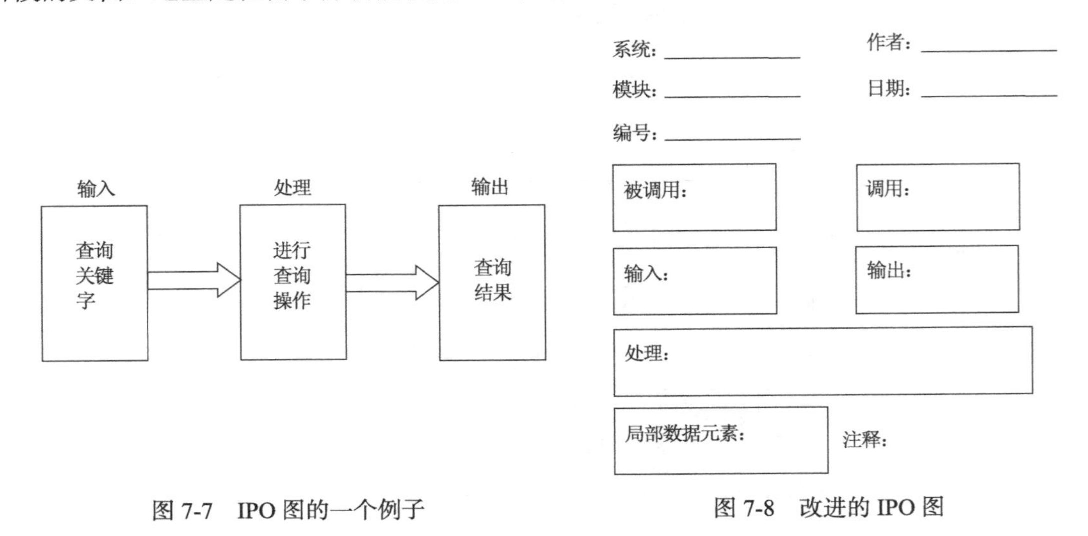

图 7-7　IPO 图的一个例子　　图 7-8　改进的 IPO 图

7.2.5　需求规格及评审

需求分析阶段的工作结果是开发软件系统的重要基础，大量统计数字表明，软件系统中 15%的错误源于错误的需求。为了提高软件质量，确保软件开发成功，降低软件开发成本，一旦对目标系统提出一组要求之后，必须严格验证这些需求的正确性。一般来说，应该从下述四个方面进行验证。

(1) 一致性。所有需求必须是一致的，任何一条需求不能和其他需求互相矛盾。

(2) 完整性。需求必须是完整的，规格说明书应该包括用户需要的每个功能或性能。

(3) 现实性。指定的需求应该是在现有的硬件技术和软件技术基本上可以实现的。对硬件技术的进步可以做些预测，对软件技术的进步则很难作出预测，只能从现有技术水平出发判断需求的现实性。

(4) 有效性。必须证明需求是正确有效的，确实能解决用户面对的问题。

为了更有效地保证软件需求的正确性，特别是为了保证需求的一致性，需要有适当的软件工具支持需求分析工作。这类软件工具应该满足下列要求。

(1) 必须有形式化的语法(或表)，因此可以用计算机自动处理使用这种语法说明的内容。

(2) 使用这个软件工具能够导出详细的文档。

(3) 必须提供分析(测试)规格说明书的不一致性和冗余性的手段，并且应该能够产生一组报告指明对完整性分析的结果。

(4) 使用这个软件工具之后，应该能够改进通信状况。

作为需求工程方法学的一部分，在 1977 年设计完成了 RSL(需求陈述语言)。RSL 中的语句是计算机可以处理的，处理以后把从这些语句中得到的信息集中存放在一个称为 ASSM(抽象系统语义模型)的数据库中。有一组软件工具处理 ASSM 数据库中的信息以产生用 Pascal 语言编写的模拟程序，从而可以检验需求的一致性、完整性和现实性。

通过需求分析除了创建分析模型，还应该写出软件需求规格说明书，它是需求分析阶段得出的最主要的文档。

通常用自然语言完整、准确、具体地描述系统的数据要求、功能需求、性能需求、可靠性和可用性要求、出错处理需求、接口需求、约束、逆向需求以及将来可能提出的要求。自然语言的规格说明具有容易书写、容易理解的优点，为大多数人所欢迎和采用。

为了消除用自然语言书写的软件需求规格说明书中可能存在的不一致、歧义、含糊、不完整及抽象层次混乱等问题，有些人主张用形式化方法描述用户对软件系统的需求。

7.3 小　　结

结构化的分析技术包括可行性分析和需求分析两部分。可行性研究进一步探讨了问题定义阶段所确定的问题是否有可行的解，根据系统的逻辑模型设想各种可能的物理系统，并且从技术、经济和操作等各方面分析这些物理系统的可行性。需求分析是发现、求精、建模、规格说明和复审的过程，具体地说，应该确定系统必须具有的功能、性能、可靠性和可用性，必须实现的出错处理需求、接口需求和逆向需求，必须满足的约束条件，并且预测系统的发展前景。在需求分析阶段通常建立数据模型、功能模型和行为模型。除了创建分析模型之外，通常还要从一致性、完整性、现实性和有效性等 4 个方面复审软件需求规格说明书。

习　　题

1. 可行性分析的目标是什么？可行性分析的任务有哪些？

2. 为什么要进行需求分析？通常对软件系统有哪些需求？怎样与用户有效地沟通以获取用户的真实需求？

3. 银行 ATM 系统的工作过程大致为：用户插入银行卡，系统提示输入密码，如果密码无误则进入业务选择页面，用户可以选择取款或者查询余额；若用户选择“取款”业务，则提示输入取款金额，核对无误后给用户吐出现金并印出清单给储户；若用户选择“查询余额”业务，则系统显示查询的余额并印出清单给用户。请使用数据流图描述用户银行 ATM 系统工作的过程。

4. 复印机的工作过程大致如下：未接到复印命令时处于闲置状态，一旦接到复印命令则进入复印状态，完成一个复印命令规定的工作后又回到闲置状态，等待下一个复印命令；如果执行复印命令时发现没纸，则进入缺纸状态，发出警告，等待装纸，装满纸后进入闲置状态，准备接收复印命令；如果复印时发生卡纸故障，则进入卡纸状态，发出警告等待维修人员排除故障，故障排除后回到闲置状态。请用状态转换图描绘复印机的行为。

第 8 章　结构化的设计技术

结构化程序设计(structured programming)是进行以模块功能和处理过程设计为主的详细设计的基本原则。其概念最早由 E.W.Dijikstra 在 1965 年提出，是软件发展的一个重要的里程碑。它的主要观点是采用自顶向下、逐步求精及模块化的程序设计方法，结构化程序设计主要强调的是程序的易读性。结构化的设计技术可分为详细设计和概要设计，下面我们分别进行讲解。

8.1　概 要 设 计

8.1.1　概要设计的概念和任务

概要设计的主要任务是把需求分析得到的 DFD 转换为软件结构和数据结构。设计软件结构的具体任务：将一个复杂系统按功能进行模块划分、建立模块的层次结构及调用关系、确定模块间的接口及人机界面等。数据结构设计包括数据特征的描述、确定数据的结构特性以及数据库的设计。显然，概要设计建立的是目标系统的逻辑模型，与计算机无关。

通过这个阶段的工作将划分出组成系统的物理元素——程序、文件、数据库、人工过程和文档等，但是每个物理元素仍然处于黑盒子级，这些黑盒子里的具体内容将在以后仔细设计。总体设计阶段的另一项重要任务是设计软件的结构，也就是要确定系统中每个程序是由哪些模块组成的，以及这些模块相互间的关系。

8.1.2　概要设计的原则

1. 模块化

模块是由边界元素限定的相邻程序元素(例如，数据说明，可执行的语句)的序列，而且有一个总体标识符代表它。按照模块的定义，过程、函数、子程序和宏等都可作为模块。面向对象方法学中的对象是模块，对象内的方法(或称为服务)也是模块。模块是构成程序的基本构件。

模块化就是把程序划分成独立命名且可独立访问的模块，每个模块完成一个子功能，把这些模块集成起来构成一个整体，可以完成指定的功能，满足用户的需求。有人说，模块化是为了使一个复杂的大型程序能被人的智力所管理，是软件应该具备的唯一属性。如果一个大型程序仅由一个模块组成，它将很难被人所理解。下面根据人类解决问题的一般规律，论证上面的结论。

设函数 C(x)定义问题 x 的复杂程度，函数 E(x)确定解决问题 x 需要的工作量(时间)。对于两个问题 P_1 和 P_2，如果 $C(P_1)>C(P_2)$，显然 $E(P_1)>E(P_2)$。根据人类解决一般问题的经验，另一个有趣的规律是 $C(P_1+P_2)>C(P_1)+C(P_2)$，也就是说，如果一个问题由 P_1 和 P_2 两个问题组合而成，那么它的复杂程度大于分别考虑每个问题时的复杂程度之和。综上所述，得到不等式 $E(P_1+P_2)>E(P_1)+E(P_2)$。这个不等式导致“各个击破”的结论——把复杂的问题分解成许多容易解决的小问题，原来的问题也就容易解决。这就是模块化的根据。

由上面的不等式似乎还能得出下述结论：如果无限地分割软件，最后为了开发软件而需要的工作量也就小得可以忽略。事实上，还有另一个因素起作用，从而使得上述结论不能成立。如图 8-1 所示，当模块数目增加时每个模块的规模将减小，开发单个模块需要的成本(工作量)确实减少；但是，随着模块数目增加，设计模块间接口所需要的工作量也将增加。根据这两个因素，得出了图中的总成本曲线。每个程序都相应地有一个最适当的模块数目 M，使得系统的开发成本最小。

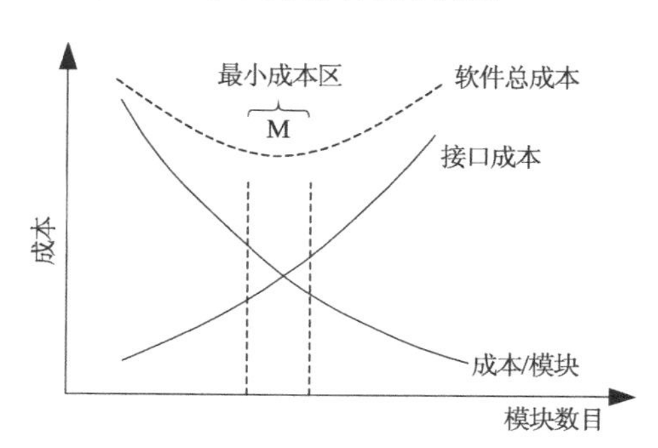

图 8-1　模块化和软件成本

采用模块化原理可以使软件结构清晰，不仅容易设计，也容易阅读和理解。因为程序错误通常局限在有关的模块及它们之间的接口中，所以模块化使软件容易测试和调试，因而有助于提高软件的可靠性。因为变动往往只涉及少数几个模块，所以模块化能够提高软件的可修改性。

2. 抽象

软件工程过程的每一步都是对软件解法的抽象层次的一次精化。在可行性研究阶段，软件作为系统的一个完整部件；在需求分析期间，软件解法是使用在问题环境内熟悉的方式进行描述的；当由总体设计向详细设计过渡时，抽象的程度也就随之减少；最后，当源程序写出来以后，也就达到了抽象的最底层。

3. 逐步求精

逐步求精是人类解决复杂问题时采用的基本方法，也是许多软件工程技术(例如，规格说明技术，设计和实现技术)的基础。可以把逐步求精定义为：“为了能集中精力解决主要问题而尽量推迟对问题细节的考虑。”

逐步求精之所以如此重要，是因为人类的认知过程遵守 Miller 法则：一个人在任何时候都只能把注意力集中在(7±2)个知识块上。但是，在开发软件的过程中，软件工程师在一段时间内需要考虑的知识块数远远多于 7。例如，一个程序通常不止使用 7 个数据，一个用户也往往有不止 7 个方面的需求。逐步求精方法的强大作用就在于，它能帮助软件工程师把精力集中在与当前开发阶段最相关的那些方面上，而忽略那些对整体解决方案来说虽然是必要的，然而目前还不需要考虑的细节，这些细节将留到以后再考虑。Miller 法则是人类智力的基本局限，只能在这个前提下尽我们的最大努力工作。

事实上，可以把逐步求精看成是一项把一个时期内必须解决的种种问题按优先级排序的技术。逐步求精方法确保每个问题都被解决，而且每个问题都在适当的时候被解决，但是，在任何时候一个人都不需要同时处理 7 个以上知识块。

4. 信息隐藏和局部化

应用模块化原理时，自然会产生一个问题：“为了得到最好的一组模块，应该如何分解软件呢？”信息隐藏原理指出：应该这样设计和确定模块，使得一个模块内包含的信息(过程和数据)对于不需要这些信息的模块来说，是不能访问的。

局部化概念和信息隐藏概念是密切相关的。所谓局部化是指把一些关系密切的软件元素物理地放得彼此靠近。在模块中使用局部数据元素是局部化的一个例子。显然，局部化有助于实现信息隐藏。实际上，应该隐藏的不是有关模块的一切信息，而是模块的实现细节。因此，有人主张把这条原理称为“细节隐藏”。“隐藏”意味着有效的模块化可以通过定义一组独立的模块而实现，这些独立的模块彼此间仅仅交换那些为了完成系统功能而必须交换的信息。

如果在测试期间和以后的软件维护期间需要修改软件，那么使用信息隐藏原理作为模块化系统设计的标准就会带来极大好处。因为绝大多数数据和过程对于软件的其他部分而言是隐藏的，在修改期间由于疏忽而引入的错误就很少可能传播到软件的其他部分。

5. 模块独立

模块独立的概念是模块化、抽象、信息隐藏和局部化概念的直接结果。开发具有独立功能而且和其他模块之间没有过多相互作用的模块，就可以做到模块独立。换句话说，希望这样设计软件结构，使得每个模块完成一个相对独立的特定子功能，并且和其他模块之间的关系很简单。

为什么模块的独立性很重要呢？主要有两条理由：第一，有效的模块化(即具有独立的模块)的软件比较容易开发出来，这是由于能够分割功能而且接口可以简化，当许多人分工合作开发同一个软件时，这个优点尤其重要；第二，独立的模块比较容易测试和维护，这是因为相对来说，修改设计和程序需要的工作量比较小，错误传播范围小，需要扩充功能时能够“插入”模块。总之，模块独立是好设计的关键，而设计又是决定软件质量的关键环节。

模块的独立程度可以由两个定性标准度量，这两个标准分别称为内聚和耦合。耦合衡量不同模块彼此间互相依赖(连接)的紧密程度；内聚衡量一个模块内部各个元素彼此结合的紧密程度。以下分别详细阐述。

1)耦合

耦合是对一个软件结构内不同模块之间互连程度的度量。耦合强弱取决于模块间接口的复杂程度，进入或访问一个模块的点，以及通过接口的数据。

在软件设计中应该追求尽可能松散耦合的系统。在这样的系统中可以研究、测试或维护任何一个模块，而不需要对系统的其他模块有很多了解。此外，由于模块间联系简单，发生在一处的错误传播到整个系统的可能性就很小。因此，模块间的耦合程度强烈影响系统的可理解性、可测试性、可靠性和可维护性。

(1)数据耦合。

如果两个模块彼此间通过参数交换信息，而且交换的信息仅仅是数据，那么这种耦合称为数据耦合。

数据耦合的例子如下所示：

```
sum(int a,int b)
{
    int c;
    c=a+b;
    return(c);
}
main()
```

```
    {
        int x,y;
        printf("x+y= %d",sum(x,y));
    }
```

由上述代码可知，主函数与 sum()函数之间即为数据耦合关系，数据耦合是低耦合。系统中至少必须存在这种耦合，因为只有当某些模块的输出数据作为另一些模块的输入数据时，系统才能完成有价值的功能。

(2)控制耦合。

若模块之间交换的信息中包含控制信息(尽管有时控制信息是以数据的形式出现的)，则称这种耦合为控制耦合。控制耦合是中等程度的耦合，它会增加程序的复杂性。

控制耦合的例子如下所示：

```
void output(flag)
{
    if (flag)
        printf("OK! ");
    else
        printf("NO! ");
}
main()
{
    int flag;
    output(flag);
}
```

由上述代码可知，主函数与 output 函数之间即控制耦合关系。

(3)特征耦合。

如果被调用的模块需要使用作为参数传递进来的数据结构中的所有元素，那么，把整个数据结构作为参数传递就是完全正确的。但是，当把整个数据结构作为参数传递而被调用的模块只需要使用其中一部分数据元素时，就出现了特征耦合。在这种情况下，被调用的模块可以使用的数据多于它确实需要的数据，这将导致对数据的访问失去控制。

(4)公共环境耦合。

当两个或多个模块通过一个公共数据环境相互作用时，它们之间的耦合称为公共环境耦合。公共环境可以是全程变量、共享的通信区、内存的公共覆盖区、任何存储介质上的文件、物理设备等。

公共环境耦合的复杂程度随耦合的模块个数而变化，当耦合的模块个数增加时复杂程度显著增加。如果只有两个模块有公共环境，那么这种耦合有下面两种可能。

①一个模块往公共环境送数据，另一个模块从公共环境取数据。这是数据耦合的一种形式，是比较松散的耦合。

②两个模块既往公共环境送数据又从里面取数据，这种耦合比较紧密，介于数据耦合和控制耦合之间。

如果两个模块共享的数据很多，都通过参数传递可能很不方便，这时可以利用公共环境耦合。例如，在程序中定义了全局变量，并在多个模块中对全局变量进行了引用，则引用全局变量的多个模块间就具有了公共耦合关系。

(5) 内容耦合。

若一个模块对另一模块中的内容（包括数据和程序段）进行了直接的引用甚至修改，或通过非正常入口进入到另一模块内部，或一个模块具有多个入口，或两个模块共享一部分代码，则称模块间的这种耦合为内容耦合。内容耦合是所有耦合关系中程度最高的，会使因模块间的联系过于紧密而对后期的开发和维护工作带来很大的麻烦。应该坚决避免使用内容耦合。事实上许多高级程序设计语言已经设计成不允许在程序中出现任何形式的内容耦合。总之，耦合是影响软件复杂程度的一个重要因素。

在考虑模块之间耦合性的时候，应该采取下述设计原则：尽量使用数据耦合，少用控制耦合和特征耦合，限制公共环境耦合的范围，杜绝使用内容耦合。

2) 内聚

内聚标志一个模块内各个元素彼此结合的紧密程度，它是信息隐藏和局部化概念的自然扩展。简单地说，理想内聚的模块只做一件事情。

设计时应该力求做到高内聚，通常中等程度的内聚也是可以采用的，而且效果和高内聚相差不多；但是，低内聚很坏，不要使用。

内聚和耦合是密切相关的，模块内的高内聚往往意味着模块间的松耦合。内聚和耦合都是进行模块化设计的有力工具，但是实践表明内聚更重要，应该把更多注意力集中到提高模块的内聚程度上。

(1) 偶然内聚。

如果一个模块完成一组任务，这些任务彼此间即使有关系，关系也是很松散的，就称为偶然内聚。有时在写完一个程序之后，发现一组语句在两处或多处出现，于是把这些语句作为一个模块以节省内存，这样就出现了偶然内聚的模块。在偶然内聚的模块中，各种元素之间没有实质性联系，很可能在一种应用场合需要修改这个模块，在另一种应用场合又不允许这种修改，从而陷入困境。事实上，偶然内聚的模块出现修改错误的概率比其他类型的模块高得多。

(2) 逻辑内聚。

如果一个模块完成的任务在逻辑上属于相同或相似的一类，则称为逻辑内聚。在逻辑内聚的模块中，不同功能混在一起，合用部分程序代码，即使局部功能的修改有时也会影响全局。因此，这类模块的修改也比较困难。

(3) 时间内聚。

如果一个模块包含的任务必须在同一段时间内执行，就称为时间内聚。时间关系在一定程度上反映了程序的某些实质，所以时间内聚比逻辑内聚好一些。

(4) 过程内聚。

如果一个模块内的处理元素是相关的，而且必须以特定次序执行，则称为过程内聚。使用程序流程图作为工具设计软件时，常常通过研究流程图确定模块的划分，这样得到的往往是过程内聚的模块。

(5) 通信内聚。

如果模块中所有元素都使用同一个输入数据和（或）产生同一个输出数据，则称为通信内聚。

(6) 顺序内聚。

如果一个模块内的处理元素和同一个功能密切相关，而且这些处理必须顺序执行（通常一个处理元素的输出数据作为下一个处理元素的输入数据)，则称为顺序内聚。根据数据流图划分模块时，通常得到顺序内聚的模块，这种模块彼此间的连接往往比较简单。

(7) 功能内聚。

如果模块内所有处理元素属于一个整体，完成一个单一的功能，则称为功能内聚。功能内聚是最高程度的内聚。

在设计时力争做到高内聚，并且能够辨认出低内聚的模块，有能力通过修改设计提高模块的内聚程度降低模块间的耦合程度，从而获得较高的模块独立性。

6. 启发规则

人们在开发计算机软件的长期实践中积累了丰富的经验，总结这些经验得出了一些启发式规则。这些启发式规则虽然不像之前讲述的基本原理和概念那样普遍适用，但是在许多场合仍然能给软件工程师以有益的启示，往往能帮助他们找到改进软件设计、提高软件质量的途径。下面介绍几条启发式规则。

1) 改进软件结构，提高模块独立性

设计出软件的初步结构以后，应该审查分析这个结构，通过模块分解或合并，力求降低耦合提高内聚。例如，多个模块公有的一个子功能可以独立成一个模块，由这些模块调用；有时可以通过分解或合并模块以减少控制信息的传递及对全程数据的引用，并且降低接口的复杂程度。

2) 模块规模应该适中

经验表明，一个模块的规模不应过大，最好能写在一页纸内(通常不超过 60 行语句)。有人从心理学角度研究得知，当一个模块包含的语句数超过 30 以后，模块的可理解程度迅速下降。

过大的模块往往是由于分解不充分，但是进一步分解必须符合问题结构，一般来说，分解后不应该降低模块独立性。过小的模块开销大于有效操作，而且模块数目过多将使系统接口复杂。因此过小的模块有时不值得单独存在，特别是只有一个模块调用它时，通常可以把它合并到上级模块中去而不必单独存在。

3) 深度、宽度、扇出和扇入都应适当

深度表示软件结构中控制的层数，它往往能粗略地标志一个系统的大小和复杂程度。深度和程序长度之间应该有粗略的对应关系，当然这个对应关系是在一定范围内变化的。如果层数过多则应该考虑是否有许多管理模块过分简单了，能否适当合并。

宽度是软件结构内同一个层次上的模块总数的最大值。一般来说，宽度越大系统越复杂。对宽度影响最大的因素是模块的扇出。

扇出是一个模块直接控制(调用)的模块数目，扇出过大意味着模块过分复杂，需要控制和协调过多的下级模块；扇出过小(如总是 1)也不好。经验表明，一个设计好的典型系统的平均扇出通常是 3 或 4(扇出的上限通常是 5~9)。扇出太大一般是因为缺乏中间层次，应该适当增加中间层次的控制模块。扇出太小时可以把下级模块进一步分解成若干个子功能模块，或者合并到它的上级模块中去。当然分解模块或合并模块必须符合问题结构，不能违背模块独立原理。

一个模块的扇入表明有多少个上级模块直接调用它，扇入越大则共享该模块的上级模块数目越多，这是有好处的，但是，不能单纯追求高扇入而违背模块独立原理。

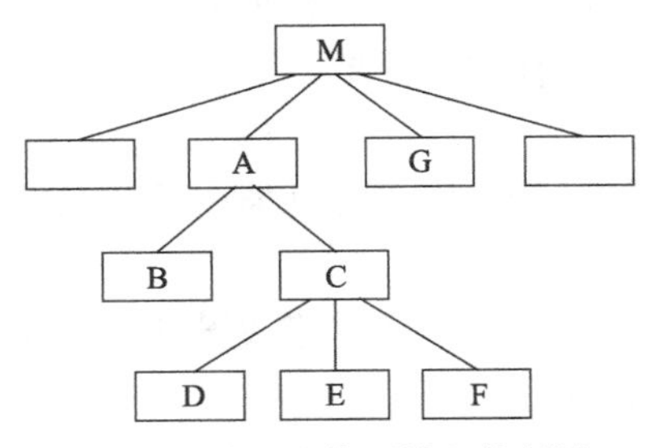

图 8-2 模块的作用域和控制域

4) 模块的作用域应该在控制域之内

模块的作用域定义为受该模块内一个判定影响的所有模块的集合。模块的控制域是这个模块本身以及所有直接或间接从属于它的模块的集合。例如，在图 8-2 中模块 A 的控制域是 A、B、C、D、E、F 等模块的集合。

在一个设计很好的系统中，所有受判定影响的模块应该都从属于做出判定的那个模块，最好局限于做出判定的那个模块本身及它的直属下级模块。

5) 力争降低模块接口的复杂程度

模块接口复杂是软件发生错误的一个主要原因。应该仔细设计模块接口，使得信息传递简单并且和模块的功能一致。

接口复杂或不一致(即看起来传递的数据之间没有联系)，是紧耦合或低内聚的征兆，应该重新分析这个模块的独立性。

6) 设计单入口单出口的模块

这条启发式规则警告软件工程师不要使模块间出现内容耦合。当从顶部进入模块并且从底部退出来时，软件是比较容易理解的，因此也是比较容易维护的。

7) 模块功能应该可以预测

模块的功能应该能够预测，但也要防止模块功能过分局限。如果一个模块可以当做一个黑盒子，也就是说，只要输入的数据相同就产生同样的输出，这个模块的功能就是可以预测的。带有内部"存储器"的模块的功能可能是不可预测的，因为它的输出可能取决于内部存储器(如某个标记)的状态。由于内部存储器对于上级模块而言是不可见的，所以这样的模块既不易理解又难于测试和维护。

以上列出的启发式规则多数是经验规律，对改进设计，提高软件质量，往往有重要的参考价值；但是，它们既不是设计的目标也不是设计时应该普遍遵循的原理。

8.1.3 软件设计的步骤和方法

总体设计过程首先寻找实现目标系统的各种不同的方案，需求分析阶段得到的数据流图是设想各种可能方案的基础。总体设计过程通常由两个主要阶段组成：系统设计阶段，确定系统的具体实现方案；结构设计阶段，确定软件结构。典型的总体设计过程包括以下九个步骤。

1. 设想供选择的方案

在总体设计阶段分析员应该考虑各种可能的实现方案，并且力求从中选出最佳方案。在总体设计阶段开始时只有系统的逻辑模型，分析员充分地自由分析比较不同的物理实现方案，一旦选出了最佳的方案，将能大大提高系统的性能/价格比。

2. 选取合理的方案

应该从前一步得到的一系列供选择的方案中选取若干个合理的方案，通常至少选取低成本、中等成本和高成本的三种方案。在判断哪些方案合理时应该考虑在问题定义和可行性研究阶段确定的工程规模和目标，有时可能还需要进一步征求用户的意见。对每个合理的方案都应该包含以下内容：系统流程图、组成系统的物理元素清单、成本/效益分析和实现这个系统的进度计划。

3. 推荐最佳方案

分析员应该综合分析对比各种合理方案的利弊，推荐一个最佳的方案，并且为推荐的方案制订详细的实现计划。

4. 功能分解

为了最终实现目标系统，必须设计出组成这个系统的所有程序和文件(或数据库)。对程序(特别是复杂的大型程序)的设计，通常分为两个阶段完成：首先进行结构设计，然后进行过程设计。结构设计确定程序由哪些模块组成，以及这些模块之间的关系；过程设计确定每个模块的处理过程。结构设计是总体设计阶段的任务，过程设计是详细设计阶段的任务。

为确定软件结构，首先需要从实现角度把复杂的功能进一步分解。分析员结合算法描述仔细分析数据流图中的每个处理，如果一个处理的功能过分复杂，必须把它的功能适当地分解成一系列比较简单的功能。

5. 设计软件结构

通常程序中的一个模块完成一个特定的功能。应该把模块组织成良好的层次系统，顶层模块调用它的下层模块以实现程序的完整功能，每个下层模块再调用更下层的模块，从而完成程序的一个子功能，最下层的模块完成最具体的功能。软件结构(即由模块组成的层次系统)可以用层次图或结构图来描绘。如果数据流图已经细化到适当的层次，则可以直接从数据流图映射出软件结构。

6. 设计数据库

对于需要使用数据库的那些应用系统，软件工程师应该在需求分析阶段所确定的系统数据需求的基础上，进一步设计数据库。

7. 制订测试计划

在软件开发的早期阶段考虑测试问题，能促使软件设计人员在设计时注意提高软件的可测试性。

8. 书写文档

应该用正式的文档记录总体设计的结果，在这个阶段应该完成的文档通常有下述几种。

(1)系统说明主要内容包括用系统流程图描绘的系统构成方案，组成系统的物理元素清单，成本/效益分析；对最佳方案的概括描述，精化的数据流图，用层次图或结构图描绘的软件结构，用IPO图或其他工具(例如，PDL语言)简要描述的各个模块的算法，模块间的接口关系，以及需求、功能和模块三者之间的交叉参照关系等。

(2)用户手册根据总体设计阶段的结果，修改更正在需求分析阶段产生的初步的用户手册。

(3)测试计划包括测试策略、测试方案、预期的测试结果、测试进度计划等。

(4)详细的实现计划。

(5)数据库设计结果。

9. 审查和复审

最后应该对总体设计的结果进行严格的技术审查，在技术审查通过之后再由使用部门的负责人从管理角度进行复审。

8.1.4 软件设计规则和图形工具的应用

1. 描绘软件结构的图形工具

1)层次图

层次图用来描绘软件的层次结构。虽然层次图的形式和需求分析中介绍的描绘数据结构的层次方框图相同，但是表现的内容却完全不同。层次图中的一个矩形框代表一个模块，方框间的连线表示调用关系而不像层次方框图那样表示组成关系。图 8-3 是层次图的一个例子。层次图很适于在自顶向下设计软件的过程中使用。

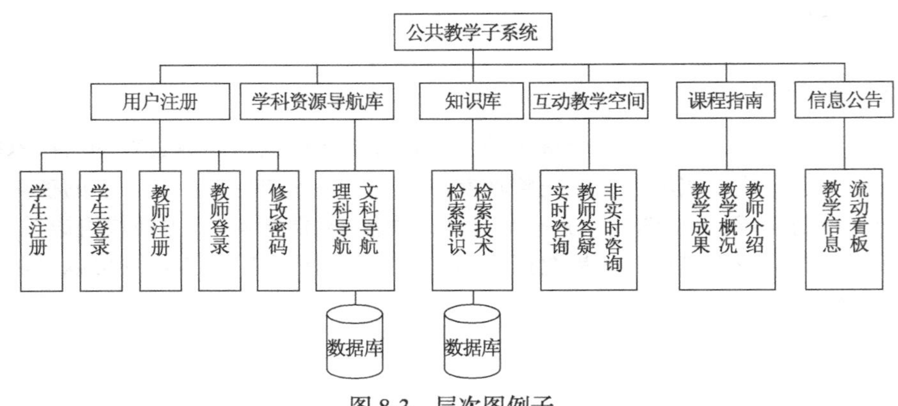

图 8-3 层次图例子

2)HIPO 图

HIPO 图是美国 IBM 公司发明的“层次图加输入/处理/输出图”的英文缩写。为了能使 HIPO 图具有可追踪性，在 H 图(层次图)里除了最顶层的方框之外，每个方框都加了编号。

和 HIPO 图中每个方框相对应，应该有一张 IPO 图描绘这个方框代表的模块的处理过程。HIPO 图中的每张 IPO 图内都应该明显地标出它所描绘的模块在 HIPO 图中的编号，以便追踪了解这个模块在软件结构中的位置。

3)结构图

Yourdon 提出的结构图是进行软件结构设计的另一个有力工具。结构图和层次图类似，也是描绘软件结构的图形工具，图中一个方框代表一个模块，框内注明模块的名字或主要功能；方框之间的箭头(或直线)表示模块的调用关系。因为按照惯例总是图中位于上方的方框代表模块调用下方的模块，即使不用箭头也不会产生二义性，为了简单起见，可以只用直线而不用箭头表示模块间的调用关系。

在结构图中通常还用带注释的箭头表示模块调用过程中来回传递的信息。如果希望进一步标明传递的信息是数据还是控制信息，则可以利用注释箭头尾部的形状来区分：尾部是空心圆表示传递的是数据，实心圆表示传递的是控制信息。图 8-4 结构图的一个例子。

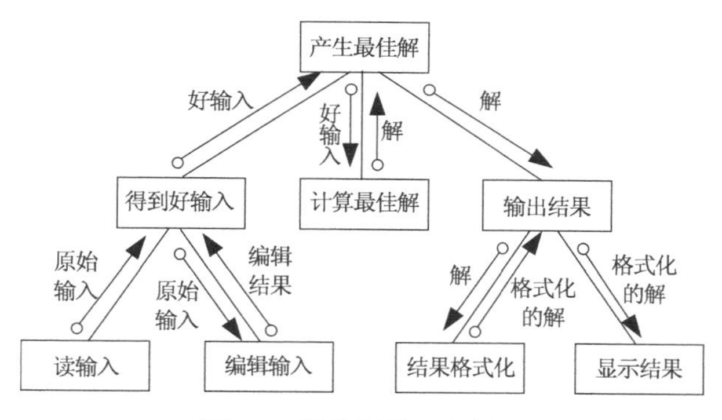

图 8-4　结构图的一个例子

以上介绍的是结构图的基本符号，也就是最经常使用的符号。此外还有一些附加的符号，可以表示模块的选择调用或循环调用。图 8-5 表示当模块 M 中某个判定为真时调用模块 A，为假时调用模块 B。图 8-6 表示模块 M 循环调用模块 A、B 和 C。

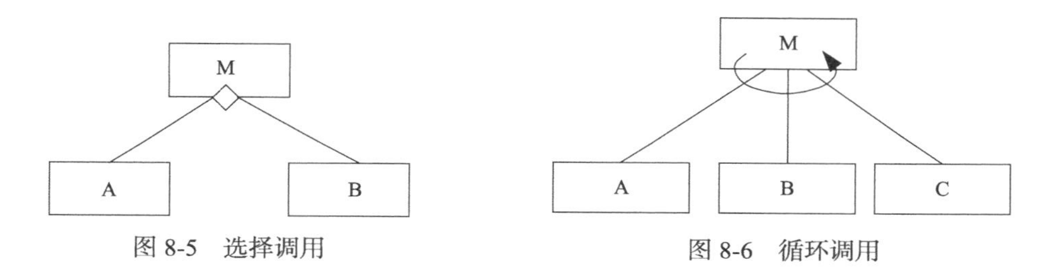

图 8-5　选择调用　　　　图 8-6　循环调用

层次图和结构图并不严格表示模块的调用次序。虽然多数人习惯于按调用次序从左到右画模块，但并没有这种规定。此外，层次图和结构图并不指明什么时候调用下层模块。通常上层模块中除了调用下层模块的语句之外还有其他语句，究竟是先执行调用下层模块的语句还是先执行其他语句，在图中并未指明。

通常用层次图作为描绘软件结构的文档。结构图作为文档并不很合适，因为图上包含的信息太多有时反而降低了清晰程度。但是，利用 IPO 图或数据字典中的信息得到模块调用时传递的信息，从而由层次图导出结构图的过程，却可以作为检查设计正确性和评价模块独立性的好方法。

4) 面向数据流的设计方法

面向数据流的设计方法，即通常所说的结构设计法(Structure Design，SD)，由 Yourdon 和 Constantine 等于 1974 年提出，与结构化分析(SA)相衔接，根据对数据流的分析设计软件结构。本章所述技术用于软件的概要设计描述，包括模块、界面和数据结构的定义，这是所有后续开发的基础。SD 方法对那些顺序处理信息且不含层次数据结构的系统最为有效，例如，过程控制、复杂的数值分析过程以及科学与工程方面的应用。当 SD 方法用于完全的数据处理时，即使系统中使用层次数据也同样行之有效。通常用数据流图描绘信息在系统中加工和流动的情况。面向数据流的设计方法定义了一些不同的“映射”，利用这些映射可以把数据流图变换成软件结构。

(1) 概念。

面向数据流的设计方法把信息流映射成软件结构，信息流的类型决定了映射的方法。信息流有下述两种类型。

如图 8-7 所示，在基本系统模型(即顶级数据流图)中信息通常以“外部世界”所具有的形式进入系统，经过处理后又以这种形式离开系统。

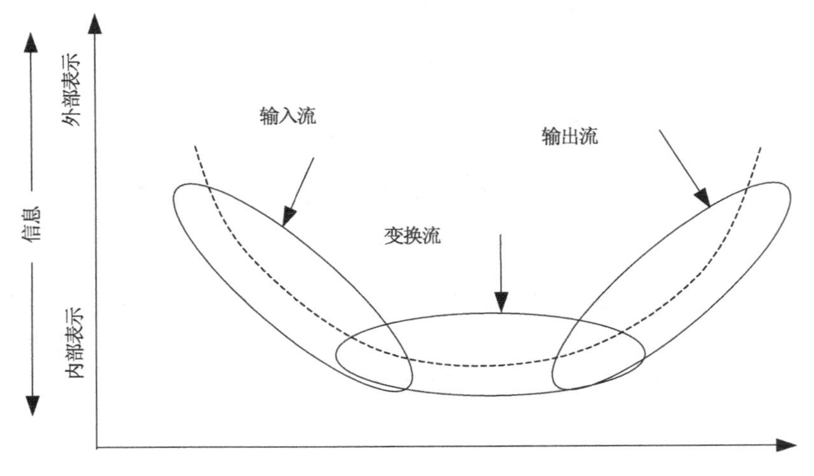

图 8-7　变换流

信息沿输入通路进入系统，同时由外部形式变换成内部形式，进入系统的信息通过变换中心，经加工处理以后再沿输出通路变换成外部形式离开软件系统。当数据流图具有这些特征时，这种信息流就称为变换流。

单个数据项称为事务(transaction)沿传入路径(也称接受通道)进入系统，由外部形式变换为内部形式后到达事务中心，事务中心根据数据项计值结果从若干动作路径中选定一条继续执行。可见它是一个选择结构。这种数据流是“以事务为中心的”，也就是说，数据沿输入通路到达一个处理 T，这个处理根据输入数据的类型在若干个动作序列中选出一个来执行。图 8-8 中的处理 T 称为事务中心，它完成的任务包括接收输入数据(输入数据又称为事务)、分析每个事务以确定它的类型、根据事务类型选取一条活动通路。

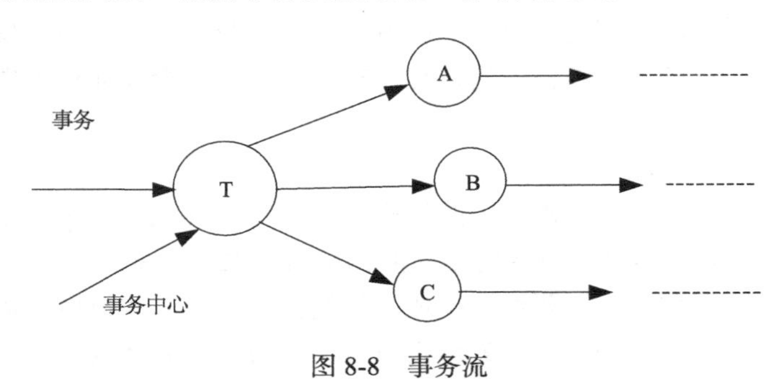

图 8-8　事务流

(2) 设计过程。

图 8-9 说明了使用面向数据流方法逐步设计的过程。任何设计过程都不是机械的、一成不变的，设计首先需要人的判断力和创造精神，这往往会凌驾于方法的规则之上。

变换分析是一系列设计步骤的总称，经过这些步骤把具有变换流特点的数据流图按预先确定的模式映射成软件结构，其过程分为以下五步。

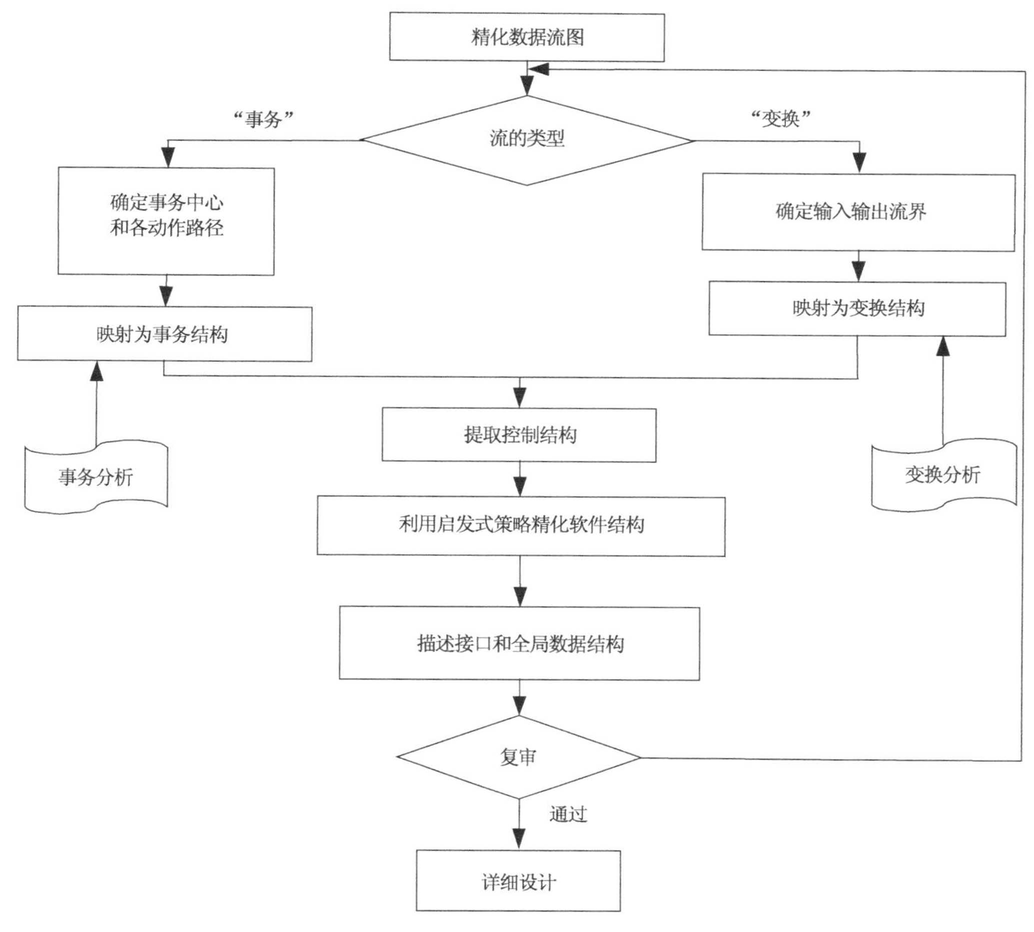

图 8-9　面向数据流的设计

①确定信息流的类型。

②划定流界。

③将数据流图映射为程序结构。

④提取层次控制结构。

⑤通过设计复审和使用启发式策略进一步精化所得到的结构。

(3)举例——变换分析。

下面以“家庭保安系统”(图 8-10)的传感器监测子系统为例说明变换分析的各个步骤。

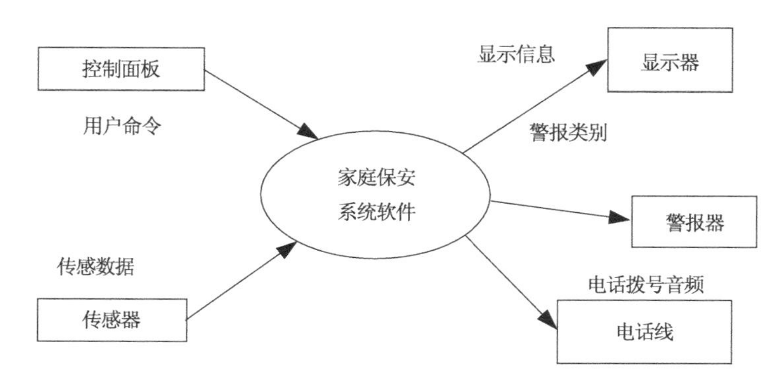

图 8-10　“家庭保安系统”的顶级数据流图

步骤一：复审基本系统模型。

基本系统模型指顶级 DFD 和所有由外部提供的信息。这一设计步骤是对系统规格说明书和软件需求规格说明书进行评估。这两个文档描述软件界面上信息的流程和结构。

步骤二：复审和精化软件数据流图。

这一步主要是对软件需求规格说明书中的分析模型进行精化，直至获得足够详细的 DFD。例如，由“传感器监测子系统”的第一级(图 8-11)和第二级(图 8-12)DFD 进一步推导出第三级数据流图(图 8-13)，此时，每个变换对应一个独立的功能，可以用一个具有较高内聚度的模块实现，至此已有足够的信息可用于设计“传感器监测子系统”的程序结构，精化过程亦可结束。

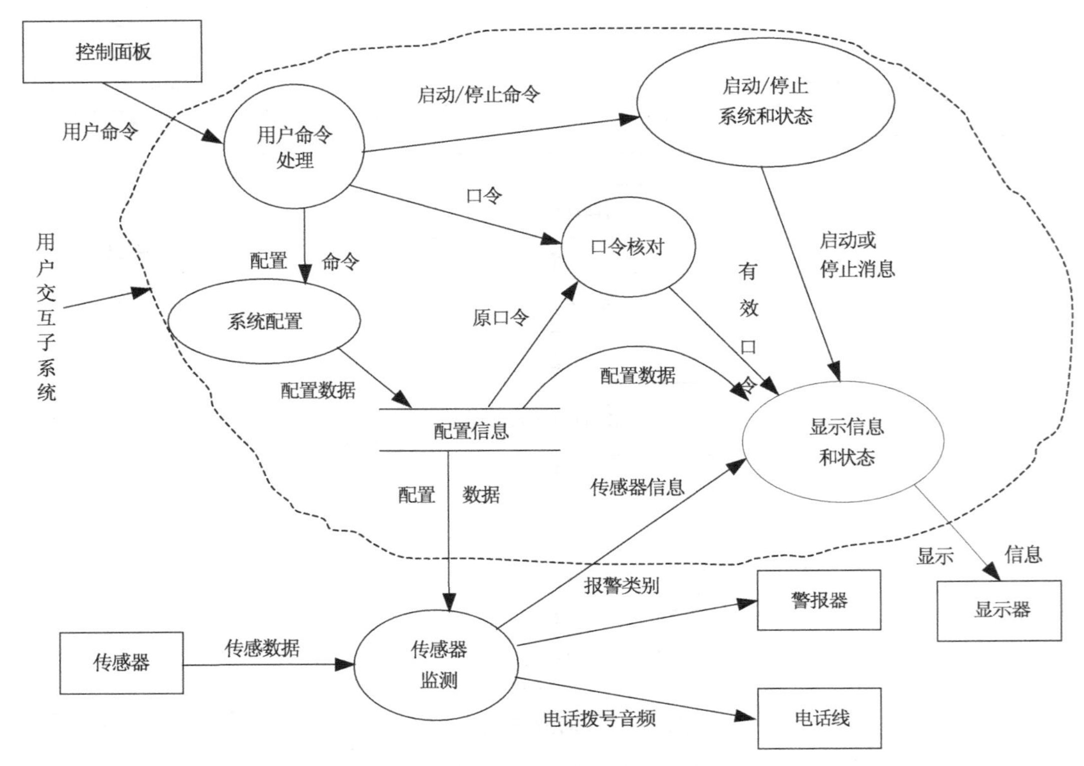

图 8-11　“家庭保安系统”的第一级 DFD

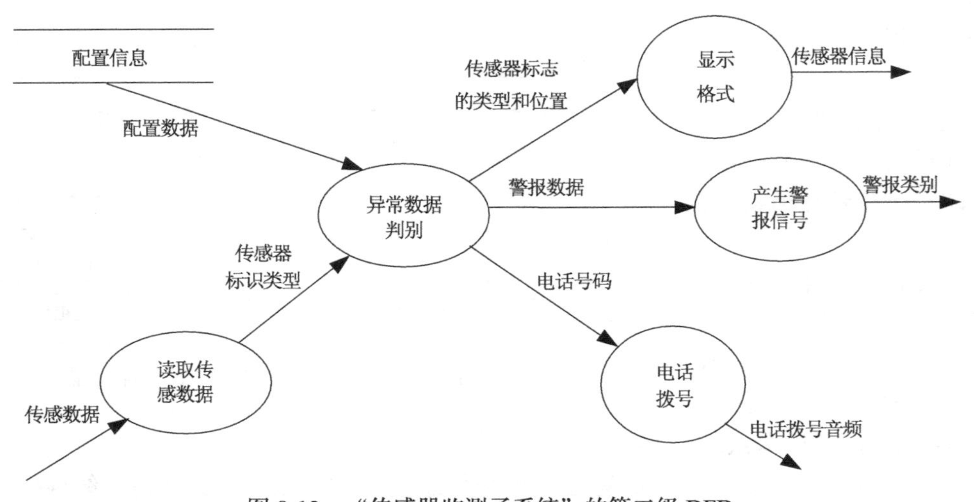

图 8-12　“传感器监测子系统”的第二级 DFD

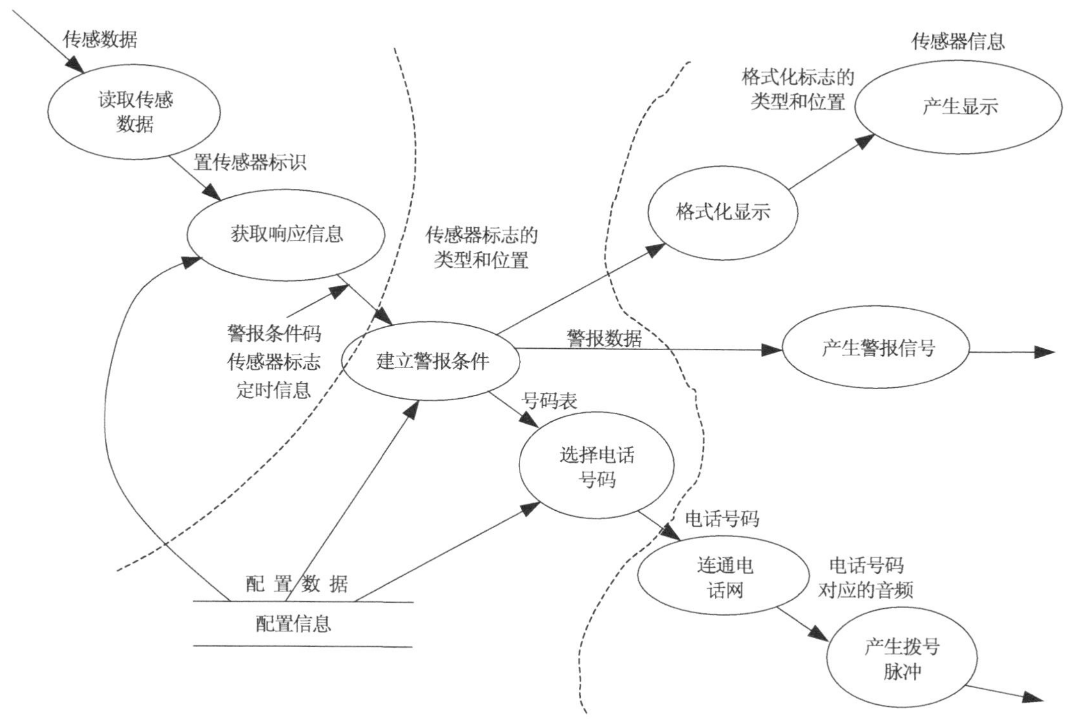

图 8-13 “传感器监测子系统”的第三级 DFD

步骤三：确定 DFD 的特性，判定它为变换流还是事务流。

以图 8-13 所示的 DFD 为例，数据沿一个传入路径进来，沿三个传出路径离开，没有明显的事务中心，因此，该信息流应属变换流。

步骤四：划定输入流和输出流的边界，孤立变换中心。

步骤五：执行“一级分解”(first level factoring)。

一级分解的目标是导出具有三个层次的程序结构，顶层为主控模块；底层模块执行输入、计算和输出功能；中层模块控制、协调底层的工作。

如图 8-14 所示的结构图对应于一级分解的上两层模块，即主控模块和下面几个中层控制模块。

①输入流控制模块，接收所有输入数据。

②变换流控制模块，对内部形式数据进行加工、处理。

③输出流控制模块，产生输出数据。

图 8-14 所示的是一个简单三叉结构，实际处理大型系统的复杂数据流时，可能需要多个模块对应图 8-14 中一个模块的功能。“一级分解”总的原则是，在完成控制功能并保持低耦合度、高内聚度的前提下尽可能地减少模块的数量。

“传感器监测子系统”一级分解如图 8-15 所示，其中控制模块的名字概括了所有下属模块的功能。

步骤六：执行“二级分解”。

二级分解的任务是把数据流图中每个处理框映射为结构图中的一个模块。其过程是从变换中心的边界开始沿输入、输出通道向外移动；从变换中心的输入(出)边界向外移动，把遇到的每个处理框映射为结构图中相应控制模块下的一个模块。二级分解如图 8-16 所示。

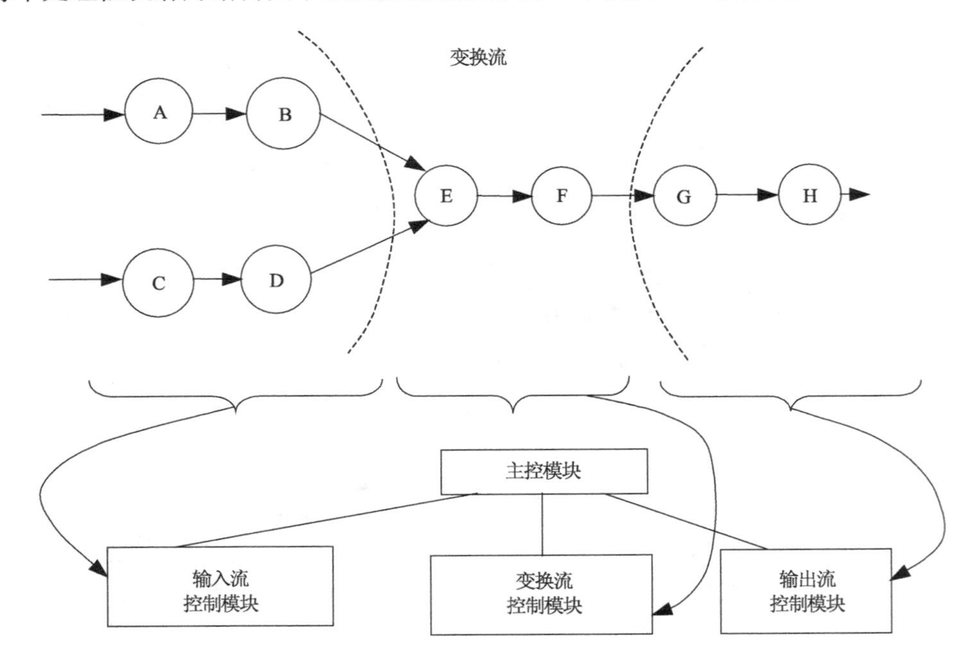

图 8-14　一级分解示意图

DFD 的处理框与程序结构模块一一对应，但按照软件设计原则进行设计时，可能需要把几个处理框聚合为一个模块，或者把一个处理框裂变为几个模块。总之，应根据“良好”设计的标准，进行二级分解。二级分解后得到的仅仅是程序结构的“雏形”(first-cut)，后续的复审和精化会反复修改。

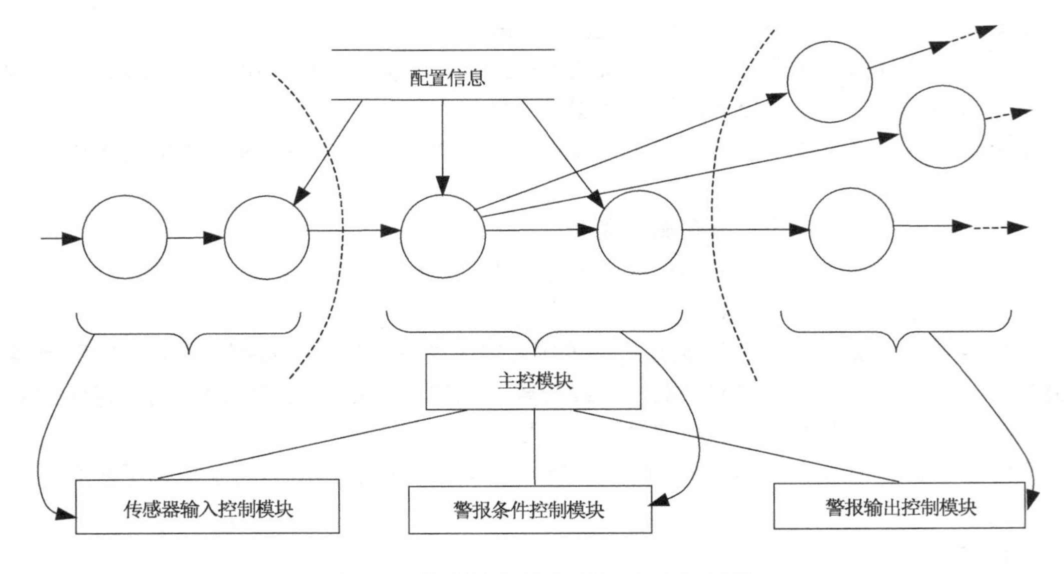

图 8-15　传感器监测子系统一级分解结果

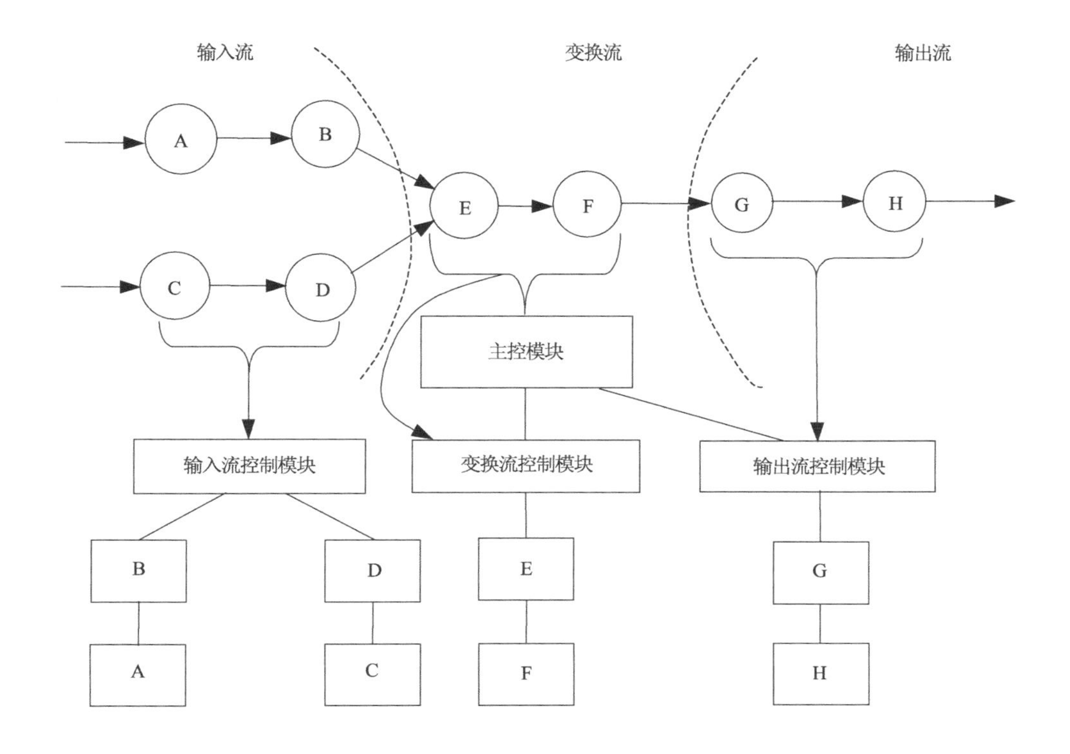

图 8-16　二级分解示意图

程序结构的模块名已隐含了模块功能，但仍有必要为每个模块写一个简要的处理说明，它应当包括如下。

①进出模块的信息(接口描述)。

②模块的局部信息。

③处理过程陈述，包括任务和主要的判断点的位置、条件。

④对有关限制和一些专门特性的简要说明(例如，文件 I/O，独立于硬件的特性，特殊的实时要求等)。这些描述构成第一版设计规格说明书。

步骤七：采用启发式设计策略，精化所得程序结构雏形，改良软件质量。

对于程序结构的雏形，以“模块独立”为指导思想，对模块进行整合或分解，旨在追求高内聚、低耦合，以及易实现、易测试、易维护的软件结构，如图 8-17 所示。

上述七个设计步骤的目标是给出软件的一个整体描述。一旦有了这样一个描述，设计人员即可从整体角度评价和精化软件的总体结构，此时修改所需耗费不多，却能大大提高软件质量。

(4)举例——事务分析。

当数据流具有明显的事务特征时，即能找到一个事务(也称触发数据项)和一个事务中心，采用事务分析法更为适宜。下面以“家庭保安系统”中“用户交互子系统”为例，说明事务分析法。该子系统的第一级数据流图精化后得到如图 8-18 所示的第二级数据流图。图中“用户命令数据”流入系统后，沿三条动作路径之一离开系统，若将数据项“命令类型”看成事务，该子系统的信息流具有明显的事务特征。

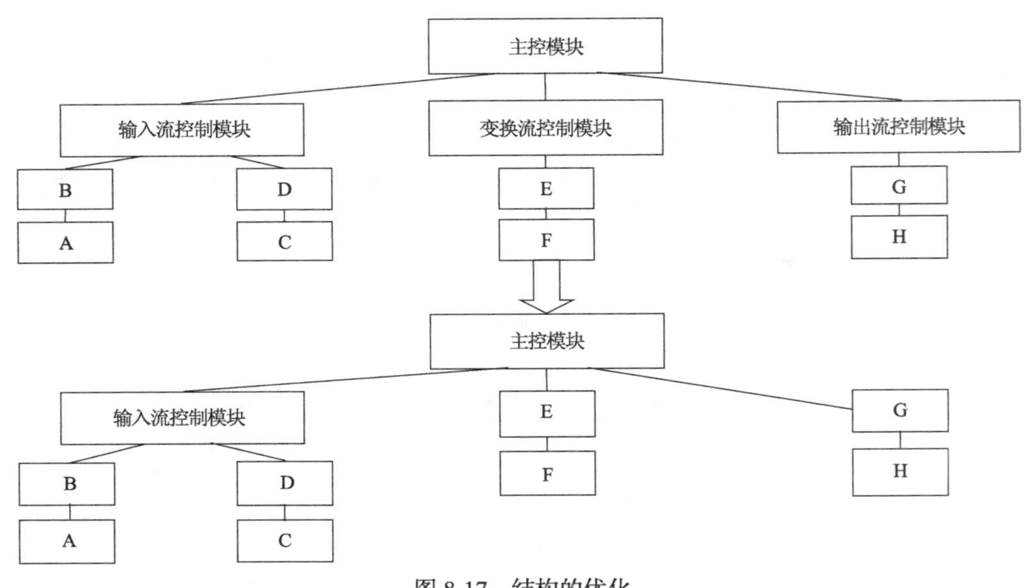

图 8-17　结构的优化

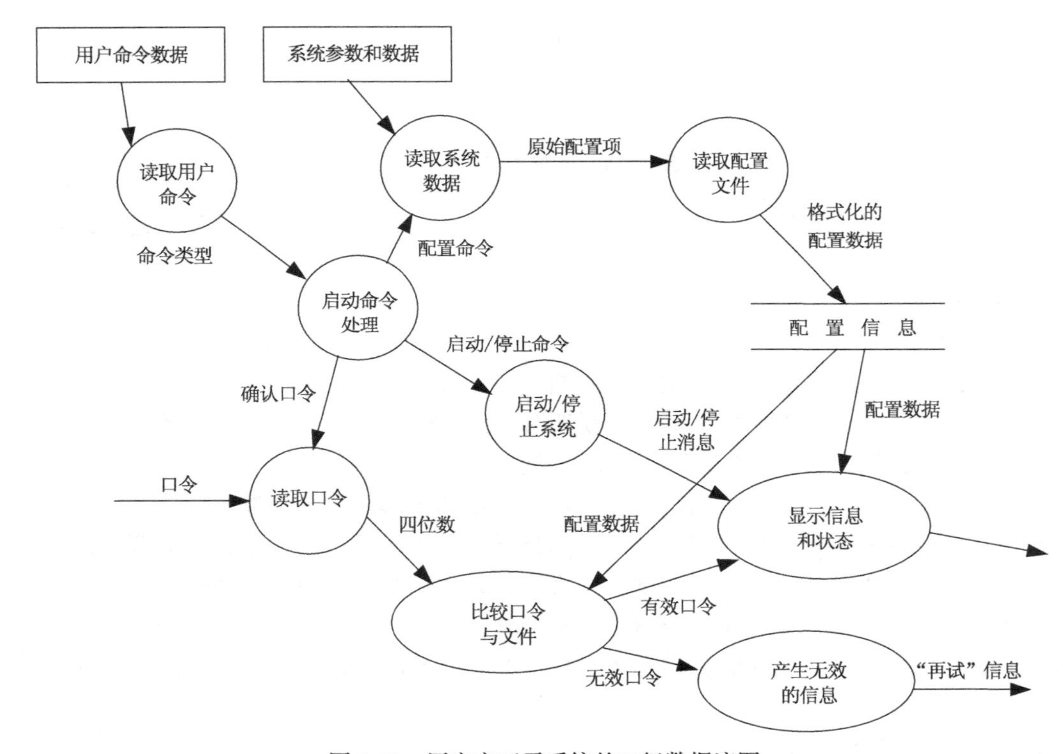

图 8-18　用户交互子系统的二级数据流图

事务分析法可概括为七个步骤。

步骤一：复审基本系统模型。

步骤二：复审并精化软件数据流图。

步骤三：确定数据流图的特征。

步骤四：指出事务中心，确定接收部分和发送部分的流界。

步骤五：映射出系统上层模块结构，如图 8-19 所示。

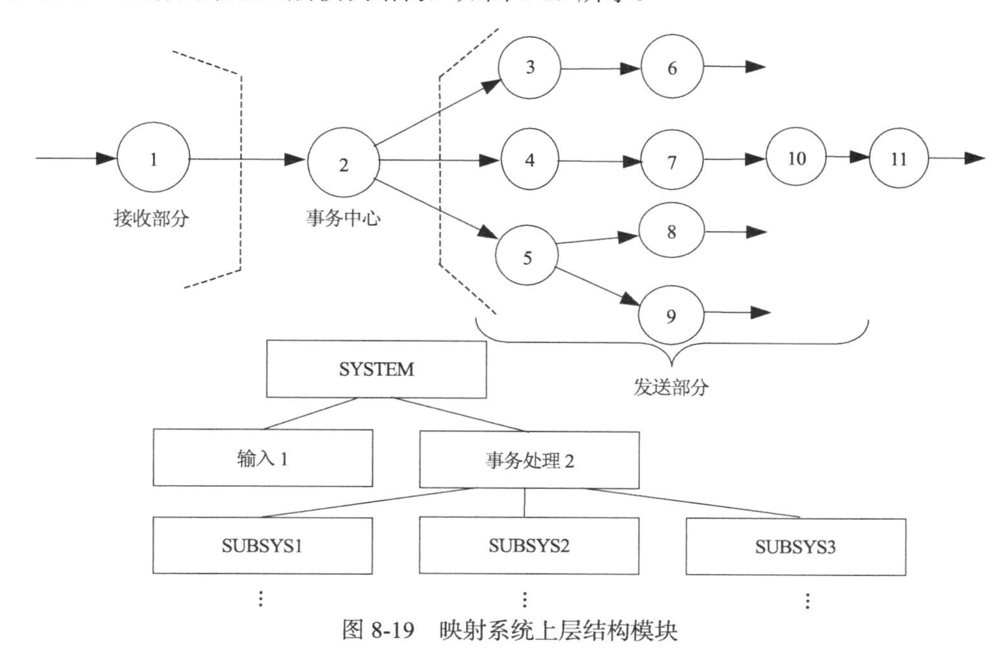

图 8-19　映射系统上层结构模块

步骤六：分解并精化事务结构以及每条动作路径所对应的结构。这些子结构是根据流经每一动作路径的数据流特征，采用本节所述设计步骤逐一导出的。设计系统下层模块结构如图 8-20 所示。将模块结构组合，得到程序结构雏形，如图 8-21 所示。

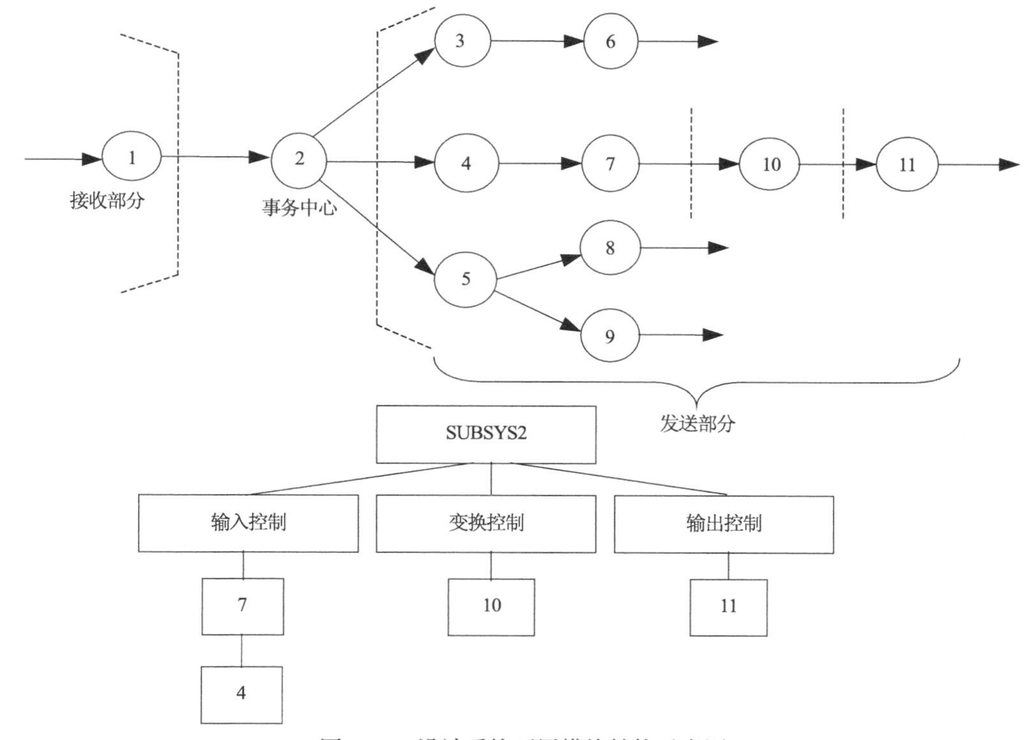

图 8-20　设计系统下层模块结构示意图

步骤七：使用启发式设计策略，精化所得程序结构雏形，改良软件质量。这一步骤与变换分析法相同。

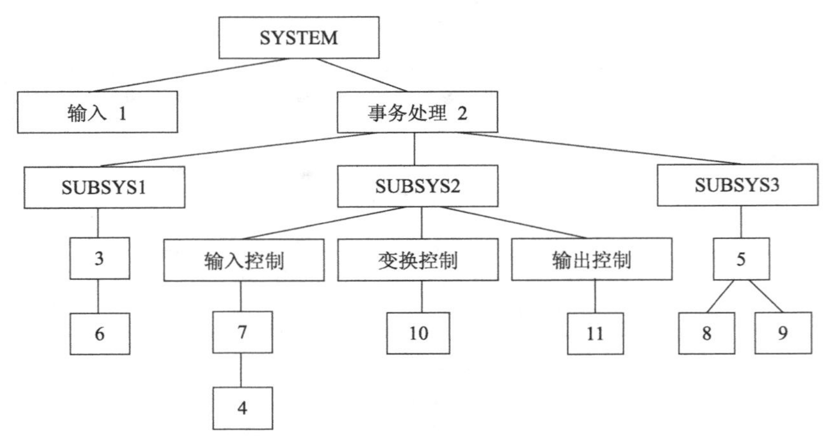

图 8-21　系统下层模块结构

8.2 详细设计

结构设计确定了软件系统的总体框架，确定了系统模块的划分，但是仍不能直接进入程序编码。要从结构设计过渡到程序编码的任务就是详细设计。

8.2.1 详细设计的概念和任务

详细设计，又称为过程设计或程序设计，其主要任务就是严格依据软件需求规格说明书中关于功能的需求信息，选择并设计每一个模块的实现算法及其过程的详细描述。它不同于编码或编写程序。所谓模块的算法，就是实现模块中规定功能的详细求解过程的定义，也就是模块功能“如何做”的问题。

从软件开发的工程化的观点来看，在进行程序编码前，需要对系统所采用算法的逻辑关系进行分析，并给出明确、清晰的表述，为后面的程序编码打下基础，这就是详细设计的目的。

详细设计阶段的工作是软件设计工作中的一项重要内容。它向上承接软件总体结构设计阶段对系统功能分解并划分模块的结果，向下又为编码设计阶段构造源程序起到启下的基础作用，其应完成的任务主要如下。

(1)模块算法过程的设计：确定系统每一个模块所采用的算法，并选择合适的工具给出详细的过程性描述。

(2)模块内部数据结构的设计。

(3)接口的设计：确定系统模块的接口细节，包括系统的外部接口和用户界面、与系统内部其他模块的接口以及各种数据(输入、输出和局部数据)的全部细节。

(4)模块测试用例的设计。

(5)建立详细设计文档并复审。

8.2.2 过程设计的工具

算法实际上是一种详细规定处理过程的定义，而这种定义需要有相应的表达形式。描述算法过程的符号体系称为详细设计的工具或算法的描述工具，它们可以分为语言、表格和图形三大类。软件工程中对描述工具的基本要求是能够无二义性地表达算法过程。

1. 程序流程图

程序流程图又称为框图，是一种用于表达问题求解过程控制流的有效方法，是早期使用最广泛的算法描述方法，也是最容易引起误解和受到争议的方法。优点是直观，初学者很容易掌握。缺点是用箭头表示控制流向，程序员可以随意发挥，不受任何约束，因此可读性差。随着软件工程规范的形成，人们主张废弃这种方法，但由于它历史悠久，为最广泛的人所熟悉，至今在许多程序语言的教科书中仍在使用。三种基本控制结构和两种扩展控制结构如图 8-22 所示。

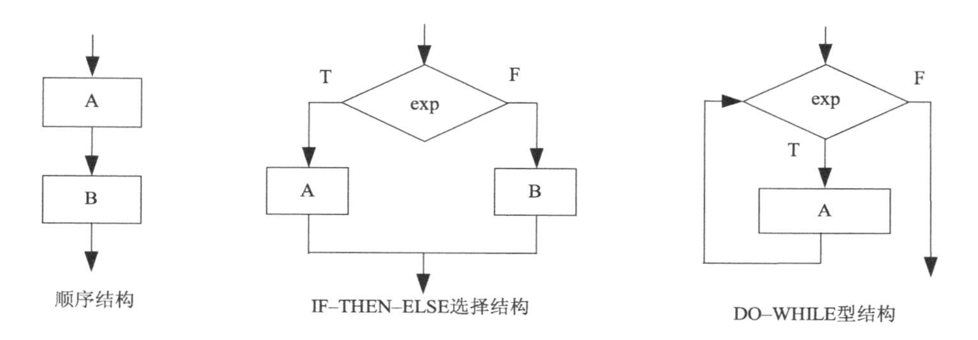

图 8-22　程序流程图的三种基本控制结构和两种扩展控制结构

2. 结构流程图(盒图)

Nassi 和 Shneiderman 在 20 世纪 70 年代提出了一种符合结构化程序设计原则的图形描述工具，称为盒图(Box-Diagram)，也称为 N-S 图，盒图的图形符号如图 8-23 所示。

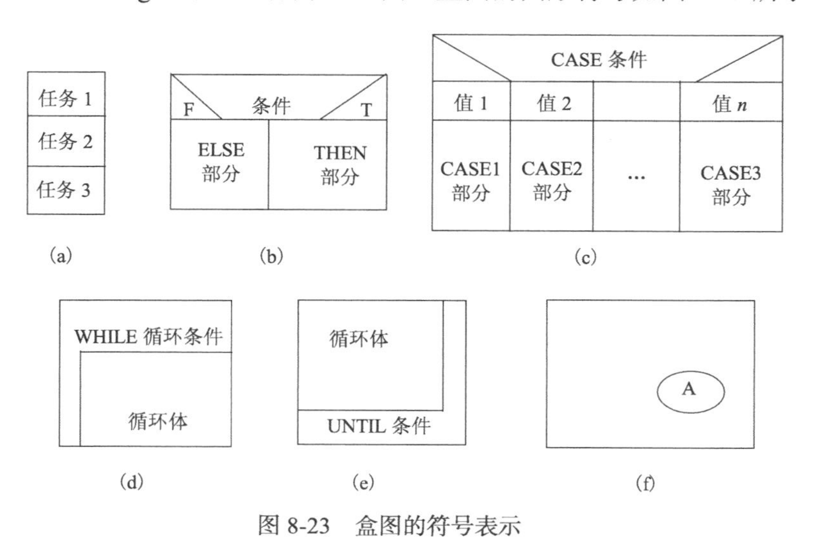

图 8-23　盒图的符号表示

N-S 图的特点是程序中控制结构的功能域(即一个特定控制结构的作用范围)非常明确，结构之间的组合关系清楚、直观；图中不提供任意转移控制流的机制；程序中的局部和全程数据的作用域非常容易识别。三种基本控制结构的组合(叠加、并列、嵌套)关系很容易表达，还可以用来表达数据的层次结构关系。

3. PAD 图

问题分析图(Problem Analysis Diagram，PAD)，是 20 世纪 70 年代日立公司提出并发展的另一种图形工具。它采用了二维树型结构的图形符号来表示程序的控制结构。如图 8-24 所示。

PAD 图形工具的主要优点：PAD 图表达的程序结构符合结构化程序设计的思想，体现了自顶向下、逐步求精的算法构造原则；PAD 图定义的程序结构十分清晰，从左向右，层次分明，逻辑结构关系直观，容易识别；PAD 图表达程序逻辑，易读、易懂、易记并且修改也容易；将 PAD 图表达的算法转换成高级程序设计语言的源程序非常容易，这种转换过程可用相应的软件工具实现，从而可以省去人工编码的工作，有利于提高软件的可靠性和软件生产率；PAD 图不仅可以表达程序的算法结构，也可以用来表达数据结构。这就为程序设计提供了方便。图 8-25 使用 PAD 描述了输出数组最大值的算法。

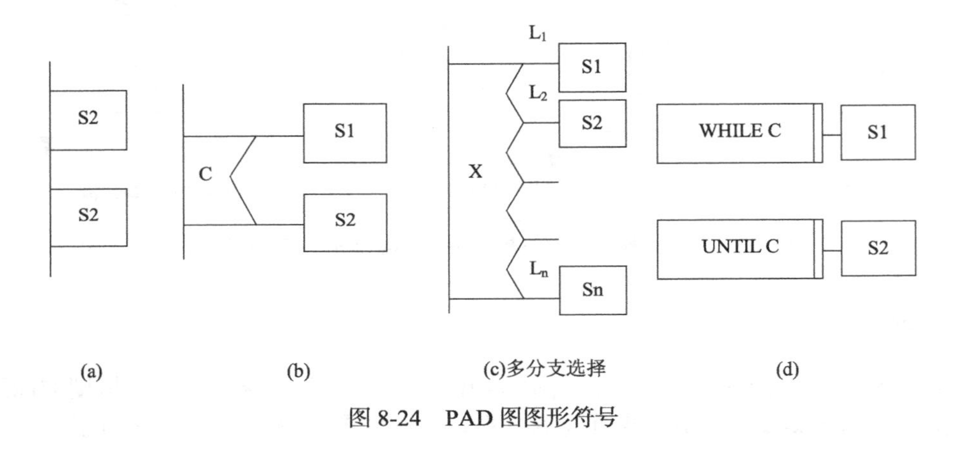

图 8-24　PAD 图图形符号

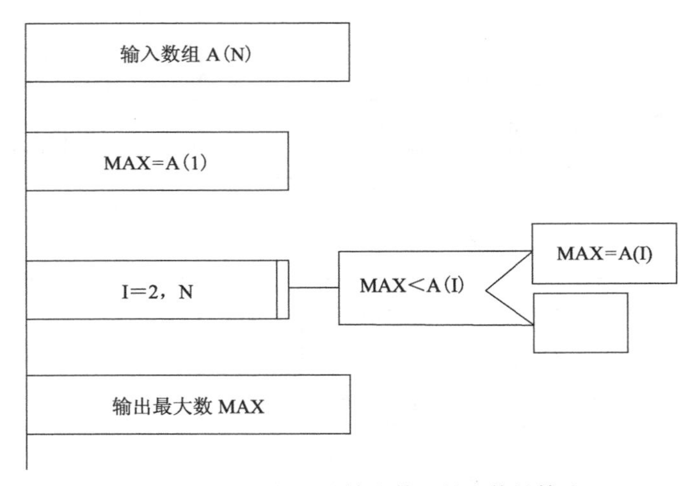

图 8-25　PAD 描述的输出数组最大值的算法

4. 判定表

在许多软件应用问题中，常会遇到根据多个条件的复杂组合来选择适当的动作。当一个算法中涉及复杂的条件组合判断时，采用程序流程图、盒图、PAD 图或过程定义语言(PDL)都很难简单清晰地描述条件组合与处理动作之间的因果关系。判定表是能够清晰直观地表达这种复杂条件组合与动作之间关系的一种描述工具。

判定表的左上部列出了算法中所有的独立条件，左下部是所有可能采取的具体动作 ，右上部表示各种条件组合取值的一个矩阵，右下部定义了每种条件组合与具体动作的对应关系。如图 8-26 所示。

判定表中的符号，右上部用“T”表示条件成立，用“F”表示条件不成立，空白表示条件成立与否不影响。右下部画“X”表示做该行左边列出的那项工作，空白表示不做该项工作。

例如，某旅行社根据旅游淡季、旺季及是否团体订票，确定旅游票价的折扣率。具体规定如下：人数在 20 人以上的属团体，20 人以下的是散客。每年的 4~5 月、7~8 月、10 月为旅游旺季，其余为旅游淡季。旅游旺季，团体票优惠 5%，散客不优惠。旅游淡季，团体票优惠 30%，散客优惠 20%。用判定表表示旅游订票的优惠规定，使用判定表表示如图 8-27 所示。

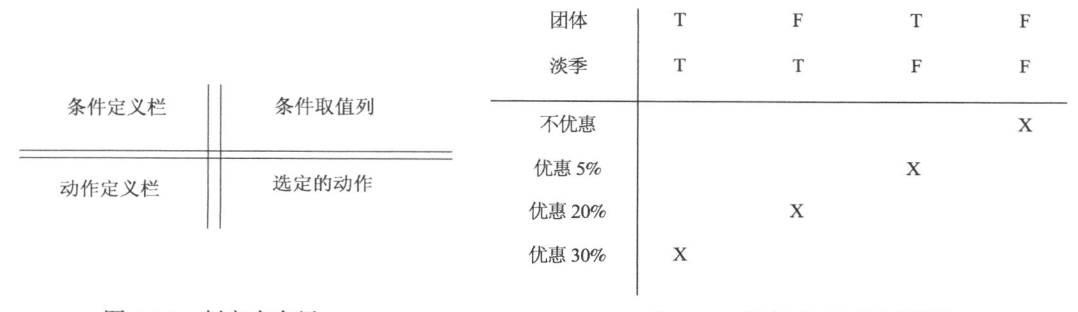

团体	T	F	T	F
淡季	T	T	F	F
不优惠				X
优惠 5%			X	
优惠 20%		X		
优惠 30%	X			

图 8-26　判定表布局　　　　图 8-27　判定表表示订票算法

从以上例子可以看出，判定表能够直观而无二义地描述算法的处理规则。但是判定表无法表示算法中的顺序和重复等处理特性，它只适用于描述条件组合关系比较复杂的一类算法的定义，它并不能作为一种算法描述的通用工具。

5. 判定树

判定表能够清晰直观地表达复杂条件组合与应选择的处理动作之间的对应关系，但判定表存在一个问题，即所有的独立条件不分主次，一律同等对待。另外，当某个条件又细分为几种情形时，判定表在表达因果关系方面的简洁程度将受到影响。判定表较适用于需求分析阶段作为数据加工的分析工具。判定树是判定表的另一种形式，它使用灵活的树型层次结构图来表达复杂的条件组合与动作之间的对应关系。

判定树的优点是比较直观，便于写程序。上例的订票算法使用判定树表达如图 8-28 所示。

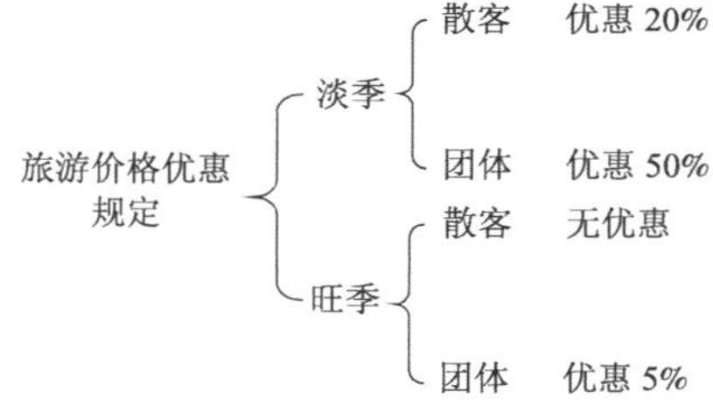

图 8-28　判定树表示订票算法

6. 过程定义语言

过程定义语言又称为伪码语言、结构化语言和类程序设计语言。它是一种用于描述功能模块的算法设计和加工细节的语言。

PDL 是一种“混合”型的语言，它使用一种语言(通常是自然语言)的定义词汇，同时又具有结构化程序设计语言的语法。

PDL 语言的特点是有固定关键字的语法，提供结构化控制结构，数据说明和模块化手段；自然语言化的描述风格，使算法的控制流程自然、直观、容易阅读；有数据说明机制，包括简单与复杂的数据结构；提供模块的定义功能。

作为描述算法流程的工具，PDL 和高级程序设计语言的构成是相似的。包含数据说明、程序结构、输入/输出结构和基本控制结构的定义语句。

1)数据定义语句

```
declare  <数据项>  as  <类型名>
```

2)程序结构　　　　　　　　　　　　子程序结构

```
begin  <程序名>        procedure  <子程序名>
           <PDL 语句序列>       interface  <参数表>
end    <程序名>         <PDL 语句序列>
return
end  <子程序名>
```

3)输入/输出结构

```
read/write to <设备> <I/O 表>
```

设备是指物理的 I/O 设备(例如，CRT、磁盘、打印机、磁带等)， <I/O 表>包含要传送的变量名。

4)控制结构

(1)顺序结构。

```
        处理 1
        处理 2
          …
        处理 3
```

(2)选择结构。

```
  IF-THEN-ELSE 结构:
     IF  条件
        处理 1
     ELSE   处理 2
     ENDIF
  IF-THEN 结构:
     IF  条件
         处理 1
     ENDIF
     CASE 结构:
       CASE  条件  OF
       CASE(1)
```

```
        处理 1
    CASE(2)
        处理 2
          …
    CASE(n)    处理 n
```

(3)循环结构。

```
    FOR 循环结构:
      FOR i=1  TO  n
          循环体
      END  FOR
    WHILE 循环结构:
      WHILE 条件
          循环体
      ENDWHILE
    UNTIL 循环结构:
      REPEAT
          循环体
      UNTIL 条件
```

例如，设计一个在一段正文中查找错拼单词的程序，先使用结构化汉语给出程序算法的抽象描述：

```
procedure  查找错拼单词
begin
        整个文件分离成单词;
        查字典;
        显示字典中查不到的单词;
        造一新字典;
end     查找错拼单词
```

再用 PDL 进行细化描述：

```
procedure SPELLCHECK
    begin
    loop
        get next word
        add word to word list in sort order
        exit when all words processed
    end loop
    loop
        get word from word list
        if word not in dictionary then
            if user response says word OK then add word to good word list
                                          else add word to bad word list
        end if
        exit when all words processed
    end loop
    DICTIONARY := merge dictionary and good word list
end SPELLCHECK
```

PDL 的优点是可用正文编辑或文字处理系统书写，能够很方便地转化成程序代码。其缺点是不如图形直观，复杂条件组合时不如判定树清晰。PDL 程序虽然不能像高级语言的源程序那样进行编译，生成目标程序，但它采用正文格式描述的算法过程，其结构形式非常接近源程序。PDL 语言定义的算法可以很抽象，也可以很具体，因此它非常适用于自顶向下、逐步求精的设计方法。

8.2.3　面向数据结构的设计方法

在许多应用领域中信息都有清楚的层次结构，输入数据、内部存储的信息（数据库或文件）以及输出数据都可能有独特的结构。数据结构既影响程序的结构又影响程序的处理过程，重复出现的数据通常由具有循环控制结构的程序来处理，选择数据（即可能出现也可能不出现的信息）要用带有分支控制结构的程序来处理。层次的数据组织通常和使用这些数据的程序的层次结构十分相似。

面向数据结构的设计方法的最终目标是得出对程序处理过程的描述。这种设计方法并不明显地使用软件结构的概念，模块是设计过程的副产品，对于模块独立原理也没有给予应有的重视。因此，这种方法最适合在详细设计阶段使用，也就是说，在完成软件结构设计之后，可以使用面向数据结构的方法来设计每个模块的处理过程。

Jackson 方法和 Warnier 方法是两个最著名的面向数据结构的设计方法，本节结合一个简单例子扼要地介绍 Jackson 方法，目的是使读者对面向数据结构的设计方法有初步了解。使用面向数据结构的设计方法，当然首先需要分析确定数据结构，并且用适当的工具清晰地描绘数据结构。本节先介绍 Jackson 方法的工具——Jackson 图，然后介绍 Jackson 程序设计方法的基本步骤。

1. Jackson 图

虽然程序中实际使用的数据结构种类繁多，但是它们的数据元素彼此间的逻辑关系却只有顺序、选择和重复三类，因此，逻辑数据结构也只有这三类。

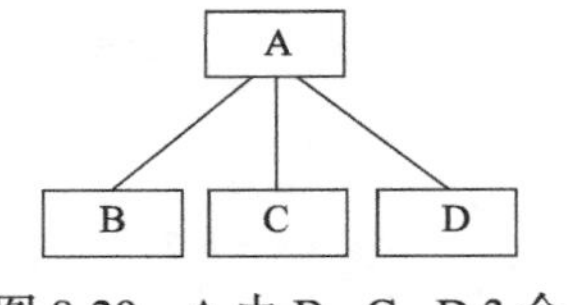

图 8-29　A 由 B、C、D 3 个元素顺序组成

1）顺序结构

顺序结构的数据由一个或多个数据元素组成，每个元素按确定次序出现一次。图 8-29 表示顺序结构的 Jackson 图的一个例子。

纲要逻辑是类似于伪码的一种语言表示工具，与 Jackson 结构图对应，用于将 Jackson 结构图表示的程序结构转换为语言表示。图 8-29 对应的纲要逻辑如下：

```
A  seq
B
C
D
A  end
```

2）选择结构

选择结构的数据包含两个或多个数据元素，每次使用这个数据时按一定条件从这些数据元素中选择一个。图 8-30 表示 3 个中选 1 个结构的 Jackson 图，图 8-30 对应的纲要逻辑如下：

```
A  sel  条件 1
```

```
B
alt  条件2
C
alt  条件3
D
A  end
```

3) 重复结构

重复结构的数据，根据使用时的条件由一个数据元素出现零次或多次构成。图 8-31 表示重复结构的 Jackson 图，图 8-31 对应的纲要逻辑如下：

```
A  iter  until(或 while)条件
B
A  end
```

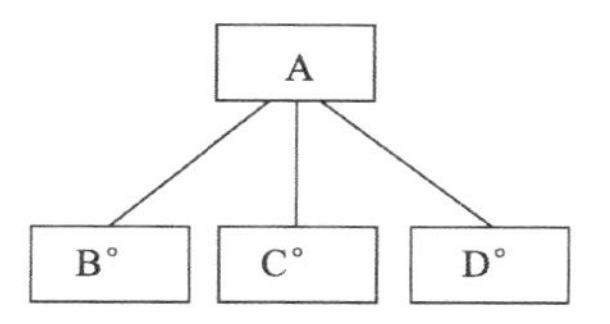

图 8-30　根据条件 A 是 B 或 C 或 D 中的某一个

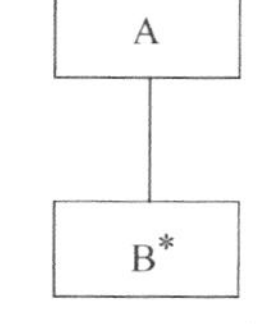

图 8-31　A 由 B 出现 N 次(N≥0)组成

Jackson 图便于表示层次结构，而且是对结构进行自顶向下分解的有力工具；形象直观可读性好；它既能表示数据结构也能表示程序结构。

Jackson 结构程序设计方法基本上由下述五个步骤组成。

(1) 分析并确定输入数据和输出数据的逻辑结构，并用 Jackson 图描绘这些数据结构。

(2) 找出输入数据结构和输出数据结构中有对应关系的数据单元。所谓有对应关系是指有直接的因果关系，在程序中可以同时处理的数据单元(对于重复出现的数据单元必须是重复的次序和次数都相同才可能有对应关系)。

(3) 用下列三条规则从描绘数据结构的 Jackson 图导出描绘程序结构的 Jackson 图。

①为每对有对应关系的数据单元，按照它们在数据结构图中的层次和在程序结构图的相应层次画一个处理框(如果这对数据单元在输入数据结构和输出数据结构中所处的层次不同，则和它们对应的处理框在程序结构图中所处的层次与它们之中在数据结构图中层次低的那个对应)。

②根据输入数据结构中剩余的每个数据单元所处的层次，在程序结构图的相应层次分别为它们画上对应的处理框。

③根据输出数据结构中剩余的每个数据单元所处的层次，在程序结构图的相应层次分别为它们画上对应的处理框。

(4) 列出所有操作和条件(包括选择条件和重复结束条件)，并把它们分配到程序结构图的适当位置。

(5) 用纲要逻辑表示程序。

2. Jackson 图实例

某仓库管理系统每天要处理大批由单据所组成的事务文件。单据分为订货单和发货单两种，每张单据由多行组成，订货单每行包括零件号、零件名、单价及数量等四个数据项，发货单每行包括零件号、零件名及数量等三个数据项，用 Jackson 结构图表示该事务文件的数据结构。图 8-32 为该事务文件的数据结构。

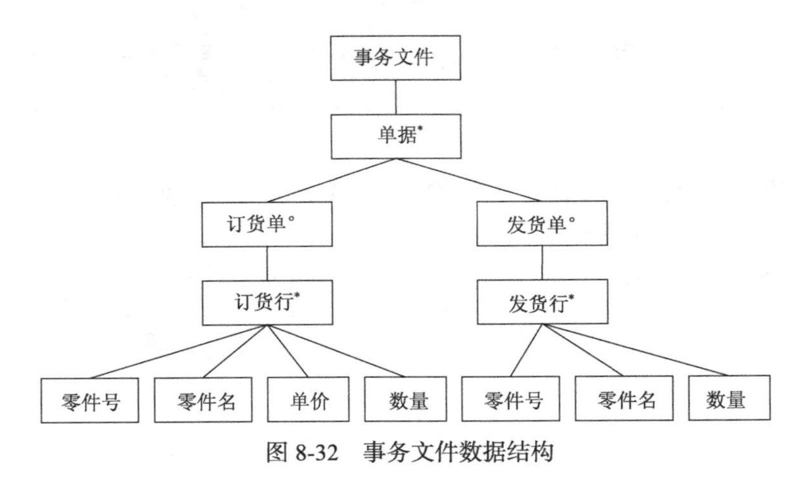

图 8-32　事务文件数据结构

1) 问题陈述

某仓库存放多种零件(如 P1，P2，…)，每个零件的每次进货、发货都有一张卡片作记录，每月根据这样一叠卡片打印一张月报表。报表每行列出某种零件本月库存量的净变化，用 JSP 方法对该问题进行设计。

2) 建立输入、输出数据结构

建立输入、输出数据结构的步骤如下。

(1) 输入数据：根据问题陈述，同一种零件的进货、发货状态不同，每月登记有若干张卡片。

把同一种零件的卡片放在一起组成一组，所有的卡片组按零件名排序。 所以输入数据是由许多零件组组成的文件，每个零件组有许多张卡片，卡片上记录着本零件进货或发货的信息。输入数据结构的 Jackson 图如图 8-33(a) 所示。

(2) 输出数据：根据问题陈述，输出数据是一张如图 8-33(c) 所示的月报表，它由表头和表体两部分组成，表体中有许多行， 一个零件的净变化占一行，其输出数据结构的 Jackson 图如图 8-33(b) 所示。

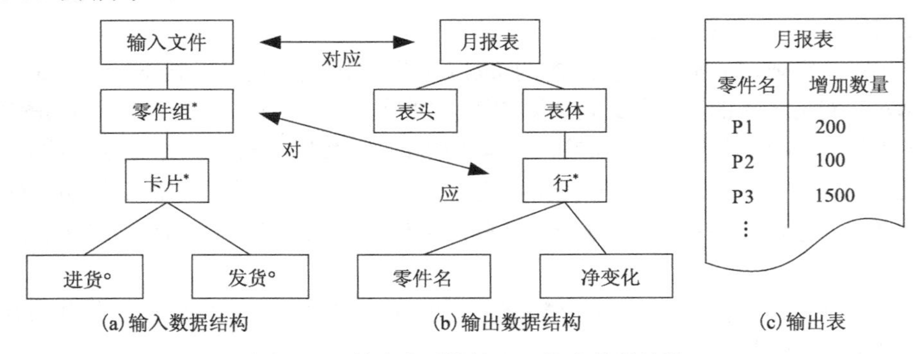

图 8-33　某仓库系统输入、输出数据结构

3) 找出输入、输出数据结构中有对应关系的单元

月报表由输入文件产生，有直接的因果关系，因此顶层的数据单元是对应的。表体的每一行数据由输入文件的每一个“零件组”计算而来，行数与组数相同，且行的排列次序与组的排列次序一致，都按零件号排序。因此“零件组”与“行”两个单元对应，以下再无对应的单元。

4) 导出程序结构

找出对应关系后，根据以下规则导出程序结构：对于输入数据结构与输出数据结构中的数据单元，每对有对应关系的数据单元按照它们所在的层次，在程序结构图适当位置合画一个处理框，无对应关系的数据单元，各画一个处理框。根据以上规则，绘制的程序结构如图8-34所示。

在图8-34程序结构的第4层增加了一个“处理零件组”的框，因为改进的Jackson图规定顺序执行的处理中不允许混有重复执行和选择执行的处理。增加这样一个框，符合该规定，同时也提高了结构图的易读性。

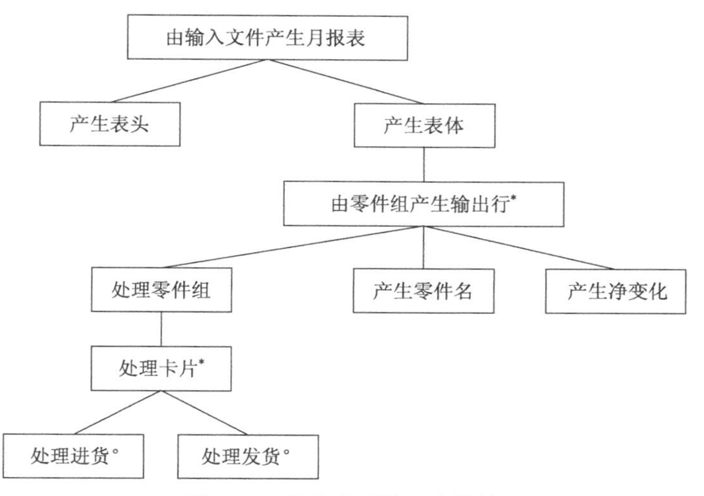

图8-34　某仓库系统程序结构

5) 列出并分配操作与条件

为了对程序结构作补充，要列出求解问题的所有操作和条件，然后分配到程序结构图的适当位置，就可得到完整的程序结构图。

(1) 本问题的基本操作列出如下。

A：终止；B：打开文件；C：关闭文件；D：打印字符行；E：读一张卡；F：产生行结束符；G：累计进货量；H：累计发货量；I：计算净变化；J：置零件组开始标志。

(2) 列出条件如下。

I(1)：输入条件未结束；I(2)：零件组未结束；S(3)：进发货标志。将操作与条件分配到适当位置的程序结构图如图8-35所示。

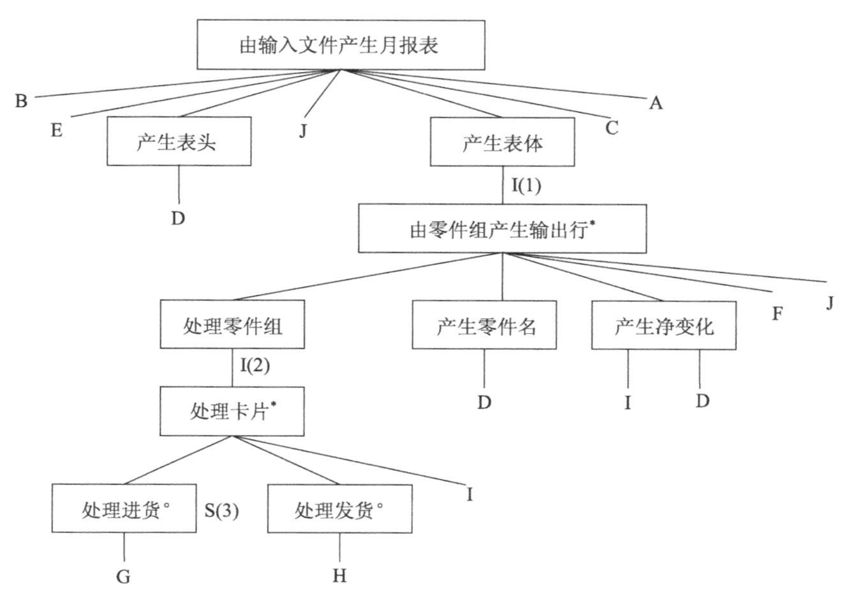

图8-35　分配操作后的程序结构图

在分配操作时注意：为了能获得重复和选择的条件，Jackson 建议至少超前读一个记录，以便使得程序不论在什么时候判定，总有数据已经读入，并做好使用准备。因此在图 8-35 中，将操作 E(读一张卡)放在打开文件之后，同时在处理完一张卡片后再读一次。

6)用纲要逻辑写出程序

Jackson 方法中的纲要逻辑与 Jackson 所示的程序结构图完全对应，用纲要逻辑写出程序的过程，实际上就是自顶向下用这些纲要逻辑替换 Jackson 图中每个处理框的过程，每个处理框都看成是由下层处理框及分配在上面的操作组成。

图 8-35 所示的程序结构的纲要逻辑如下：

```
产生月报表 seq
        打开文件
        读一张卡
        产生表头 seq
            打印字符行
        产生表头 end
        置零件组开始标志
        产生表体 iter while 输入文件未结束
        由零件组产生输出行 seq
             处理零件组 iter while 零件组未结束
                 处理卡片 sel 进货标志
                     处理进货 seq
                     累计进货量
                 处理进货 end
             alt 发货标志
        处理发货 seq
              累计发货量
        处理发货 end
    处理卡片 end
        读一张卡
    处理零件组 end
         产生零件名 seq
            打印字符行
         产生零件名 end
         产生净变化 seq
            计算净变化
            打印字符行
         产生净变化 end
         换行
         置零件组开始标志
          由零件组产生输出行 end
         产生表体 end
         关闭文件
         终止
    产生月报表 end
```

用纲要逻辑书写程序可以很方便地转换成源代码，还可以检查前面步骤的错误。如果分配操作不正确或者结构图不正确，都难以写出它的纲要逻辑。

8.2.4 人机交互界面设计

人机界面的设计质量，直接影响用户对软件产品的评价，从而影响软件产品的竞争力和寿命。人机界面设计是接口设计的一个重要组成部分。对于交互式系统来说，人机界面设计和数据设计、体系结构设计及过程设计一样重要。近年来，人机界面在系统中所占的比例越来越大，在个别系统中人机界面的设计工作量甚至占总设计量的一半以上。

1. 人机交互设计遵循的认知原则

根据用户心理学和认知科学，提出了如下人机交互设计遵循的认知原则。

(1) 一致性原则。即从任务、信息的表达、界面控制操作等方面与用户理解熟悉的模式尽量保持一致。

(2) 兼容性。在用户期望和界面设计的现实之间要兼容，要基于用户以前的经验。

(3) 适应性。用户应处于控制地位，因此界面应在多方面适应用户。

(4) 指导性。界面设计应通过任务提示和反馈信息来指导用户，做到“以用户为中心”。

(5) 结构性。界面设计应是结构化的，以减少复杂度。

(6) 经济性。界面设计要用最少的支持用户所必需步骤来实现一个操作。

2. 人机界面交互的设计原则

(1) 用户原则。人机界面设计首先要确立用户类型，划分类型可以从不同的角度，视实际情况而定。确定类型后要针对其特点预测它们对不同界面的反应。这就要从多方面设计分析。

(2) 信息最小量原则。人机界面设计要尽量减少用户记忆负担，采用有助于记忆的设计方案。

(3) 帮助和提示原则。要对用户的操作命令作出反应，帮助用户处理问题。系统要设计有恢复出错现场的能力，在系统内部处理工作要有提示，尽量把主动权让给用户。

(4) 媒体最佳组合原则。多媒体界面的成功并不在于仅向用户提供丰富的媒体，而应在相关理论指导下，注意处理好各种媒体间的关系，恰当选用。

3. 设计问题

在设计人机界面的过程中，总会遇到下述四个问题：系统响应时间、用户帮助设施、出错信息处理和命令交互。

1) 系统响应时间

系统响应时间是许多交互式系统用户经常抱怨的问题。一般来说，系统响应时间是指从用户完成某个控制动作(例如，按回车键或点击鼠标)，到软件给出预期响应(输出信息或做动作)的这段时间。

系统响应时间有两个重要属性，分别是长度和易变性。如果系统响应时间过长，用户就会感到紧张和沮丧。但是，当用户工作速度由人机界面决定时，系统响应时间过短也不好，这会迫使用户加快操作节奏，从而可能会犯错误。易变性指系统响应时间相对于平均响应时间的偏差，在许多情况下，这是系统响应时间更重要的属性。即使系统响应时间较长，响应时间易变性低也有助于用户建立起稳定的工作节奏。

2）用户帮助设施

几乎交互式系统的每个用户都需要帮助，当遇到复杂问题时甚至需要查看用户手册以寻找答案。大多数现代软件都提供联机帮助设施，这使得用户无须离开用户界面就能解决自己的问题。常见的帮助设施可分为集成的和附加的两类。

3）出错信息处理

出错信息和警告信息，是出现问题时交互式系统给出的“坏消息”。出错信息设计得不好，将向用户提供无用甚至误导的信息，反而会加重用户的挫折感。

一般来说，交互式系统给出的出错信息或警告信息，应该具有下述属性。

（1）信息应该以用户可以理解的术语描述问题。

（2）信息应该提供有助于从错误中恢复的建设性意见。

（3）信息应该指出错误可能导致哪些负面后果，以便用户检查是否出现了这些问题，并在确实出现问题时及时解决。

（4）信息应该伴随着听觉上或视觉上的提示。

（5）信息不能带有指责色彩。

当确实出现了问题的时候，有效的出错信息能提高交互式系统的质量，减轻用户的挫折感。

4）命令交互

命令行曾经是用户和系统软件交互的最常用的方式，并且也曾经广泛地用于各种应用软件中。现在，面向窗口的、点击和拾取方式的界面已经减少了用户对命令行的依赖，但是，许多高级用户仍然偏爱面向命令行的交互方式。在多数情况下，用户既可以从菜单中选择软件功能，也可以通过键盘命令序列调用软件功能。

在提供命令交互方式时，必须考虑下列设计问题。

（1）是否每个菜单选项都有对应的命令?

（2）采用何种命令形式?有三种选择：控制序列（例如，Ctrl+P）、功能键和键入命令。

（3）学习和记忆命令的难度有多大?忘记了命令怎么办?

（4）用户是否可以定制或缩写命令?

用户界面设计主要依靠设计者的经验。总结众多设计者经验得出的设计指南，有助于设计者设计出友好、高效的人机界面。

8.2.5 程序复杂度的度量

算法的复杂性与软件的质量问题是有密切关系的，这是因为算法的复杂性不仅影响到软件的可维护性、可测试性以及可靠性这些质量因素，它还涉及软件开发成本、软件中的故障数量以及算法性能的优劣、效率的高低等方面的问题。因此定量地度量一个算法的复杂性，对于提高软件产品质量有很大帮助。

减少程序复杂性，可提高软件的简单性和可理解性，并使软件开发费用减少，开发周期缩短，软件内部潜藏错误减少。

1) 语句行度量方法

语句行度量方法的依据是，一个程序的语句行数目越多，其复杂程度肯定越大。该方法采用语句行数目作为评价程序复杂性的定量指标。

Halstead 方法是其中一个著名的方法，它根据程序中运算符和操作数的总数来度量程序的复杂程度。其原理：程序是由操作符和操作数组成；程序中使用操作符和操作数的总数说明程序的规模，也反映其复杂性。该方法通过收集程序中使用的操作数和操作符的数目作为程序复杂性度量的依据，并采用若干预测公式计算程序的复杂度。

令 N_1 为程序中运算符出现的总次数，N_2 为操作数出现的总次数，程序长度 N 定义为 $N=N_1+N_2$。

在详细设计完成之后可以知道程序中使用的不同操作符个数 N_1 和不同操作数个数 N_2。Halstead 给出预测程序长度的公式如下：

$$H=N_1\log_2N_1+N_2\log_2N_2$$

多次验证表明预测长度 H 与实际长度 N 非常接近。

Halstead 还给出程序中包含错误个数的公式如下：

$$E=N\log_2(N_1+N_2)/3000$$

人们对 300～12000 条语句的程序进行核实，发现预测错误个数与书记的错误个数相比误差在 8%以内。

程序复杂性度量的方法可归纳为以下几类。

(1) 程序规模：语句行数法。

(2) 难度指标：Halstead 方法。

(3) 结构指标：环域复杂度(McCabe 方法)。

实践经验证明，复杂性与语句行数并无太大的相关性。程序复杂性更多地表现为结构的复杂性，而结构上的复杂性与语句行数并非呈线性增长关系。所以，这种方法反映的程序复杂性不够准确。

2) McCabe 方法

McCabe 度量法，又称环路复杂性度量，是一种基于程序控制流的复杂性度量方法。McCabe 方法的核心：通过定量分析程序中分支个数或循环个数，对软件测试难度进行定量度量，对软件最终的可靠性进行预测。这种方法首先需要将程序流程图转换为有向程序图的形式，然后计算程序图中环路的数目来度量程序复杂性。

所谓程序图可以看成是一种高度简化的程序流程图，也就是把程序流程图中每个处理框(语句框、判定框)都退化成一个结点，一般用圆圈表示；流程图中用于连接不同框的控制流箭头变成了程序图中的有向边。程序流程图转换为有向程序图的形式如图 8-36 所示。流图仅仅描绘程序的控制流程，完全不表现对数据的具体操作以及分支或循环的具体条件。

在流图中用圆表示结点，一个圆代表一条或多条语句。程序流程图中一个顺序的处理框序列和一个菱形判定框，可以映射成流图中的一个结点。流图中的箭头线称为边，它和程序流程图中的箭头线类似，代表控制流。在流图中一条边必须终止于一个结点，即使这个结点并不代表任何语句(实际上相当于一个空语句)。由边和结点围成的面积称为区域，当计算区域数时应该包括图外部未被围起来的那个区域。

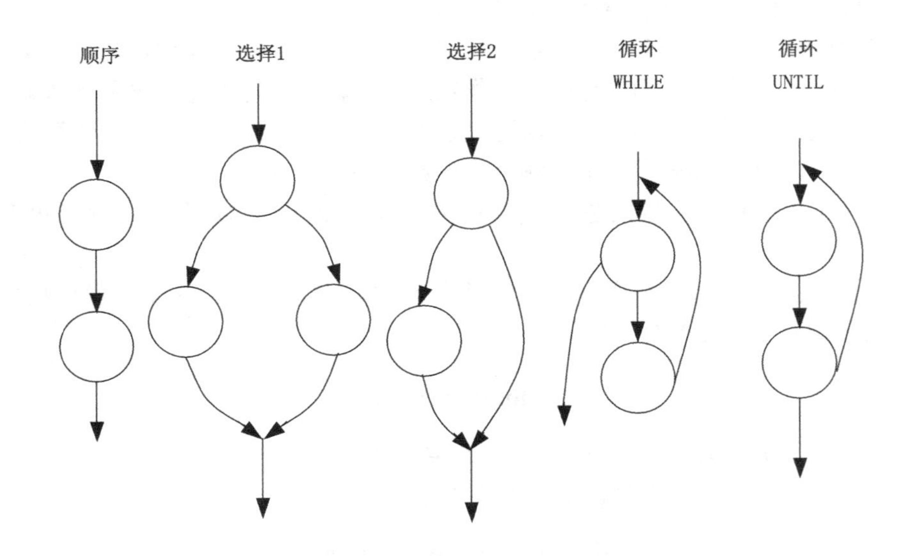

图 8-36 程序流程图转换为有向程序图的形式

用任何方法表示的过程设计结果，都可以翻译成流图。在过程设计中包含了一个或多个布尔运算符(逻辑 OR，AND，NAND，NOR)的情况下，应把复合条件分解为若干个简单条件，每个简单条件对应流图中一个结点。包含条件的结点称为判定结点，从每个判定结点引出两条或多条边。如图 8-37 所示是包含复合条件的 PDL 映射的流图。

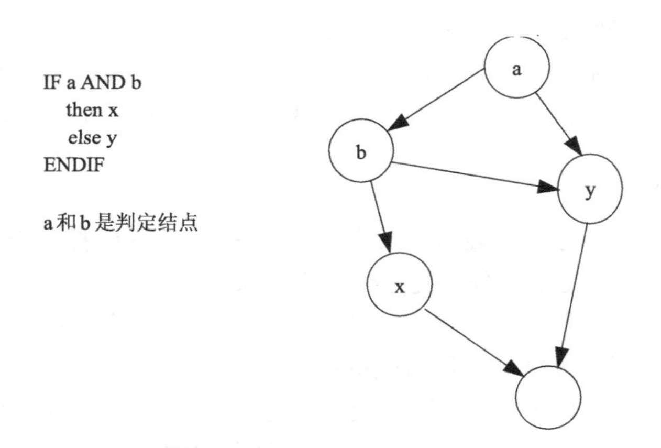

图 8-37 包含复合条件的 PDL 映射的流图

环形复杂度定量度量程序的逻辑复杂度。有了描绘程序控制流的流图之后，可以用下述 3 种方法中的任何一种来计算环形复杂度。

(1)流图中的区域数等于环形复杂度。

(2)流图 G 的环形复杂度 V(G)=E–N+2，其中，E 是流图中边的条数，N 是结点数。

(3)流图 G 的环形复杂度 V(G)=P+1，其中，P 是流图中判定结点的数目。

举例说明环域复杂度的计算，首先将图 8-38 所示的程序流程图转换成相应的 PDL 语句表示，并用序号标注。然后在此基础上绘制数据流图，转换结果如图 8-39 所示。

语句编码如下：

1：K=0,L=0,Total=0　输入 A

2：Do WHILE Total<=1000

3：and　A<>0

4：A>0

5：Total=Total+A　K=K+1

6：L=L+1

7：输出 A

8：输出 K,L,Total

在此示例中，结点数 N=8，边数 E=10，P=3，则有

$V(G)=E-N+2=10-8+2=4$

$V(G)=P+1=3+1=4$，等于程序图中弧所封闭的区域数。

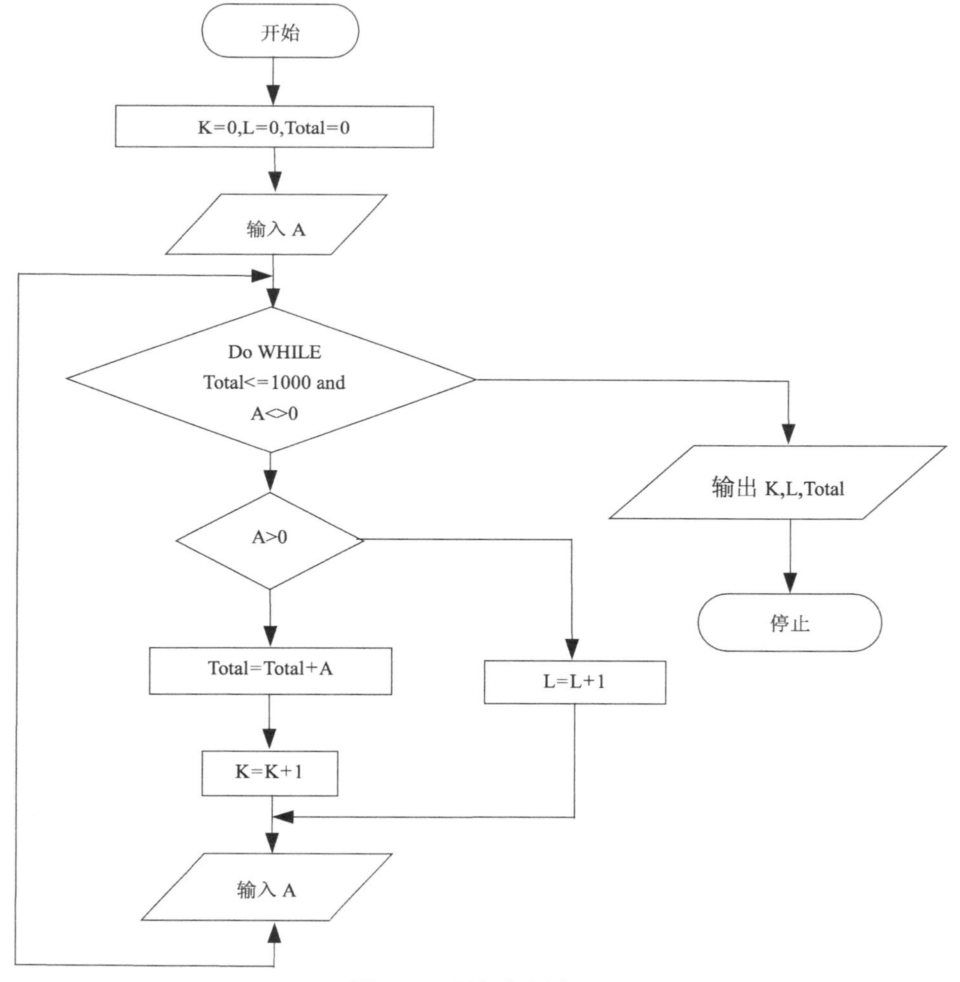

图 8-38　程序流程图

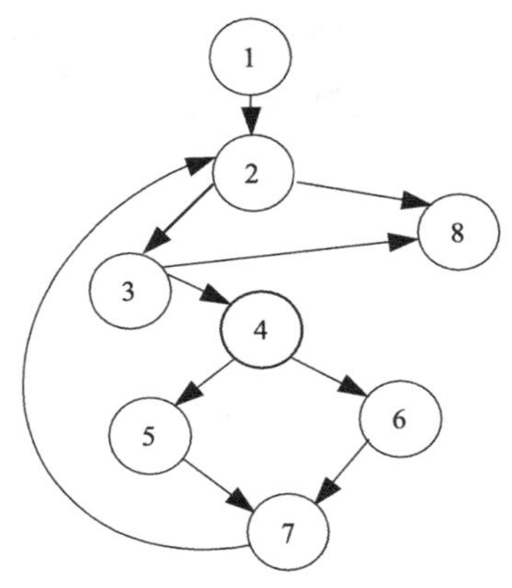

图 8-39　程序流图

程序的环域复杂度反映了程序控制流的复杂程度，也反映了程序结构的复杂程度。当一个程序中判定结构或循环结构的个数以及嵌套层次增加时，环域复杂度也随之线性增加。这势必增加了理解、测试、维护程序的难度，也将影响软件的可靠性和维护性。实践表明一个模块中的复杂度以 V(G)≤10 为宜。

这种度量方法的缺点：对于不同种类的控制流的复杂性不能区分，简单 IF 语句与循环语句的复杂性同等看待，嵌套 IF 语句与简单 CASE 语句的复杂性是一样的，模块间接口当成一个简单分支一样处理，一个具有 1000 行的顺序程序与一行语句的复杂性相同。

8.3　小　　结

总体设计阶段的基本目的是用比较抽象概括的方式确定系统如何完成预定的任务，也就是说，应该确定系统的物理配置方案，并且进而确定组成系统的每个程序的结构。详细设计阶段的关键任务是确定怎样具体地实现用户需要的软件系统，也就是要设计出程序的“蓝图”。除了应该保证软件的可靠性，使将来编写出的程序可读性好、容易理解、容易测试、容易修改和维护，是详细设计阶段最重要的目标。

层次图和结构图是描绘软件结构的常用工具。在进行软件结构设计时应该遵循的最主要的原理是模块独立原理，也就是说，软件应该由一组完成相对独立的子功能的模块组成，这些模块彼此之间的接口关系应该尽量简单。过程设计应该在数据设计、体系结构设计和接口设计完成之后进行，它的任务是设计解题的详细步骤(即算法)，它是详细设计阶段应完成的主要工作。过程设计的工具可分为图形、表格和语言三类，这三类工具各有所长，读者应该能够根据需要选用适当的工具。

在许多应用领域中信息都有清楚的层次结构，在开发这类应用系统时可以采用面向数据结构的设计方法完成过程设计。使用环形复杂度可以定量度量程序的复杂程度。

习　　题

1.试说明概要设计和详细设计的任务，它们之间有什么不同？

2.说明程序流程图、盒图、PAD 图、判定树、判定表以及 PDL 各自的特点和适用范围。

3.某大学共有 300 名教师，校方与教师工会刚刚签订一项协议。按照协议，所有年工资超过 4 万(含)的教师工资将保持不变，年工资少于 4 万的教师将增加工资，所增加的工资数按下述方法计算：给每个由此教师所赡养的人(包括教师本人)每年补助 100 元，此外，教师有一年工龄每年再多补助 50 元，但是，增加后的年工资总额不能多于 4 万。教师的工资档案储存在行政办公室的磁带上，档案中有目前的年工资、赡养的人数、雇用日期等信息。需要写一个程序计算并印出每名教师的原有工资和调整后的新工资。要求：

(1) 画出此系统的数据流图；

(2) 写出需求说明；

(3) 设计上述的工资调整程序(要求用 HIPO 图描绘设计结果)。

4. 画出下列伪码程序的程序流程图和盒图：

```
START
IF  p THEN
    WHILE q DO
        f
END DO
     ELSE
    BLOCK
          g
          n
    END BLOCK
END IF
STOP
```

第 9 章　结构化的实现技术

9.1　软 件 实 现

软件实现通常包括编码和测试，编码是把软件设计的结果翻译成用某种程序设计语言书写的程序，是对设计的进一步具体化，因此，程序的质量主要取决于软件设计的质量。但是，所选用的程序设计语言的特点及编码风格也将对程序的可靠性、可读性、可测试性和可维护性具有重要的影响作用。

9.1.1　程序语言的选择

人和计算机通信的最基本工具是程序设计语言，编码之前的一项重要工作就是选择一种适当的程序设计语言，因为它的特点必然会影响人的思维和解题方式，会影响人和计算机通信的方式和质量，也会影响其他人阅读和理解程序的难易程度。

1. 理想标准

适宜的程序设计语言能减少需要的程序测试量，并且可以得出更容易阅读和维护的程序。一般在选择程序设计语言时会从以下几个方面进行考虑。

(1) 语言的编写效率。高级语言的源程序语句和汇编代码指令之间有一句对多句的对应关系。高级语言一般都容许用户给程序变量和子程序赋予含义鲜明的名字，通过名字很容易把程序对象和它们所代表的实体联系起来；此外，高级语言使用的符号和概念更符合人的习惯。因此，编写效率比较高一些。

(2) 程序的可维护性。由于高级语言编写的程序变量和子程序具有知名见义的名字，用高级语言写的程序容易阅读，容易测试，容易调试，容易维护。

(3) 模块化机制。为了使程序容易测试和维护以减少软件的总成本，所选用的高级语言应该有理想的模块化机制，以及可读性好的控制结构和数据结构。

(4) 良好的独立编译机制。为了便于调试和提高软件可靠性，语言特点应该使编译程序尽可能多地发现程序中的错误；为了降低软件开发和维护的成本，选用的高级语言应该有良好的独立编译机制。

2. 实用标准

上述要求是选择程序设计语言的理想标准，但是，在实际选择语言时不能仅使用理论上的标准，还必须同时考虑实用方面的各种限制。

(1) 系统用户的要求。如果系统由用户负责维护，用户通常倾向于用他们熟悉的语言编写程序。

(2) 可以使用的编译程序。运行目标系统的环境中可以提供的编译程序通常会限制可以选用的语言的范围。

(3) 可以得到的软件工具。如果某种语言有支持程序开发的软件工具可以利用，则目标系统的实现和验证都变得比较容易。

(4) 工程规模。如果工程规模很庞大，现有的语言又不完全适用，那么设计并实现一种供这个工程项目专用的程序设计语言，可能是一个正确的选择。

(5) 程序员的知识。虽然对于有经验的程序员来说，完全掌握一种新语言需要实践。在不冲突的情况下，会优先选择一种已经为程序员所熟悉的语言。

(6) 软件可移植性要求。如果目标系统将在几台不同的计算机上运行，或者预期的使用寿命很长，那么选择一种标准化程度高、程序可移植性好的语言就是必需的。

(7) 软件的应用领域。所谓的通用程序设计语言实际上并不是对所有应用领域都同样适用。因此，选择语言时应该充分考虑目标系统的应用范围。

9.1.2 编码风格的重要性

程序代码的逻辑应该简明清晰、易读易懂，为了达到这个目标，应该遵循下述规则。

1. 程序内部的文档

程序内部的文档书写需要在视觉组织，规范性上加以限定，以确保程序的可读性和一致性。

(1) 程序内部的文档包括恰当的标识符、适当的注解和程序的视觉组织等。

(2) 选取含义鲜明的名字，使它能正确地提示程序对象所代表的实体，这对于帮助阅读者理解程序是很重要的。

(3) 注解是程序员和程序读者通信的重要手段，正确的注解非常有助于对程序的理解。通常在每个模块开始处有一段序言性的注解，简要描述模块的功能、主要算法、接口特点、重要数据以及开发简史。

2. 数据说明

虽然在设计期间已经确定了数据结构的组织和复杂程度，然而数据说明的风格却是在写程序时确定的。为了使数据更容易理解和维护，有一些比较简单的原则应该遵循。

(1) 数据说明的次序应该标准化。有次序就容易查阅，因此能够加速测试、调试和维护的过程。

(2) 当多个变量名在一个语句中说明时，应该按字母顺序排列这些变量。

(3) 如果设计时使用了一个复杂的数据结构，则应该用注解说明用程序设计语言实现这个数据结构的方法和特点。

3. 语句构造

设计期间确定了软件的逻辑结构，然而个别语句的构造却是编写程序的一个主要任务。构造语句时应该遵循的原则是，每个语句都应该简单而直接，不能为了提高效率而使程序变得过分复杂。

4. 输入输出

在设计和编写程序时应该考虑下述有关输入输出风格的规则。

(1) 对所有输入数据都进行检验。

(2) 检查输入项重要组合的合法性。

(3) 明确提示交互式输入的请求，详细说明可用的选择或边界数值。

(4) 当程序设计语言对格式有严格要求时，应保持输入格式一致。

(5) 设计良好的输出报表。

(6) 给所有输出数据加标志。

5. 效率

效率主要指处理机时间和存储器容量两个方面。效率是性能要求，应在需求分析阶段确定效率方面的要求。效率是靠好设计来提高的，程序的效率和程序的简单程度是一致的。具体来说，效率主要体现在程序运行时间、存储器效率和输入输出的效率。

9.2 软件测试

测试的目的就是在软件投入生产性运行之前，尽可能多地发现软件中的错误。目前软件测试仍然是保证软件质量的关键步骤，它是对软件规格说明、设计和编码的最后复审。

软件测试在软件生命周期中跨越实现和测试两个阶段。通常在模块编写之后就对它进行必要的测试(即单元测试)，模块的编写者和测试者是同一个人，之后还要对软件系统进行各种综合测试，通常由专业测试人员承担这项工作。

大量统计资料表明，软件测试的工作量往往占软件开发总工作量的 40%以上，在极端情况，测试那种关系人的生命安全的软件所花费的成本，可能相当于软件工程其他开发步骤总成本的 3~5 倍。因此，必须高度重视软件测试工作。

仅就测试而言，它的目标是发现软件中的错误，通过测试发现错误之后还必须诊断并改正错误，这就是调试。在对软件进行测试期间，软件可靠性亦可加以评价，可以使用故障率数据，估计软件将来出现故障的情况并预测软件的可靠性。

9.2.1 软件测试的任务和目标

表面来看，软件测试的目的与软件工程所有其他阶段的目的都相反。在测试阶段测试人员努力设计出一系列测试方案，竭力证明程序中有错误不能按照预定要求正确工作。但是暴露问题并不是软件测试的最终目的，发现问题是为了解决问题。

测试阶段的根本目标是尽可能多地发现并排除软件中潜藏的错误，最终把一个高质量的软件系统交给用户使用。

G. Myers 给出了关于测试的一些规则，这些规则也可以看成是测试的目标或定义。

(1) 测试是为了发现程序中的错误而执行程序的过程。

(2) 好的测试方案是极可能发现迄今为止尚未发现的错误的测试方案。

(3) 成功的测试是发现了至今为止尚未发现的错误的测试。

从上述规则可以看出，测试的正确定义是“为了发现程序中的错误而执行程序的过程”。正确认识测试的目标是十分重要的，测试目标决定了测试方案的设计。测试是为了发现程序中的错误，所以在设计测试用例时，要力求设计出最能暴露错误的测试方案。

由于测试的目标是暴露程序中的错误，由程序的编写者自己进行测试是不恰当的。因此，在综合测试阶段通常由其他人员组成测试小组来完成测试工作。此外，测试不能证明程序的正确性。即使经过了严格的测试，仍可能有没被发现的错误潜藏在程序中。测试只能查找出程序中的错误，不能证明程序中没有错误。

9.2.2 软件测试方法

1. 静态代码审查

人工测试源程序可以由编写者本人非正式地进行，也可以由审查小组正式进行。后者称为代码审查，它是一种非常有效的程序验证技术，对于典型的程序来说，可以查出30%～70%的逻辑设计错误和编码错误。审查小组最好由下述四人组成。

(1)组长，应该是一个很有能力的程序员，而且没有直接参与这项工程。

(2)程序的设计者。

(3)程序的编写者。

(4)程序的测试者。

如果一个人既是程序的设计者又是编写者，或既是编写者又是测试者，则审查小组中应该再增加一个程序员。

审查之前，小组成员先研究设计说明书，力求理解设计。在审查会上由程序的编写者解释他是怎样用程序代码实现这个设计的，通常是逐语句讲解程序逻辑，小组其他成员仔细倾听讲解，并力图发现错误。审查会上进行的另外一项工作，是对照程序设计常见错误清单，分析审查这个程序。当发现错误时由组长记录下来，审查会继续进行。

代码审查比计算机测试优越的是：一次审查会上可以发现许多错误；用计算机测试的方法发现错误之后，通常需要先改正这个错误才能继续测试，因此错误是一个一个地发现并改正的。也就是说，采用代码审查的方法可以减少系统验证的总工作量。

实践表明，对于查找某些类型的错误，人工测试比计算机测试更有效；对于其他类型的错误则刚好相反。因此，人工测试和计算机测试是互相补充，相辅相成的。

2. 动态测试

如果已经知道了产品应该具有的功能，可以通过测试来检验是否每个功能都能正常使用；如果知道产品的内部工作过程，可以通过测试来检验产品内部动作是否按照规格说明书的规定正常进行。前一种方法称为黑盒测试，后一种方法称为白盒测试。

对于软件测试而言，黑盒测试法把程序看成一个黑盒子，完全不考虑程序的内部结构和处理过程。也就是说，黑盒测试是在程序接口进行的测试，它只检查程序功能是否能按照规格说明书的规定正常使用，程序是否能适当地接收输入数据并产生正确的输出信息，程序运行过程中能否保持外部信息的完整性。黑盒测试又称为功能测试。

黑盒测试并不能取代白盒测试，它是与白盒测试互补的测试方法，它很可能发现白盒测试不易发现的其他类型的错误。

黑盒测试力图发现下述类型的错误：功能不正确或遗漏了功能；界面错误；数据结构错误或外部数据库访问错误；性能错误；初始化和终止错误。

白盒测试在测试过程的早期阶段进行，而黑盒测试主要用于测试过程的后期。设计黑盒测试方案时，应该考虑下述问题：测试功能的有效性；什么类型的输入可构成好测试用例；系统是否对特定的输入值特别敏感；怎样划定数据类的边界；系统能够承受的数据率和数据量；数据的特定组合将对系统运行产生什么影响。

3. 黑盒测试方法

应用黑盒测试技术，能够设计出满足下述标准的测试用例集：所设计出的测试用例能够减少为达到合理测试所需要设计的测试用例的总数；所设计出的测试用例能够分辨是否存在某些类型的错误。

1）等价划分

等价划分是一种黑盒测试技术，这种技术把程序的输入域划分成若干个数据类，据此导出测试用例。一个理想的测试用例能独自发现一类错误。

因为穷尽的黑盒测试通常是不现实的，所以只能选取少量有代表性的输入数据作为测试数据，以期用较小的代价暴露出较多的程序错误。等价划分法力图设计出能发现若干类程序错误的测试用例，从而减少必须设计的测试用例的数目。

使用等价划分法设计测试方案首先需要划分输入数据的等价类，为此需要研究程序的功能说明，从而确定输入数据的有效等价类和无效等价类。在确定输入数据的等价类时常常还需要分析输出数据的等价类，以便根据输出数据的等价类导出对应的输入数据等价类。

划分等价类需要经验，下述几条启发式规则可能有助于等价类的划分。

(1) 如果规定了输入值的范围，则可划分出一个有效的等价类和两个无效的等价类。

(2) 如果规定了输入数据的个数，则类似地也可以划分出一个有效的等价类和两个无效的等价类。

(3) 如果规定了输入数据的一组值，而且程序对不同输入值进行不同处理，则每个允许的输入值是一个有效的等价类，此外还有一个无效的等价类。

(4) 如果规定了输入数据必须遵循的规则，则可以划分出一个有效的等价类和若干个无效的等价类。

(5) 如果规定了输入数据为整型，则可以划分出正整数、零和负整数等三个有效类。

(6) 如果程序的处理对象是表格，则应该使用空表，以及含一项或多项的表。

以上列出的启发式规则只是测试时可能遇到的情况中的很小一部分，实际情况千变万化，无法一一列出。为了正确划分等价类，要注意积累经验，正确分析被测程序的功能。此外，在划分无效的等价类时还必须考虑编译程序的检错功能，一般来说，不需要设计测试数据用来暴露编译程序肯定能发现的错误。

划分出等价类以后，根据等价类设计测试方案时主要使用下面两个步骤。

(1) 一个新的测试方案尽可能多地覆盖尚未被覆盖的有效等价类，重复这一步骤直到所有有效等价类都被覆盖为止。

(2) 一个新的测试方案，使它覆盖一个而且只覆盖一个尚未被覆盖的无效等价类，重复这一步骤直到所有无效等价类都被覆盖为止。

注意，通常程序发现一类错误后就不再检查是否还有其他错误，因此，应该使每个测试方案只覆盖一个无效的等价类。

例：对招干考试系统“输入学生成绩”子模块设计测试用例，招干考试分三个专业，准考证号第一位为专业代号，例如：

1-行政专业，2-法律专业，3-财经专业。

行政专业准考证号码：110001～111215。

法律专业准考证号码：210001～212006。

财经专业准考证号码：310001～314015。

2）边界值分析

经验表明，处理边界情况时程序最容易发生错误。如许多程序错误出现在下标、纯量、数据结构和循环等的边界附近。因此，设计使程序运行在边界情况附近的测试方案，暴露出程序错误的可能性更大一些。

使用边界值分析方法设计测试方案首先应该确定边界情况，这需要经验和创造性，选取的测试数据应该刚好等于、刚刚小于和刚刚大于边界值。通常设计测试方案时总是联合使用等价划分和边界值分析两种技术。

3）错误推测

使用边界值分析和等价划分技术，有助于设计出具有代表性的、也容易暴露程序错误的测试方案。但是，不同类型不同特点的程序通常又有一些特殊的、容易出错的情况。此外，有时分别使用每组测试数据时程序都能正常工作，这些输入数据的组合却可能检测出程序的错误。一般来说，即使是一个比较小的程序，可能的输入组合数也往往十分巨大，因此必须依靠测试人员的经验和直觉，从各种可能的测试方案中选出一些最可能引起程序出错的方案。

错误推测法在很大程度上靠直觉和经验进行。它的基本想法是列举出程序中可能有的错误和容易发生错误的特殊情况，并且根据它们选择测试方案。对于程序中容易出错的情况也有一些经验总结出来，例如，输入数据为零或输出数据为零往往容易发生错误；如果输入或输出的数目允许变化，则输入或输出的数目为 0 和 1 的情况是容易出错的情况。还应该仔细分析程序规格说明书，注意找出其中遗漏或省略的部分，以便设计相应的测试方案，检测程序员对这些部分的处理是否正确。

等价划分法和边界值分析法都只孤立地考虑各个输入数据的测试功效，而没有考虑多个输入数据的组合效应。选择输入组合的一个有效途径是利用判定表或判定树为工具，列出输入数据各种组合与程序应做的动作之间的对应关系，然后为判定表的每一列至少设计一个测试用例；另一个有效途径是把计算机测试和人工检查代码结合起来。

4. 白盒测试

与黑盒测试法相反，它的前提是可以把程序看成装在一个透明的白盒子里，测试者完全知道程序的结构和处理算法。这种方法按照程序内部的逻辑测试程序，检测程序中的主要执行通路是否都能按预定要求正确工作。白盒测试又称为结构测试。

单元测试集中检测软件设计的最小单元——模块，所以也被称为模块测试。通常，单元测试和编码属于软件过程的同一个阶段。在编写出源程序代码并通过了编译程序的语法检查之后，就可以用详细设计描述作指南，对重要的执行通路进行测试，以便发现模块内部的错误。可以应用静态测试和动态测试这样两种不同类型的方法，完成单元测试工作。这两种测试方法各有所长，互相补充。通常，单元测试主要使用白盒测试技术，而且对多个模块的测试可以并行地进行。在单元测试期间着重从下述五个方面对模块进行测试。

（1）模块接口。首先应该对通过模块接口的数据流进行测试，如果数据不能正确地进出，所有其他测试都是不切实际的。在对模块接口进行测试时主要检查下述几个方面：参数的数目、次序、属性或单位系统与变元是否一致；是否修改了只作输入用的变元；全局变量的定义和用法在各个模块中是否一致。

（2）局部数据结构。对于模块来说，局部数据结构是常见的错误来源。应该仔细设计测试方案，以便发现局部数据说明、初始化、默认值等方面的错误。

（3）重要的执行通路。由于通常不可能进行穷尽测试，因此，在单元测试期间选择最有代表性、最可能发现错误的执行通路进行测试是十分关键的。应该设计测试方案用来发现由于错误的计算、不正确的比较或不适当的控制流而造成的错误。

（4）出错处理通路。好的设计应该能预见出现错误的条件，并且设置适当处理错误的通路，以便在真出现错误时执行相应的出错处理通路或结束处理。不仅应该在程序中包含出错处理通路，而且应该认真测试这种通路。当评价出错处理通路时，应该着重测试下述一些可能发生的错误：对错误的描述是难以理解的；记下的错误与实际遇到的错误不同；在对错误进行处理之前，错误条件已经引起系统干预；对错误的处理不正确；描述错误的信息不足以帮助确定造成错误的位置。

（5）边界条件。边界测试是单元测试中最后也可能是最重要的任务。软件常常在它的边界上失效，使用刚好小于、刚好等于和刚好大于最大值或最小值的数据结构、控制量和数据值的测试方案，非常可能发现软件中的错误。

模块并不是一个独立的程序，因此必须为每个单元测试开发驱动软件和（或）存根软件。通常驱动程序也就是一个“主程序”，它接收测试数据，把这些数据传送给被测试的模块，并且印出有关的结果。存根程序代替被测试的模块所调用的模块。因此存根程序也可以称为“虚拟子程序”。它使用被它代替的模块的接口，可能进行最少量的数据操作，印出对入口的检验或操作结果，并且把控制归还给调用它的模块。如图 9-1 所示。

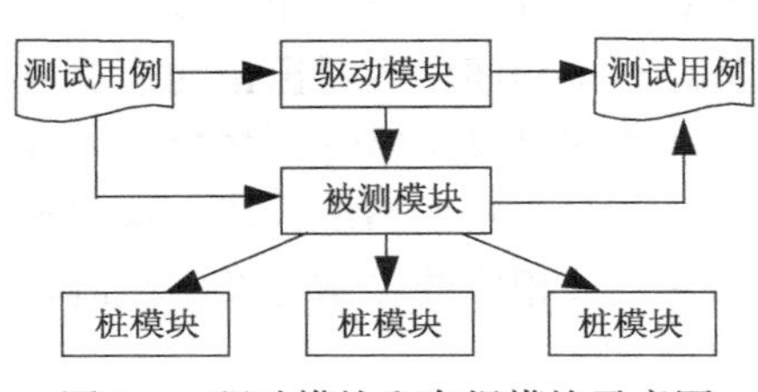

图 9-1　驱动模块和存根模块示意图

驱动模块（driver）；桩模块（stub）——存根模块

驱动程序和存根程序代表开销，也就是说，为了进行单元测试必须编写测试软件，但是通常并不把它们作为软件产品的一部分交给用户。许多模块不能用简单的测试软件充分测试，为了减少开销可以使用下节将要介绍的渐增式测试方法，在集成测试的过程中同时完成对模块的详尽测试。

5. 白盒测试技术

设计测试方案是测试阶段的关键技术问题。所谓测试方案包括具体的测试目的、应该输入的测试数据和预期的结果。通常又把测试数据和预期的输出结果称为测试用例。

不同的测试数据发现程序错误的能力差别很大，为了提高测试效率降低测试成本，应该选用高效的测试数据。因为不可能进行穷尽的测试，选用少量“最有效的”测试数据，做到尽可能完备的测试就更重要。

1）逻辑覆盖

有选择地执行程序中某些最有代表性的通路是对穷尽测试唯一可行的替代办法。所谓逻辑覆盖是对一系列测试过程的总称，这组测试过程逐渐进行越来越完整的通路测试。测试数据执行（或称为覆盖）程序逻辑的程度可以划分成哪些不同的等级呢？从覆盖源程序语句的详尽程度分析，大致有以下一些不同的覆盖标准。

（1）语句覆盖。

为了暴露程序中的错误，至少每个语句应该执行一次。语句覆盖的含义是，选择足够多的测试数据，使被测程序中每个语句至少执行一次。如图 9-2 所示的程序流程图描绘了一个被测模块的处理算法。

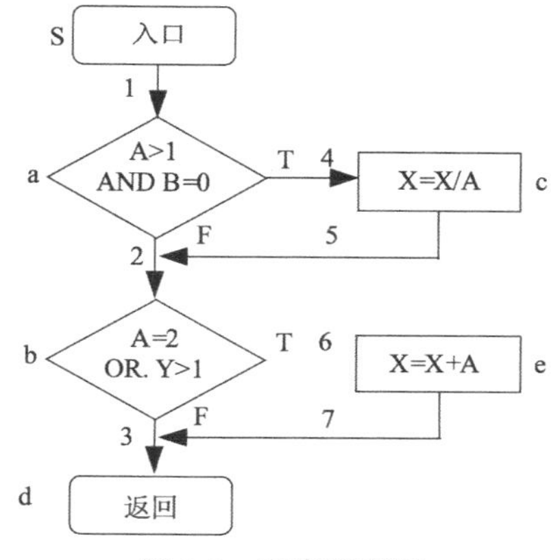

图 9-2　程序流程图

为了使每个语句都执行一次，程序的执行路径应该是 sacbed，为此只需要输入下面的测试数据(实际上 X 可以是任意实数)：A=2，B=0，X=4。

语句覆盖对程序的逻辑覆盖很少。此外，语句覆盖只关心判定表达式的值，而没有分别测试判定表达式中每个条件取不同值时的情况，所以，语句覆盖是很弱的逻辑覆盖标准。

(2)判定覆盖。

判定覆盖又称为分支覆盖，它的含义是，不仅每个语句必须至少执行一次，而且每个判定的每种可能的结果都应该至少执行一次，也就是每个判定的每个分支都至少执行一次。

判定覆盖比语句覆盖强，但是对程序逻辑的覆盖程度仍然不高。

(3)条件覆盖。

条件覆盖的含义是，不仅每个语句至少执行一次，而且使判定表达式中的每个条件都取到各种可能的结果。条件覆盖通常比判定覆盖强，因为它使判定表达式中每个条件都取到了两个不同的结果，判定覆盖却只关心整个判定表达式的值。

(4)判定/条件覆盖。

既然判定覆盖不一定包含条件覆盖，条件覆盖也不一定包含判定覆盖，自然会提出一种能同时满足这两种覆盖标准的逻辑覆盖，这就是判定/条件覆盖。它的含义是，选取足够多的测试数据，使得判定表达式中的每个条件都取到各种可能的值，而且每个判定表达式也都取到各种可能的结果。有时判定/条件覆盖也并不比条件覆盖更强。

(5)条件组合覆盖。

条件组合覆盖是更强的逻辑覆盖标准，它要求选取足够多的测试数据，使得每个判定表达式中条件的各种可能组合都至少出现一次。

显然，满足条件组合覆盖标准的测试数据，也一定满足判定覆盖、条件覆盖和判定/条件覆盖标准。因此，条件组合覆盖是几种覆盖标准中最强的。但是，满足条件组合覆盖标准的测试数据并不一定能使程序中的每条路径都执行到。

(6)点覆盖。

图论中点覆盖的概念定义如下：如果连通图 G 的子图 G′ 是连通的，而且包含 G 的所有结点，则称 G′ 是 G 的点覆盖。满足点覆盖标准要求选取足够多的测试数据，使得程序执行路径至少经过流图的每个结点一次，由于流图的每个结点与一条或多条语句相对应，显然，点覆盖标准和语句覆盖标准是相同的。

(7)边覆盖。

图论中边覆盖的定义是：如果连通图 G 的子图 G″ 是连通的，而且包含 G 的所有边，则称 G″ 是 G 的边覆盖。为了满足边覆盖的测试标准，要求选取足够多的测试数据，使得程序执行路径至少经过流图中每条边一次。通常边覆盖和判定覆盖是一致的。

(8)路径覆盖。

路径覆盖的含义是，选取足够多的测试数据，使程序的每条可能路径都至少执行一次(如果程序图中有环，则要求每个环至少经过一次)。

2)控制结构测试

(1)基本路径测试。

基本路径测试是 Tom McCabe 提出的一种白盒测试技术。使用这种技术设计测试用例时，首先计算程序的环形复杂度，并用该复杂度为指南定义执行路径的基本集合，从该基本集合导出的测试用例可以保证程序中的每条语句至少执行一次，而且每个条件在执行时都将分别取真、假两种值。

使用基本路径测试技术设计测试用例的步骤如下。

第一步，根据过程设计结果画出相应的流图。

例如，为了用基本路径测试技术测试下列用 PDL 描述的求平均值过程，首先画出如图 9-3 所示的流图。注意，为了正确地画出流图，把被映射为流图结点的 PDL 语句编了序号。

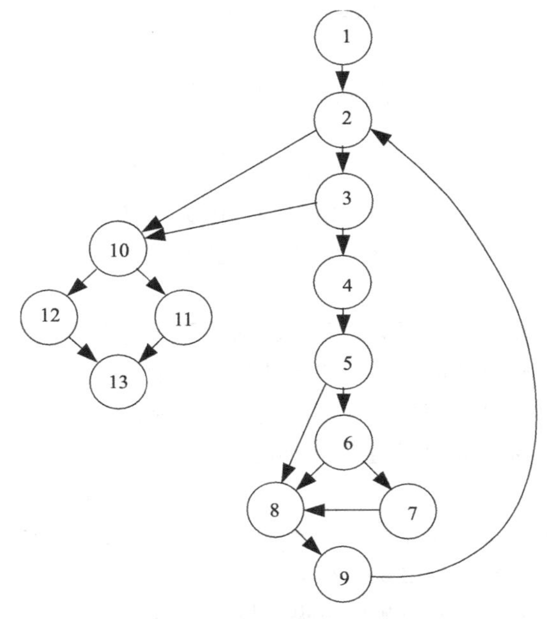

图 9-3 计算平均值程序流图

```
PROCEDURE average;
/*这个过程计算不超过 100 个在规定值域内有效数字的平均值；同时计算有效数字的总和及个数。*/
  int  average, total.input, total.valid, value, minimum, maximum;
  int  array [1…100] ;   int i;
1:    i=1;
     total.input=total.valid=0;
     sum=0;
2:    DO WHILE value [i]  <> -999
3:         AND total.input<100
4:    increment total.input by1;
5:    IF value [i] >=minimum
6:         AND value [i] <=maximum
```

```
7:    THEN increment total.valid by 1;
              sum=sum+value [i] ;
8:      ENDIF
           increment i by 1;
9:    ENDDO
10:   IF total.valid>0
11:   THEN average=sum/total.valid;
12:   ELSE average=-999;
13:   ENDIF
END average
```

第二步，计算流图的环形复杂度。

环形复杂度定量度量程序的逻辑复杂性。有了描绘程序控制流的流图之后，可以用计算环形复杂度的方法来计算流图的环形复杂度，为 6。

第三步，确定独立路径的基本集合。

所谓独立路径是指至少引入程序的一个新处理语句集合或一个新条件的路径，用流图术语描述，独立路径至少包含一条在定义该路径之前不曾用过的边。

使用基本路径测试法设计测试用例时，程序的环形复杂度决定了程序中独立路径的数量，而且这个数是确保程序中所有语句至少被执行一次所需的测试数量的上界。

对于图 9-3 所描述的求平均值过程来说，由于环形复杂度为 6，因此最多共有 6 条独立路径。通过观察，可得到以下的基本路径集合：

1. 1-2-10-12-13
2. 1-2-3-10-11-13
3. 1-2-3-4-5-6-9-9-2 …
4. 1-2-3-4-5-9-9-2 …
5. 1-2-3-4-5-6-7-9-9-2 …

第四步，设计可强制执行基本集合中每条路径的测试用例。

应该选取测试数据使得在测试每条路径时都适当地设置了各个判定结点的条件。

在测试过程中，执行每个测试用例并把实际输出结果与预期结果相比较。一旦执行完所有测试用例，就可以确保程序中所有语句都至少被执行了一次，而且每个条件都分别取过 true 值和 false 值。

应该注意，某些独立路径不能以独立的方式测试，也就是说，程序的正常流程不能形成独立执行该路径所需要的数据组合。在这种情况下，这些路径必须作为另一个路径的一部分来测试。

(2)条件测试。

尽管基本路径测试技术简单而且高效，但是仅有这种技术还不够，还需要使用其他控制结构测试技术，才能进一步提高白盒测试的质量。

用条件测试技术设计出的测试用例，能够检查程序模块中包含的逻辑条件。一个简单条件是一个布尔变量或一个关系表达式，在布尔变量或关系表达式之前还可能有一个 NOT 算符。关系表达式的形式如下：

E1<关系算符>E2

其中，E1 和 E2 是算术表达式，而<关系算符>是下列算符之一：“<”，“≤”，“=”，“≠”，

“>”或“≥”。复合条件由两个或多个简单条件、布尔算符和括弧组成。布尔算符有 OR(“|”)，AND(“&”)和 NOT。不包含关系表达式的条件称为布尔表达式。因此，条件成分的类型包括布尔算符、布尔变量、布尔括弧(括住简单条件或复合条件)、关系算符及算术表达式。

如果条件不正确，则至少条件的一个成分不正确。因此，条件错误的类型如下：布尔算符错(布尔算符不正确，遗漏布尔算符或有多余的布尔算符)，布尔变量错，布尔括弧错，关系算符错，算术表达式错。

条件测试方法着重测试程序中的每个条件。本节下面将讲述的条件测试策略有两个优点：容易度量条件的测试覆盖率；程序内条件的测试覆盖率可指导附加测试的设计。

条件测试的目的是不仅检测程序条件中的错误，而且检测程序中的其他错误。如果程序 P 的测试集能有效地检测 P 中条件的错误，则它很可能也可以有效地检测 P 中的其他错误。此外，如果一个测试策略对检测条件错误是有效的，则很可能该策略对检测程序的其他错误也是有效的。

(3)循环测试。

循环是绝大多数软件算法的基础，但是，在测试软件时却往往未对循环结构进行足够的测试。循环测试是一种白盒测试技术，它专注于测试循环结构的有效性。在结构化的程序中通常只有三种循环，即简单循环、串接循环和嵌套循环，如图 9-4 所示。下面分别讨论这三种循环的测试方法。

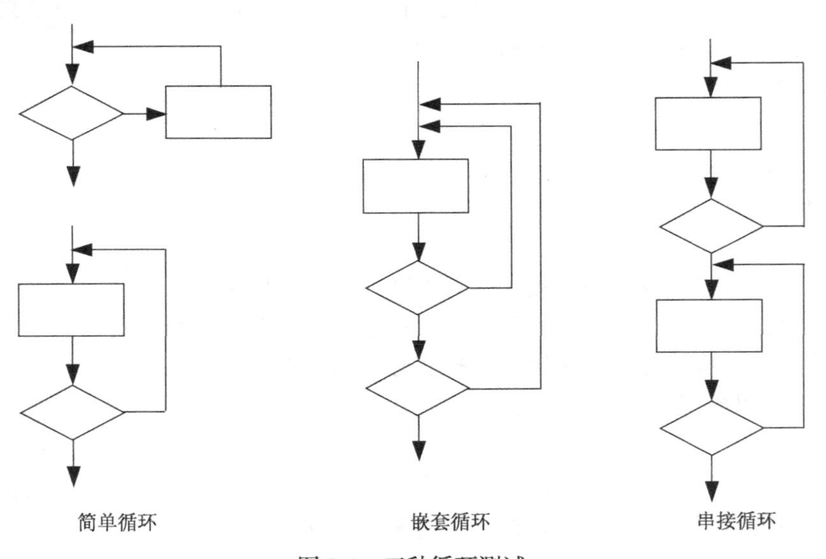

图 9-4　三种循环测试

①简单循环。应该使用下列测试集来测试简单循环，其中 n 是允许通过循环的最大次数。通常取参数进行跳过循环、只通过循环一次、通过循环两次、通过循环 m 次，其中 m<n–1 和通过循环 n–1，n，n+1 次。

②嵌套循环。如果把简单循环的测试方法直接应用到嵌套循环，可能的测试数就会随嵌套层数的增加按几何级数增长，这会导致不切实际的测试数目。B.Beizer 提出了一种能减少测试数的方法：从最内层循环开始测试，把所有其他循环都设置为最小值；对最内层循环使用简单循环测试方法，而使外层循环的迭代参数取最小值，并为越界值或非法值增加一些额外的测试；由内向外，对下一个循环进行测试，但保持所有其他外层循环为最小值，其他嵌

套循环为“典型”值；继续进行下去，直到测试完所有循环。

③串接循环。如果串接循环的各个循环都彼此独立，则可以使用前述的测试简单循环的方法来测试串接循环。但是，如果两个循环串接，而且第一个循环的循环计数器值是第二个循环的初始值，则这两个循环并不是独立的。当循环不独立时，建议使用测试嵌套循环的方法来测试串接循环。

9.2.3 软件测试步骤

除非是测试一个小程序，否则一开始就把整个系统作为一个单独的实体来测试是不现实的。测试过程通常也是分步骤进行，后一个步骤在逻辑上是前一个步骤的继续。大型软件系统通常由若干个子系统组成，每个子系统又由许多模块组成，因此，大型软件系统的测试过程基本上由下述几个步骤组成。

1. 模块测试

在好的设计软件系统中，每个模块完成一个子功能，而且这个子功能和同级其他模块的功能之间没有相互依赖关系。因此，有可能把每个模块作为一个单独的实体来测试。模块测试的目的是保证每个模块作为一个单元能正确运行，所以模块测试通常又称为单元测试。在这个测试步骤中所发现的往往是编码和详细设计的错误。

2. 集成测试

集成测试是测试和组装软件的系统化技术，主要目标是发现与接口有关的问题。由模块组装成程序时有两种方法。一种方法是先分别测试每个模块，再把所有模块按设计要求放在一起结合成所要的程序，这种方法称为非渐增式测试方法；另一种方法是把下一个要测试的模块同已经测试好的那些模块结合起来进行测试，测试完以后再把下一个应该测试的模块结合进来测试。这种每次增加一个模块的方法称为渐增式测试，这种方法实际上同时完成单元测试和集成测试。

非渐增式测试一下子把所有模块放在一起，测试者面对的情况十分复杂。测试时会遇到许多的错误，改正错误更是极端困难，因为在庞大的程序中想要诊断定位一个错误是非常困难的。而且改正一个错误后，马上又会遇到新的错误，这个过程将继续下去，似乎没有尽头。

渐增式测试与“一步到位”的非渐增式测试相反，它把程序划分成小段来构造和测试，在这个过程中比较容易定位和改正错误；对接口可以进行更彻底的测试；可以使用系统化的测试方法。因此，目前在进行集成测试时普遍采用渐增式测试方法。当使用渐增方式把模块结合到程序中去时，有自顶向下和自底向上两种集成策略。

1) 自顶向下集成

自顶向下集成方法是一个日益为人们广泛采用的测试和组装软件的途径。从主控制模块开始，沿着程序的控制层次向下移动，逐渐把各个模块结合起来。在把附属于(及最终附属于)主控制模块的那些模块组装到程序结构中去时，或者使用深度优先的策略，或者使用宽度优先的策略。

如图 9-5 所示，深度优先的结合方法先组装在软件结构的一条主控制通路上的所有模块。选择一条主控制通路取决于应用的特点，并且有很大任意性。而宽度优先的结合方法是沿软

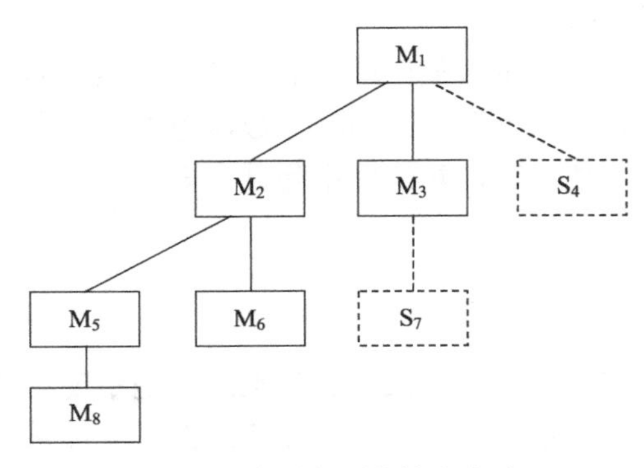

图 9-5　自顶向下的结合方法

件结构水平地移动，把处于同一个控制层次上的所有模块组装起来。

把模块结合进软件结构的具体过程由下述四个步骤完成。

第一步，对主控制模块进行测试，测试时用存根程序代替所有直接附属于主控制模块的模块。

第二步，根据选定的结合策略(深度优先或宽度优先)，每次用一个实际模块代换一个存根程序(新结合进来的模块往往又需要新的存根程序)。

第三步，在结合进一个模块的同时进行测试。

第四步，为了保证加入模块没有引进新的错误，可能需要进行回归测试。

从第二步开始不断地重复进行上述过程，直到构造完整的软件结构。

自顶向下的结合策略能够在测试的早期对主要的控制或关键的抉择进行检验。在一个结构分解良好的软件中，关键的抉择位于系统的较上层，会首先碰到。如果主要控制有问题，可以早期认识到这类问题，及早解决。如果选择深度优先的结合方法，可以在早期实现软件的一个完整功能并且验证这个功能。早期证实软件的一个完整功能，可以增强开发人员和用户双方的信心。

自顶向下的方法讲起来比较简单，但是实际使用时可能遇到逻辑上的问题。这类问题中最常见的是，为了充分地测试软件系统的较高层次，需要在较低层次上的处理。然而在自顶向下测试的初期，存根程序代替了低层次的模块，因此，在软件结构中没有重要的数据自下往上流。为了解决这个问题，可以把许多测试推迟到用真实模块代替了存根程序以后再进行，或者，从层次系统的底部向上组装软件。第一种方法失去了在特定的测试和组装特定的模块之间的精确对应关系，这可能导致在确定错误的位置和原因时发生困难。后一种方法称为自底向上的测试。

2) 自底向上集成

自底向上测试从“原子”模块开始组装和测试。因为是从底部向上结合模块，总能得到所需的下层模块处理功能，所以不需要存根程序。

用下述步骤可以实现自底向上的结合策略。

第一步，把低层模块组合成实现某个特定的软件子功能的族。

第二步，写一个驱动程序(用于测试的控制程序)，协调测试数据的输入和输出。

第三步，对由模块组成的子功能族进行测试。

第四步，去掉驱动程序，沿软件结构自下向上移动，把子功能族组合起来形成更大的子功能族。

上述第二步到第四步实质上构成了一个循环。图 9-6 描绘了自底向上的结合过程。随着结合向上移动，对测试驱动程序的需要也减少了。事实上，如果软件结构的顶部两层用自顶向下的方法组装，可以明显减少驱动程序的数目，而且族的结合也将大大简化。

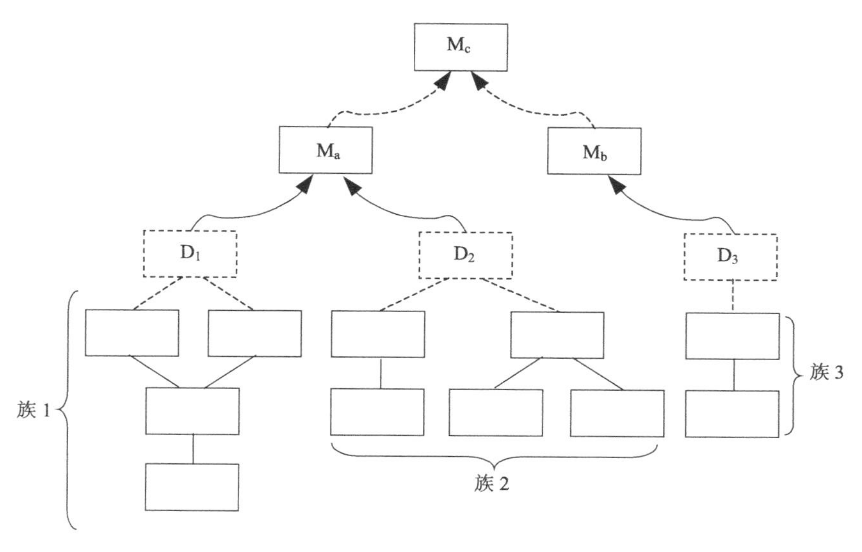

图 9-6　自底向上的结合方法

3）不同集成测试策略的比较

一般来说，一种方法的优点正好对应于另一种方法的缺点。自顶向下测试方法的主要优点是不需要测试驱动程序，能够在测试阶段的早期实现并验证系统的主要功能，而且能在早期发现上层模块的接口错误。自顶向下测试方法的主要缺点是需要存根程序，可能遇到与此相联系的测试困难，低层关键模块中的错误发现较晚，而且用这种方法在早期不能充分展开人力。可以看出，自底向上测试方法的优缺点与上述自顶向下测试方法的优缺点刚好相反。

在测试实际的软件系统时，应该根据软件的特点以及工程进度安排，选用适当的测试策略。一般来说，纯粹自顶向下或纯粹自底向上的策略可能都不实用，人们在实践中创造出许多混合策略。

（1）改进的自顶向下测试方法。

基本上使用自顶向下的测试方法，但是在早期使用自底向上的方法测试软件中的少数关键模块。一般的自顶向下方法所具有的优点在这种方法中也都有，而且能在测试的早期发现关键模块中的错误；但是，它的缺点也比自顶向下方法多一条，即测试关键模块时需要驱动程序。

（2）混合法。

对软件结构中较上层使用的自顶向下方法与对软件结构中较下层使用的自底向上方法相结合。这种方法兼有两种方法的优点和缺点，当被测试的软件中关键模块比较多时，这种混合法可能是最好的折中方法。

3. 确认测试

确认测试把软件系统作为单一的实体进行测试，测试内容与系统测试基本类似，但是它是在用户积极参与下进行的，而且可能主要使用实际数据（系统将来要处理的信息）进行测试。确认测试的目的是验证系统确实能够满足用户的需要，在这个测试步骤中发现的往往是系统需求说明书中的错误。确认测试也称为验收测试。

确认测试必须有用户积极参与，或者以用户为主进行。用户应该参与设计测试方案，使用用户界面输入测试数据并且分析评价测试的输出结果。为了使用户能够积极主动地参与确认测试，特别是为了使用户能有效地使用这个系统，通常在验收之前由开发单位对用户进行培训。

确认测试通常使用黑盒测试法。应该仔细设计测试计划和测试过程，测试计划包括要进行测试的种类及进度安排，测试过程规定了用来检测软件是否与需求一致的测试方案。

确认测试有下述两种可能的结果。

(1) 功能和性能与用户要求一致，软件是可以接受的。

(2) 功能和性能与用户要求有差距。

在这个阶段发现的问题往往和需求分析阶段的差错有关，涉及的面通常比较广，因此解决起来也比较困难。为了制定解决确认测试过程中发现的软件缺陷或错误的策略，通常需要和用户充分协商。

4. Alpha 和 Beta 测试

如果软件是专为某个客户开发的，可以进行一系列验收测试，以便用户确认所有需求都得到满足。验收测试是由最终用户而不是系统的开发者进行的。如果一个软件是为许多客户开发的，那么，让每个客户都进行正式的验收测试是不现实的。在这种情况下，绝大多数软件开发商都使用被称为 Alpha 测试和 Beta 测试的过程，来发现那些看起来只有最终用户才能发现的错误。

Alpha 测试由用户在开发者的场所进行，并且在开发者对用户的“指导”下进行测试。开发者负责记录发现的错误和使用中遇到的问题。总之，Alpha 测试是在受控的环境中进行的。

Beta 测试由软件的最终用户们在一个或多个客户场所进行。与 Alpha 测试不同，开发者通常不在 Beta 测试的现场，因此，Beta 测试是软件在开发者不能控制的环境中的“真实”应用。用户记录在 Beta 测试过程中遇到的一切问题，并且定期把这些问题报告给开发者。接收到在 Beta 测试期间报告的问题之后，开发者对软件产品进行必要的修改，并准备向全体客户发布最终的软件产品。

5. 平行运行

关系重大的软件产品在验收之后往往并不立即投入生产性运行，而是要再经过一段平行运行时间的考验。所谓平行运行就是同时运行新开发出来的系统和将被它取代的旧系统，以便比较新旧两个系统的处理结果。这样做的具体目的有如下几点。

(1) 可以在准生产环境中运行新系统而又不冒风险。

(2) 用户能有一段熟悉新系统的时间。

(3) 可以验证用户指南和使用手册之类的文档。

(4) 能够以准生产模式对新系统进行全负荷测试，可以用测试结果验证性能指标。

以上集中讨论了与测试有关的概念，但是，测试作为软件工程的一个阶段，它的根本任务是保证软件的质量，因此除了进行测试之外，还有另外一些与测试密切相关的工作应该完成。

6. 回归测试

回归测试就是用于保证由于调试或其他原因引起的变化，不会导致非预期的软件行为或额外错误的测试活动。在集成测试的范畴中，所谓回归测试是指重新执行已经做过测试的某个子集，以保证上述这些变化没有带来非预期的副作用。更广义地说，任何成功的测试都会发现错误，而且错误必须被改正。每当改正软件错误的时候，软件配置的某些成分也被修改了。

回归测试可以通过重新执行全部测试用例的一个子集人工地进行，也可以使用自动化的捕获回放工具自动进行。利用捕获回放工具，软件工程师能够捕获测试用例和实际运行结果，然后可以回放，并且比较软件变化前后所得到的运行结果。

回归测试集包括下述三类不同的测试用例。

(1)检测软件全部功能的代表性测试用例。

(2)专门针对可能受修改影响的软件功能的附加测试。

(3)针对被修改过的软件成分的测试。

在集成测试过程中，回归测试用例的数量可能变得非常大。因此，应该把回归测试集设计成只包括可以检测程序每个主要功能中的一类或多类错误的那样一些测试用例。一旦修改了软件之后就重新执行检测程序每个功能的全部测试用例，是低效而且不切实际的。

9.2.4 调试策略和常用调试技术

调试(也称为纠错)作为成功测试的后果出现，调试就是把症状和原因联系起来的尚未被人深入认识的智力过程。

1. 调试过程

调试不是测试，但是它总是发生在测试之后。调试过程从执行一个测试用例开始，评估测试结果，如果发现实际结果与预期结果不一致，则这种不一致就是一个症状，它表明在软件中存在着隐藏的问题。调试过程试图找出产生症状的原因，以便改正错误。

调试过程总会有以下两种结果：①找到了问题的原因并把问题改正和排除掉；②没找出问题的原因。在后一种情况下，调试人员可以猜想一个原因，并设计测试用例来验证这个假设，重复此过程直至找到原因并改正错误。

调试是软件开发过程中最艰巨的脑力劳动。调试工作如此困难，可能心理方面的原因多于技术方面的原因，但是，软件错误的下述特征也是相当重要的原因。

(1)症状和产生症状的原因可能在程序中相距甚远，也就是说，症状可能出现在程序的一个部分，而实际的原因可能在与之相距很远的另一部分。紧耦合的程序结构更加剧了这种情况。

(2)当改正了另一个错误之后，症状可能暂时消失。

(3)症状可能实际上并不是由错误引起的。

(4)症状可能是由不易跟踪的人为错误引起的。

(5)症状可能是由定时问题而不是处理问题引起的。

(6)可能很难重新产生完全一样的输入条件。

(7)症状可能时有时无，这种情况在硬件和软件紧密地耦合在一起的嵌入式系统中特别常见。

(8)症状可能是由分布在许多任务中引起的，这些任务运行在不同的处理机上。

在调试过程中会遇到从恼人的小错误到灾难性的大错误等各种不同的错误。错误的后果越严重，查找错误原因的压力也越大。通常，这种压力会导致软件开发人员在改正一个错误的同时引入两个甚至更多个错误。

2. 调试途径

无论采用什么方法，调试的目标都是寻找软件错误的原因并改正错误。通常需要把系统的分析、直觉和运气组合起来，才能实现上述目标。一般来说，有下列 3 种调试途径可以采用。

(1) 蛮干法。蛮干法可能是寻找软件错误原因的最低效的方法。仅当所有其他方法都失败的情况下，才应该使用这种方法。按照“让计算机自己寻找错误”的策略，这种方法印出内存的内容，激活对运行过程的跟踪，并在程序中到处都写上 WRITE(输出)语句，希望在这样生成的信息海洋的某个地方发现错误原因的线索。

(2) 回溯法。回溯法是一种相当常用的调试方法，当调试小程序时这种方法是有效的。具体做法是，从发现症状的地方开始，人工沿程序的控制流往回追踪分析源程序代码，直到找出错误原因为止。

(3) 原因排除法。对分查找法、归纳法和演绎法都属于原因排除法。对分查找法的基本思路是，如果已经知道每个变量在程序内若干个关键点的正确值，则可以用赋值语句或输入语句在程序中点附近“注入”这些变量的正确值，然后运行程序并检查所得到的输出，如果输出结果是正确的，则错误原因在程序的前半部分；反之，错误原因在程序的后半部分，对错误原因所在的那部分再重复使用这个方法，直到把出错范围缩小到容易诊断的程度为止。归纳法是从个别现象推断出一般性结论的思维方法。使用这种方法调试程序时，首先把和错误有关的数据组织起来进行分析，以便发现可能的错误原因。然后导出对错误原因的一个或多个假设，并利用已有的数据来证明或排除这些假设。演绎法从一般原理或前提出发，经过排除和精化的过程推导出结论。采用这种方法调试程序时，首先设想出所有可能的出错原因，然后试图用测试来排除每一个假设的原因。如果测试表明某个假设的原因可能是真的原因，则对数据进行细化以准确定位错误。

9.2.5 估算软件平均无故障时间

程序中潜藏的错误的数目，直接决定了软件的可靠性。通过测试可以估算出程序中剩余的错误数。根据测试和调试过程中已经发现和改正的错误数，可以估算软件的平均无故障时间；反之，根据要求达到的软件平均无故障时间，可以估算出应该改正的错误数，从而能够判断测试阶段何时可以结束。

1. 软件可靠性

对于软件可靠性有许多不同的定义，其中多数人承认的一个定义：软件可靠性是程序在给定的时间间隔内，按照规格说明书的规定成功运行的概率。在定义中包含的随机变量是时间间隔，显然，随着运行时间的增加，运行时出现程序故障的概率也将增加，即可靠性随着给定的时间间隔的加大而减少。

2. 软件的可用性

通常用户也很关注软件系统可以使用的程度。一般来说，对于任何其故障是可以修复的系统，都应该同时使用可靠性和可用性衡量它的优劣程度。软件可用性的一个定义：软件可用性是程序在给定的时间点，按照规格说明书的规定，成功运行的概率。

平均维修时间 MTTR 是修复一个故障平均需要用的时间，它取决于维护人员的技术水平和对系统的熟悉程度，也和系统的可维护性有重要关系。平均无故障时间 MTTF 是系统按规格说明书规定成功运行的平均时间，它主要取决于系统中潜伏的错误的数目，因此和测试的关系十分密切。

3. 估算平均无故障时间的方法

软件的平均无故障时间 MTTF 是一个重要的质量指标，往往作为对软件的一项要求，由用户提出来。为了估算 MTTF，首先引入一些有关的量。

1)符号

在估算 MTTF 的过程中使用下述符号表示有关的数量。

ET——测试之前程序中的错误总数。

IT——程序长度(机器指令总数)。

τ——测试(包括调试)时间。

Ed(τ)——在 $0\sim\tau$ 期间发现的错误数。

Ec(τ)——在 $0\sim\tau$ 期间改正的错误数。

2)基本假定

根据经验数据，可以作出下述假定。

(1)在类似的程序中，单位长度的错误数 ET/IT 近似为常数。美国的一些统计数字表明，通常 $0.5\times10^{-2}\leqslant ET/IT\leqslant2\times10^{-2}$ 也就是说，在测试之前每 1000 条指令中有 5～20 个错误。

(2)失效率正比于软件中剩余的(潜藏的)错误数，而平均无故障时间 MTTF 与剩余的错误数成反比。

(3)此外，为了简化讨论，假设发现的每一个错误都已经立即正确地改正(即调试过程没有引入新的错误)。因此

$$Ec(\tau)=Ed(\tau)$$

剩余的错误数为

$$Er(\tau)=ET-Ec(\tau) \tag{9-1}$$

单位长度程序中剩余的错误数为

$$\varepsilon r(\tau)=ET/Ir-Ec(\tau)/IT \tag{9-2}$$

4. 估算平均无故障时间

经验表明，平均无故障时间与单位长度程序中剩余的错误数成反比，即

$$MTTF=1/[K(ET/IT-Ec(\tau)/IT)] \tag{9-3}$$

式中，K 为常数，它的值应该根据经验选取。美国的一些统计数字表明，K 的典型值是 200。

估算平均无故障时间的公式，可以评价软件测试的进展情况。此外，由(式 9-3)可得

$$Ec=ET-IT/(K\times MTTF) \tag{9-4}$$

因此，也可以根据对软件平均无故障时间的要求，估计需要改正多少个错误之后，测试

工作才能结束。

5. 估计错误总数的方法

程序中潜藏的错误的数目是一个十分重要的值，它既直接标志软件的可靠程度，又是计算软件平均无故障时间的重要参数。显然，程序中的错误总数 ET 与程序规模、类型、开发环境、开发方法论、开发人员的技术水平和管理水平等都有密切关系。估计 ET 的方法有植入错误法和分别测试法。

1) 植入错误法

在测试之前由专人在程序中随机地植入一些错误，测试之后，根据测试小组发现的错误中原有的和植入的两种错误的比例，来估计程序中原有错误的总数 ET。

假设人为地植入的错误数为 Ns，经过一段时间测试之后发现 ns 个植入的错误，此外还发现了 n 个原有的错误。如果可以认为测试方案发现植入错误和发现原有错误的能力相同，则能够估计出程序中原有错误的总数为

$$N\text{^}=n/ns \times Ns \tag{9-5}$$

式中，N^即错误总数 ET 的估计值。

2) 分别测试法

植入错误法的基本假定是所用的测试方案发现植入错误和发现原有错误的概率相同。但是，人为地植入的错误和程序中原有的错误可能性质很不相同，发现它们的难易程度自然也不相同，因此，上述基本假定可能有时和事实不完全一致。如果有办法随机地把程序中一部分原有的错误加上标记，然后根据测试过程中发现的有标记错误和无标记错误的比例，估计程序中的错误总数，则这样得出的结果比植入错误法得到的结果更可信一些。

为了随机地给一部分错误加标记，分别测试法使用两个测试员（或测试小组），彼此独立地测试同一个程序的两个副本，把其中一个测试员发现的错误作为有标记的错误。具体做法是，在测试过程的早期阶段，由测试员甲和测试员乙分别测试同一个程序的两个副本，由另一名分析员分析他们的测试结果。用 τ 表示测试时间，假设

τ =0 时错误总数为 B0；

τ = τ1 时测试员甲发现的错误数为 B1；

τ = τ1 时测试员乙发现的错误数为 B2；

τ = τ1 时两个测试员发现的相同错误数为 bc。

如果认为测试员甲发现的错误是有标记的，即程序中有标记的错误总数为 B1，则测试员乙发现的 B2 个错误中有 bc 个是有标记的。假定测试员乙发现有标记错误和发现无标记错误的概率相同，则可以估计出测试前程序中的错误总数为

$$B0\text{^} =B2/bc \times B1 \tag{9-6}$$

使用分别测试法，在测试阶段的早期，每隔一段时间分析员分析两名测试员的测试结果，并且用式(9-6)计算 B0^。如果几次估算的结果相差不多，则可用 B0^的平均值作为 ET 的估计值。此后一名测试员可以改做其他工作，由余下的一名测试员继续完成测试工作，因为他可以继承另一名测试员的测试结果，所以分别测试法增加的测试成本并不太多。

9.3 小　　结

实现包括编码和测试两个阶段。程序的质量基本上取决于设计的质量。但是，编码使用的语言，特别是写程序的风格，也对程序质量有相当大的影响。

目前软件测试仍然是保证软件可靠性的主要手段。测试阶段的根本任务是发现并改正软件中的错误。软件测试不仅仅指利用计算机进行的测试，还包括人工进行的测试，大型软件的测试应该分阶段地进行，通常分为单元测试、集成测试和验收测试三个基本阶段。

设计测试方案是测试阶段的关键技术问题，基本目标是选用最少量的高效测试数据，从而尽可能多地发现软件中的问题。白盒测试和黑盒测试是软件测试的两类基本方法，这两类方法各有所长，相互补充。通常，在测试过程的早期阶段主要使用白盒方法，而在测试过程的后期阶段主要使用黑盒方法。设计白盒测试方案的技术主要有逻辑覆盖和控制结构测试；设计黑盒测试方案的技术主要有等价划分、边界值分析和错误推测。

通过测试可以估算出程序中剩余的错误数，估算软件的平均无故障时间，从而能够判断测试阶段何时可以结束。

习　　题

1. 什么是模块测试和集成测试?它们各有什么特点?

2. 设计下列伪码程序的语句覆盖和路径覆盖测试用例。

```
START
INPUT(A,B,C)
IF A>5    THEN X=10
          ELSE X=1
END IF
IF B>10   THEN Y=20
          ELSE Y=2
END IF
IF C>15    THEN Z=30
           ELSE Z=3
END IF
PRINT(X,Y,Z)
STOP
```

3. 简述使用基本路径测试方法的步骤。

4. 某图书馆有一个使用 CRT 终端的信息检索系统，该系统有下列四个基本检索命令，能够实现按照作者、书名、出版社和 ISBN 号四种方式进行检索。要求：

(1) 设计测试数据以全面测试系统的正常操作；

(2) 设计测试数据以测试系统的非正常操作。

5. 如对一个长度为 100000 条指令的程序进行集成测试期间记录下下面的数据。

(1) 7 月 1 日：集成测试开始，没有发现错误。

(2) 8 月 1 日：总共改正 100 个错误，此时 MTTF=0.4h。

(3) 9 月 1 日：总共改正 300 个错误，此时 MTTF=2h。

根据上列数据完成下列各题：

(1) 估计程序中的错误总数；

(2) 为使 MTTF 达到 10h，必须测试和调试这个程序多长时间?

(3) 画出 MTTF 和测试时间 τ 之间的函数关系线。

6. 在测试一个长度为 24000 条指令的程序时，第一个月由甲、乙两名测试员各自独立测试这个程序。经一个月测试后，甲发现并改正 20 个错误，使 MTTF 达到 10h。与此同时，乙发现 24 个错误，其中 6 个甲也发现了。以后由甲一个人继续测试这个程序。问：

(1) 刚开始测试时程序中总共有多少个潜藏的错误?

(2) 为使 MTTF 达到 60h，必须再改正多少个错误?还需用多长测试时间?

(3) 画出 MTTF 与集成测试时间 τ 之间的函数关系曲线。

第 10 章　面向对象的方法学和统一建模语言 UML

面向对象(Object Oriented，OO)方法是当前软件工程方法学的主要方向，它是 20 世纪 90 年代后软件开发方法的主流方法之一。

面向对象方法(Object-Oriented Method)是一种把面向对象的思想应用于软件开发过程中，指导开发活动的系统方法，简称 OO(Object-Oriented)方法，是建立在“对象”概念基础上的方法学。对象是由数据和容许的操作组成的封装体，与客观实体有直接对应关系，一个对象类定义了具有相似性质的一组对象。而每继承性是对具有层次关系的类的属性和操作进行共享的一种方式。所谓面向对象就是基于对象概念，以对象为中心，以类和继承为构造机制，来认识、理解、刻画客观世界和设计、构建相应的软件系统。

10.1　面向对象方法概述

面向对象方法学的出发点和基本原则，是尽可能模拟人类习惯的思维方式，使开发软件的方法与过程尽可能接近人类认识世界解决问题的方法与过程，也就是使描述问题的问题空间(也称为问题域)与实现解法的解空间(也称为求解域)在结构上尽可能一致。

面向对象方法具有下述四个要点。

(1)认为客观世界是由各种对象组成的，任何事物都是对象，复杂的对象可以由比较简单的对象以某种方式组合而成。按照这种观点，可以认为整个世界就是一个最复杂的对象。因此，面向对象的软件系统是由对象组成的，软件中的任何元素都是对象，复杂的软件对象由比较简单的对象组合而成。由此可见，面向对象方法用对象分解取代了传统方法的功能分解。

(2)把所有对象都划分成各种对象类(简称为类，class)，每个对象类都定义了一组数据和一组方法。数据用于表示对象的静态属性，是对象的状态信息。因此，每当建立该对象类的一个新实例时，就按照类中对数据的定义为这个新对象生成一组专用的数据，以便描述该对象独特的属性值。类中定义的方法，是允许施加于该类对象上的操作，是该类所有对象共享的，并不需要为每个对象都复制操作的代码。

(3)按照子类(或称为派生类)与父类(或称为基类)的关系，把若干个对象类组成一个层次结构的系统(也称为类等级)。在这种层次结构中，通常下层的派生类具有和上层的基类相同的特性(包括数据和方法)，这种现象称为继承(inheritance)。但是，如果在派生类中对某些特性又做了重新描述，则在派生类中的这些特性将以新描述为准，也就是说，低层的特性将屏蔽高层的同名特性。

(4)对象彼此之间仅能通过传递消息互相联系。对象与传统的数据有本质区别，它不是被动地等待外界对它施加操作，相反，它是进行处理的主体，必须发消息请求它执行它的某个操作，处理它的私有数据，而不能从外界直接对它的私有数据进行操作。也就是说，一切局部于该对象的私有信息，都被封装在该对象类的定义中，就好像装在一个不透明的黑盒子中一样，在外界是看不见的，更不能直接使用，这就是“封装性”。

面向对象的方法学可以用下列方程来概括：

OO=objects+classes+inheritance+communication with messages

(面向对象=对象+类+继承+用消息通信)

也就是说，面向对象就是既使用对象又使用类和继承等机制，而且对象之间仅能通过传递消息实现彼此通信。

如果仅使用对象和消息，则这种方法可以称为基于对象的(object-based)方法，而不能称为面向对象的方法；如果进一步要求把所有对象都划分为类，则这种方法可称为基于类的(class-based)方法，但仍然不是面向对象的方法。只有同时使用对象、类、继承和消息的方法，才是真正面向对象的方法。

10.1.1 面向对象方法学的优点

1. 与人类习惯的思维方法一致

传统的程序设计技术是面向过程的设计方法，这种方法以算法为核心，把数据和过程作为相互独立的部分，数据代表问题空间中的客体，程序代码则用于处理这些数据。忽略了数据和操作之间的内在联系，用这种方法所设计出来的软件系统其解空间与问题空间并不一致，令人感到难以理解。

面向对象方法学的基本原则是按照人类习惯的思维方法建立问题域的模型，开发出尽可能直观、自然地表现求解方法的软件系统。面向对象的软件系统中广泛使用的对象，是对客观世界中实体的抽象。对象实际上是抽象数据类型的实例，提供了比较理想的数据抽象机制，同时又具有良好的过程抽象机制。对象类是对一组相似对象的抽象，类等级中上层的类是对下层类的抽象。因此，面向对象的环境提供了强有力的抽象机制，便于用户在利用计算机软件系统解决复杂问题时使用习惯的抽象思维工具。此外，面向对象方法学中普遍进行的对象分类过程，支持从特殊到一般的归纳思维过程；面向对象方法学中通过建立类等级而获得的继承特性，支持从一般到特殊的演绎思维过程。

面向对象的软件技术为开发者提供了随着对某个应用系统的认识逐步深入和具体化的过程，而逐步设计和实现该系统的可能性，因为可以先设计出由抽象类构成的系统框架，随着认识深入和具体化再逐步派生出更具体的派生类。这样的开发过程符合人们认识客观世界解决复杂问题时逐步深化的渐进过程。

2. 稳定性好

面向对象方法基于构造问题领域的对象模型，以对象为中心构造软件系统。它的基本做法是用对象模拟问题领域中的实体，以对象间的联系刻画实体间的联系。因为面向对象的软件系统结构是根据问题领域的模型建立起来的，而不是基于对系统应完成的功能的分解，所以，当对系统的功能需求变化时并不会引起软件结构的整体变化，往往仅需要进行一些局部性的修改。例如，从已有类派生出一些新的子类以实现功能扩充或修改、增加或删除某些对象等。总之，由于现实世界中的实体是相对稳定的，因此，以对象为中心构造的软件系统也是比较稳定的。

3. 可重用性好

面向对象的软件技术在利用可重用的软件成分构造新的软件系统时，有很大的灵活性。

有两种方法可以重复使用一个对象类：一种方法是创建该类的实例，从而直接使用它；另一种方法是从它派生出一个满足当前需要的新类。继承性机制使子类不仅可以重用其父类的数据结构和程序代码，而且可以在父类代码的基础上方便地修改和扩充，这种修改并不影响对原有类的使用。由于可以像使用集成电路(IC)构造计算机硬件那样，比较方便地重用对象类来构造软件系统，因此，有人把对象类称为“软件 IC”。

4. 较易开发大型软件产品

在开发大型软件产品时，组织开发人员的方法不恰当往往是出现问题的主要原因。用面向对象方法学开发软件时，构成软件系统的每个对象就像一个微型程序，有自己的数据、操作、功能和用途，因此，可以把一个大型软件产品分解成一系列本质上相互独立的小产品来处理，这就不仅降低了开发的技术难度，而且使对开发工作的管理变得容易。这就是为什么对于大型软件产品来说，面向对象范型优于结构化范型的原因之一。

5. 可维护性好

面向对象的软件稳定性比较好，比较容易修改，比较容易理解，易于测试和调试。

10.1.2 面向对象的概念

面向对象方法主要有以下主要概念：对象、类、属性、方法、消息、继承、服务、封装和多态性。

1. 对象

1) 对象的定义

对象是人们要进行研究的任何事。它是与目标系统交换信息的外部实体，是现实问题信息域中的概念实体。从最简单的到复杂的事物等均可看成对象，它不仅能表示具体的事物，还能表示抽象的规则、计划或事件。

2) 目标系统对象认定及筛选

对象应具有记忆其自身状态的能力。并且，对象的属性应是目标系统所关心的，或者是目标系统正常运转所必需的。对象应进行有意义的操作，以某种方式修改其状态(属性值)。对象应具有多种有意义的属性。为对象定义的有关属性应适合于对象的所有实例。为对象定义的有关操作应适合于对象的所有实例。对象应是软件需求模型的必要成分，与设计和实现方法无关。

3) 对象的特点

(1) 以数据为中心。操作围绕对其数据所需要做的处理来设置，不设置与这些数据无关的操作，而且操作的结果往往与当时所处的状态(数据的值)有关。

(2) 对象是主动的。它与传统的数据有本质不同，不是被动地等待对它进行处理，相反，它是进行处理的主体。为了完成某个操作，不能从外部直接加工它的私有数据，而是必须通过它的公有接口向对象发消息，请求它执行它的某个操作，处理它的私有数据。

(3) 实现了数据封装。对象好像是一只黑盒子，它的私有数据完全被封装在盒子内部，对外是隐藏的、不可见的，对私有数据的访问或处理只能通过公有的操作进行。为了使用对象内部的私有数据，只需知道数据的取值范围(值域)和可以对该数据施加的操作(即对象提供了哪些处理或访问数据的公有方法)，根本无须知道数据的具体结构以及实现操作的算法。这也就是抽象数据类型的概念。因此，一个对象类型也可以看成是一种抽象数据类型。

(4) 本质上具有并行性。对象是描述其内部状态的数据及可以对这些数据施加的全部操作的集合。不同对象各自独立地处理自身的数据，彼此通过发消息传递信息完成通信。因此，本质上具有并行工作的属性。

(5) 模块独立性好。对象是面向对象软件的基本模块，为了充分发挥模块化简化开发工作的优点，希望模块的独立性强。具体来说，也就是要求模块的内聚性强，耦合性弱。如前面所述，对象是由数据及可以对这些数据施加的操作所组成的统一体，而且对象是以数据为中心的，操作围绕对其数据所需做的处理来设置，没有无关的操作。因此，对象内部各种元素彼此结合得很紧密，内聚性相当强。由于完成对象功能所需要的元素(数据和方法)基本上都被封装在对象内部，它与外界的联系自然就比较少，因此，对象之间的耦合通常比较松。

2. 类

在面向对象的软件技术中，“类”就是对具有相同数据和相同操作的一组相似对象的定义，也就是说，类是对具有相同属性和行为的一个或多个对象的描述，通常在这种描述中也包括对怎样创建该类的新对象的说明。

3. 属性

属性是对问题域中对象性质的刻画，属性的取值决定了对象所有可能状态。

4. 方法

方法就是对象所能执行的操作，也就是类中所定义的服务。方法描述了对象执行操作的算法，响应消息的方法。

5. 消息

消息就是要求某个对象执行在定义它的那个类中所规定的某个操作的规格说明。通常，一个消息由下面三部分组成。

(1) 接收消息的对象。

(2) 消息选择符。

(3) 零个或多个变量。

6. 继承

继承是指能够直接获得已有的性质和特征，而不必重复定义。在面向对象的软件技术中，继承是表达类之间相似性的一种机制，即在已有类的基础上增量构造新的类。前者称为父类(或超类)，后者称为子类。子类除自动拥有父类的全部属性和服务外，还可以进一步定义新的属性和服务。继承具有传递性。因此，一个类实际上继承了它所在的类等级中在它上层的全部基类的所有描述，也就是说，属于某类的对象除了具有该类所描述的性质外，还具有类等级中该类上层全部基类描述的一切性质。继承性使得用户在开发新的应用系统时不必完全从零开始，可以继承原有的相似系统的功能或者从类库中选取需要的类，再派生出新的类以实现所需要的功能。

7. 服务

在面向对象分析中，服务是指某个对象所具有的特定的行为，定义服务的中心问题是定义所要求的行为。一般有三种最常用的行为分类方法。

(1)基于直接的因果关系。

(2)基于相似的进化历史。

(3)基于相似的功能。

8. 封装

从字面上理解，所谓封装就是把某个事物包起来，使外界不知道该事物的具体内容。

在面向对象的程序中，把数据和实现操作的代码集中起来放在对象内部。一个对象好像一个不透明的黑盒子，表示对象状态的数据和实现操作的代码与局部数据，都被封装在黑盒子里面，从外面是看不见的，更不能从外面直接访问或修改这些数据和代码。

使用一个对象的时候，只需知道它向外界提供的接口形式，无须知道它的数据结构细节和实现操作的算法。封装也就是信息隐藏，通过封装对外界隐藏了对象的实现细节。

9. 多态性

在面向对象的软件技术中，多态性是指子类对象可以像父类对象那样使用，同样的消息既可以发送给父类对象也可以发送给子类对象。也就是说，在类等级的不同层次中可以共享(公用)一个行为(方法)的名字，然而不同层次中的每个类却各自按自己的需要来实现这个行为。当对象接收到发送给它的消息时，根据该对象所属于的类动态选用在该类中定义的实现算法。

多态性机制不仅增加了面向对象软件系统的灵活性，进一步减少了信息冗余，而且显著提高了软件的可重用性和可扩充性。当扩充系统功能增加新的实体类型时，只需派生出与新实体类相应的新的子类，并在新派生出的子类中定义符合该类需要的虚函数，完全无须修改原有的程序代码，甚至不需要重新编译原有的程序。

10. 重载

有两种重载。

(1)函数重载：在同一作用域内的若干个参数特征不同的函数可以使用相同的函数名。

(2)运算符重载：同一个运算符可以施加于不同类型的操作数上面。

当然，当参数特征不同或被操作数的类型不同时，实现函数的算法或运算符的语义是不相同的。

10.2 统一建模语言 UML 概述

软件工程领域在 1995～1997 年取得了前所未有的进展，其成果超过软件工程领域过去 15 年的成就总和，其中最重要的成果之一就是统一建模语言(UML)的出现。UML 将是面向对象技术领域内占主导地位的标准建模语言。

UML 不仅统一了 Booch 方法、OMT 方法、OOSE 方法的表示方法，而且对其作了进一步的发展，最终统一为大众接受的标准建模语言。UML 是一种定义良好、易于表达、功能强大且普遍适用的建模语言。它融入了软件工程领域的新思想、新方法和新技术。它的作用域不限于支持面向对象的分析与设计，还支持从需求分析开始的软件开发全过程。

10.2.1 UML 的产生和发展

公认的面向对象建模语言出现于 20 世纪 70 年代中期。从 1989~1994 年，其数量从不到十种增加到五十多种。在众多的建模语言中，语言的创造者努力推崇自己的产品，并在实践中不断完善。但是，OO 方法的用户并不了解不同建模语言的优缺点及相互之间的差异，因而很难根据应用特点选择合适的建模语言，于是爆发了一场“方法大战”。90 年代中期，一批新方法出现了，其中最引人注目的是 Booch1993、OOSE 和 OMT-2 等。

Booch 是面向对象方法最早的倡导者之一，他提出了面向对象软件工程的概念。1991 年，他将以前面向 Ada 的工作扩展到整个面向对象设计领域。Booch1993 比较适合于系统的设计和构造。Rumbaugh 等提出了面向对象的建模技术(OMT)方法，采用了面向对象的概念，并引入各种独立于语言的表示符。这种方法用对象模型、动态模型、功能模型和用例模型，共同完成对整个系统的建模，所定义的概念和符号可用于软件开发的分析、设计和实现的全过程，软件开发人员不必在开发过程的不同阶段进行概念和符号的转换。OMT-2 特别适用于分析和描述以数据为中心的信息系统。Jacobson 于 1994 年提出了 OOSE 方法，其最大特点是面向用例(Use-Case)，并在用例的描述中引入了外部角色的概念。用例的概念是精确描述需求的重要武器，但用例贯穿于整个开发过程，包括对系统的测试和验证。OOSE 比较适合支持商业工程和需求分析。此外，还有 Coad/Yourdon 方法，即著名的 OOA/OOD，它是最早面向对象的分析和设计方法之一。该方法简单、易学，适合于面向对象技术的初学者使用，但由于该方法在处理能力方面的局限，目前已很少使用。

概括起来，首先，面对众多的建模语言，用户由于没有能力区别不同语言之间的差别，因此很难找到一种比较适合其应用特点的语言；其次，众多的建模语言实际上各有千秋；最后，虽然不同的建模语言大多类同，但仍存在某些细微的差别，极大地妨碍了用户之间的交流。因此在客观上，极有必要在精心比较不同的建模语言优缺点及总结面向对象技术应用实践的基础上，组织联合设计小组，根据应用需求，取其精华，去其糟粕，求同存异，统一建模语言。1994 年 10 月，GradyBooch 和 JimRumbaugh 开始致力于这一工作。他们首先将 Booch 1993 和 OMT-2 统一起来，并于 1995 年 10 月发布了第一个公开版本，称为统一方法 UM0.8(UnitiedMethod)。1995 年秋，OOSE 的创始人 IvarJacobson 加盟到这一工作。经过 Booch、Rumbaugh 和 Jacobson 三人的共同努力，于 1996 年 6 月和 10 月分别发布了两个新的版本，即 UML0.9 和 UML0.91，并将 UM 重新命名为 UML。

UML 是一种定义良好、易于表达、功能强大且普遍适用的建模语言。它融入了软件工程领域的新思想、新方法和新技术。它的作用域不限于支持面向对象的分析与设计，还支持从需求分析开始的软件开发的全过程。

面向对象技术和 UML 的发展过程可用上图来表示，标准建模语言的出现是其重要成果。在美国，截至 1996 年 10 月，UML 获得了工业界、科技界和应用界的广泛支持，已有 700 多个公司表示支持采用 UML 作为建模语言。1996 年底，UML 已稳占面向对象技术市场的 85%，成为可视化建模语言事实上的工业标准。1997 年 11 月 17 日，OMG 采纳 UML1.1 作为基于面向对象技术的标准建模语言。UML 代表了面向对象方法的软件开发技术的发展方向，具有巨大的市场前景。

10.2.2 UML 内容

UML 是一种可视化对的图形建模语言，主要内容包括 UML 语义、UML 表示法和模型。UML 表示法为开发者或开发工具使用这些图形符号和文本语法为系统建模提供了标准。这些图形符号和文字所表达的是应用级的模型，在语义上它是 UML 元模型的实例。UML 表示法由 UML 图、视图、模型元素、通用机制和扩展机制组成。

1. 图

UML 的模型由五类图(共 9 种图形)来表示。

第一类是用例图，从用户角度描述系统功能，并指出各功能的操作者。

第二类是静态图(Static Diagram)，包括类图、对象图和包图。其中类图描述系统中类的静态结构。不仅定义系统中的类，表示类之间的联系如关联、依赖、聚合等，也包括类的内部结构(类的属性和操作)。类图描述的是一种静态关系，在系统的整个生命周期都是有效的。对象图是类图的实例，几乎使用与类图完全相同的标识。它们的不同点在于对象图显示类的多个对象实例，而不是实际的类。一个对象图是类图的一个实例。由于对象存在生命周期，因此对象图只能在系统某一时间段存在。包由包或类组成，表示包与包之间的关系。包图用于描述系统的分层结构。

第三类是行为图(Behavior Diagram)，描述系统的动态模型和组成对象间的交互关系。行为图包括状态图、活动图、顺序图和协作图。其中状态图描述类的对象所有可能的状态以及事件发生时状态的转移条件。通常，状态图是对类图的补充。在实用上并不需要为所有的类画状态图，仅为那些有多个状态其行为受外界环境影响并且发生改变的类画状态图。而活动图描述满足用例要求所要进行的活动以及活动间的约束关系，有利于识别并行活动，活动图是一种特殊的状态图，它对于系统的功能建模特别重要，强调对象间的控制流程。顺序图展现了一组对象和由这组对象收发的消息，用于按时间顺序对控制流建模。用顺序图说明系统的动态视图。协作图展现了一组对象、这组对象间的连接以及这组对象收发的消息。它强调收发消息的对象的结构组织，按组织结构对控制流建模。顺序图和协作图都是交互图，顺序图和协作图可以相互转换。

第四类是交互图(Interactive Diagram)，描述对象间的交互关系。其中顺序图显示对象之间的动态合作关系，它强调对象之间消息发送的顺序，同时显示对象之间的交互；合作图描述对象间的协作关系，合作图跟顺序图相似，显示对象间的动态合作关系。除显示信息交换外，合作图还显示对象以及它们之间的关系。如果强调时间和顺序，则使用顺序图；如果强调上下级关系，则选择合作图。这两种图合称为交互图。

第五类是实现图(Implementation Diagram)。其中构件图描述代码部件的物理结构及各部件之间的依赖关系。一个部件可能是一个资源代码部件、一个二进制部件或一个可执行部件。它包含逻辑类或实现类的有关信息。部件图有助于分析和理解部件之间的相互影响程度。

2. 视图

视图(View)是由若干张图构成，从不同的角度或目的描述系统。是表达系统某一方面特征的 UML 建模元素的子集，由多个图构成，是在某一个抽象层上对系统的抽象表示。

3. 模型元素

模型元素(Model Element)代表面向对象中的类、对象、消息和关系等概念，是构成图的最基本的常用概念。

4. 通用机制

通用机制(General Mechanism)用于表示其他信息，如注释、模型元素的语义等。另外，UML 还提供扩展机制，使 UML 语言能够适应一个特殊的方法(或过程)，或扩充至一个组织或用户。

5. 扩展机制

扩展机制(Extensibility Mechanism)使用版型、标记值和约束来表示。用 UML 的版型这种机制对 UML 进行扩展，使其能够应用到更广泛的领域。

10.2.3 UML 的语义和表示法

UML 语义描述基于 UML 的精确元模型定义。元模型为 UML 的所有元素在语法和语义上提供了简单、一致、通用的定义性说明，使开发者能在语义上取得一致，消除了因人而异的最佳表达方法所造成的影响。

10.3 UML 的 图

UML 的图有用例图、类图、对象图、状态图、顺序图、活动图、协作图、构件图、部署图 9 种。开发人员可以根据需要选择几种图来运用。

10.3.1 用例图

由参与者(Actor)、用例(Use Case)以及它们之间的关系构成的用于描述系统功能的动态视图称为用例图。用例图是从用户角度描述系统功能，是用户所能观察到的系统功能的模型图，用例是系统中的一个功能单元。

用例图展示了用例之间以及同用例参与者之间是怎样相互联系的。用例图用于对系统、子系统或类的行为进行可视化，使用户能够理解如何使用这些元素，并使开发者能够实现这些元素。将每个系统中的用户分出工作状态的属性和工作内容，方便建模，防止功能重复和多余的类。用例图定义了系统的功能需求，它是从系统的外部看系统功能，并不描述系统内部对功能的具体实现。

1. 用例

用例是对包括变量在内的一组动作序列的描述，系统执行这些动作，并产生传递特定参与者的价值的可观察结果。用例在画图中用椭圆来表示。

(1)用例是一个类，它代表一类功能而不是使用该功能的某个具体实例。

(2)用例必须是完整的。

(3)用例代表某些用户可见的功能，实现一个具体的用户目标。

(4) 用例由参与者启动，并且提供具体的值给参与者。

2. 参与者

(1) 参与者也称为角色，用一个小人图形表示。
(2) 参与者是与系统交互的人或者系统。
(3) 参与者是能够使用某个功能的一类人或系统。

3. 联系

参与者与用例之间交换的信息，称为联系。参与者与用例之间用线段连接，表示两者之间进行联系。参与者激活用例，并与用例交换信息。单个参与者可以与多个用例联系，一个用例也可以与多个参与者联系。

4. 脚本

用例的实例是系统的一种实际使用方法，称为脚本。脚本是系统的一次具体执行过程。用例图只有尽可能包含所有的脚本，才能比较完整地描述系统的功能。

10.3.2 类图

类图 (Class Diagram) 使用出现在系统中的不同类来描述系统的静态结构，它用来描述不同的类以及它们之间的关系。它用于描述系统的结构化设计；最基本的元素是类或者接口。有图示和类关系组成。

首先是类的 UML 图示。

在 UML 中，类使用包含类名、属性和操作且带有分隔线的长方形来表示，如定义一个学生类，它包含属性姓名、年龄、班级以及操作 setData ()，在 UML 类图中该类如图 10-1 所示。

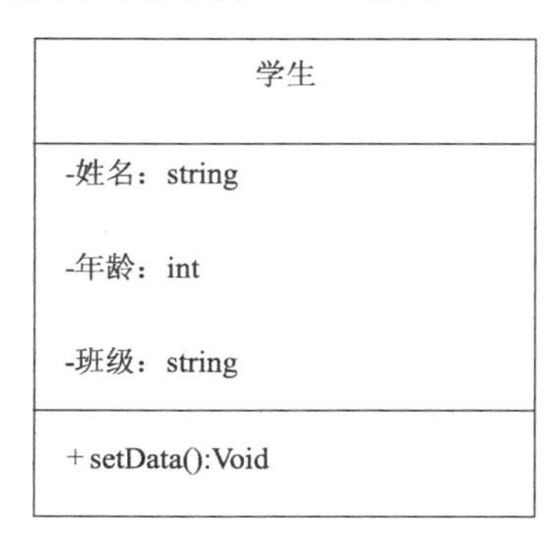

图 10-1　类的图形符号

在 UML 类图中，类一般由三部分组成。

(1) 第一部分是类名：每个类都必须有一个名字，类名是一个字符串。

(2) 第二部分是类的属性 (Attribute)：属性是指类的性质，即类的成员变量。一个类可以有任意多个属性，也可以没有属性。

UML 规定属性的表示方式为：

可见性 名称：类型 [= 缺省值]

其中：

①“可见性”表示该属性对于类外的元素是否可见，包括公有 (public)、私有 (private) 和受保护 (protected) 三种，在类图中分别用符号+、–和#表示。

②“名称”表示属性名，用一个字符串表示。

③“类型”表示属性的数据类型，可以是基本数据类型，也可以是用户自定义类型。

④“缺省值”是一个可选项，即属性的初始值。

例如：-姓名：字符串 (string) =“高云”

(3) 第三部分是类的操作 (operation)：操作是类的任意一个实例对象都可以使用的行为，

是类的成员方法。

UML 规定操作的表示方式为：

可见性 名称(参数列表)[: 返回类型]

其中，“可见性”的定义与属性的可见性定义相同；“名称”即方法名，用一个字符串表示；“参数列表”表示方法的参数，其语法与属性的定义相似，参数个数是任意的，多个参数之间用逗号“，”隔开；“返回类型”是一个可选项，表示方法的返回值类型，依赖于具体的编程语言，可以是基本数据类型，也可以是用户自定义类型，还可以是空类型(void)，如果是构造方法，则无返回类型。

其次是类与类之间的关系。

在软件系统中，类并不是孤立存在的，类与类之间存在各种关系，对于不同类型的关系，UML 提供了不同的表示方式。

1. 关联关系

关联(association)关系是类与类之间最常用的一种关系，它是一种结构化关系，用于表示一类对象与另一类对象之间有联系，如教师和学生等。在使用类图表示关联关系时可以在关联线上标注角色名，一般使用一个表示两者之间关系的动词或者名词表示角色名，关系的两端代表两种不同的角色，因此在一个关联关系中可以包含两个角色名，角色名不是必须的，可以根据需要增加，其目的是使类之间的关系更加明确。

在 UML 中，关联关系通常又包含如下几种形式。

1) 双向关联

默认情况下，关联是双向的。例如，学生和课程，学生可以选修某门课程，反之，某门课程总有学生选择。因此，学生类和课程类之间具有双向关联关系，如图 10-2 所示。

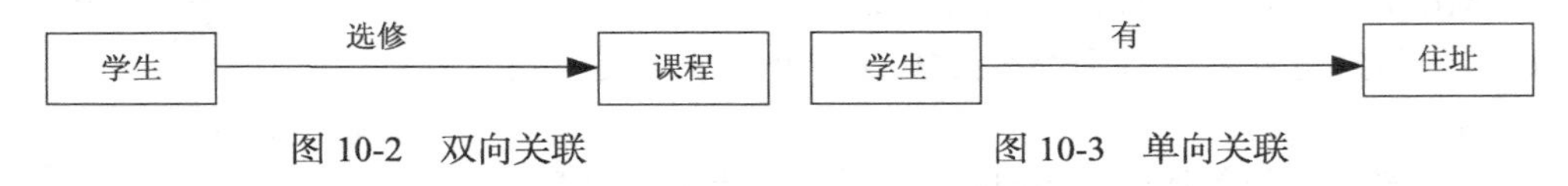

图 10-2 双向关联　　图 10-3 单向关联

2) 单向关联

类的关联关系也可以是单向的，单向关联用带箭头的实线表示。例如，学生拥有住址，则学生类与住址类具有单向关联关系，如图 10-3 所示。

3) 自关联

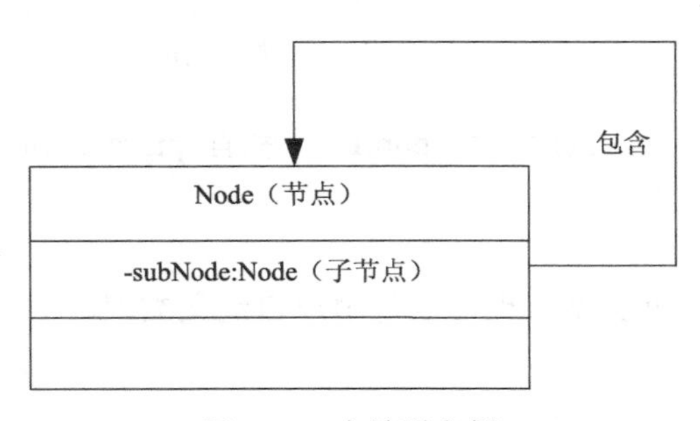

图 10-4 自关联实例

在系统中可能会存在一些类的属性对象类型为该类本身，这种特殊的关联关系称为自关联。

例如，一个节点类(node)的成员又是节点类型的对象，如图 10-4 所示。

4) 多重性关联

多重性关联关系又称为重数性(multiplicity)关联关系，表示两个关联对象在数量上的对应关系。在 UML 中，对象之间的多重性可以直接在关联直线上用一个数字或一个数字范围表示。

对象之间可以存在多种多重性关联关系，常见的多重性表示方式如表 10-1 所示。

表 10-1　多重性表示方式列表

表示方式	多重性说明
1..1	表示另一个类的一个对象只与该类的一个对象有关系
0..*	表示另一个类的一个对象与该类的零个或多个对象有关系
1..*	表示另一个类的一个对象与该类的一个或多个对象有关系
0..1	表示另一个类的一个对象没有或只与该类的一个对象有关系
m..n	表示另一个类的一个对象与该类最少 m，最多 n 个对象有关系（m≤n）

例如，一个班级可以拥有零个或多个学生，但是一个学生只能属于一个班级，因此，一个班级类的对象可以与零个或多个学生类的对象相关联，但一个学生类的对象只能与一个班级类的对象关联，如图 10-5 所示。

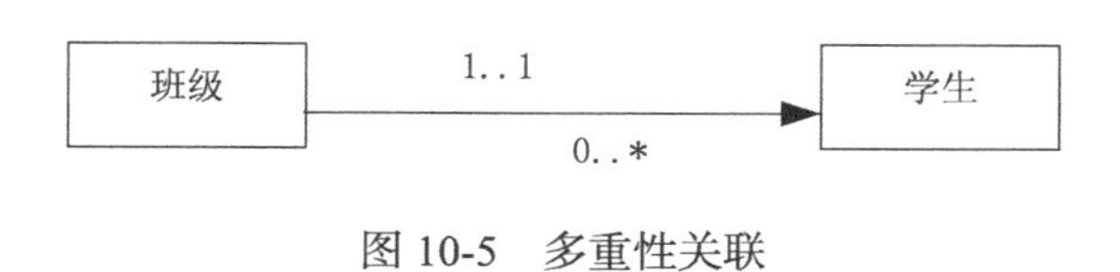

图 10-5　多重性关联

5）聚合关系

聚合（aggregation）关系表示整体与部分的关系。在聚合关系中，成员对象是整体对象的一部分，但是成员对象可以脱离整体对象独立存在。在 UML 中，聚合关系用带空心菱形的直线表示。例如，汽车发动机（Engine）是汽车（Car）的组成部分，但是汽车发动机可以独立存在，因此，汽车和发动机是聚合关系，如图 10-6 所示。

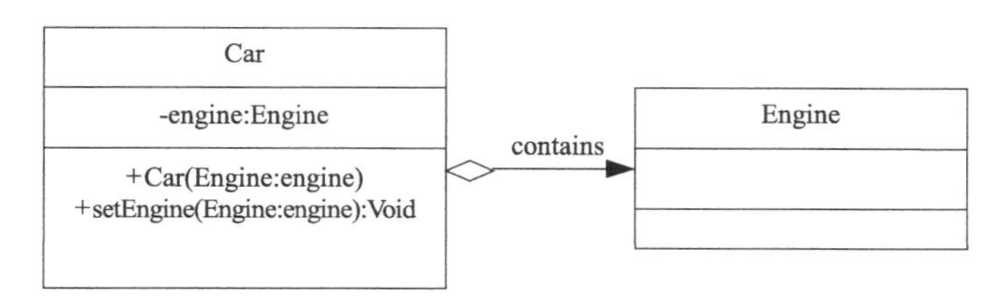

图 10-6　聚合关系实例

6）组合关系

组合（composition）关系也表示类之间整体和部分的关系，但是在组合关系中整体对象可以控制成员对象的生命周期，一旦整体对象不存在，成员对象也将不存在，成员对象与整体对象之间具有同生共死的关系。在 UML 中，组合关系用带实心菱形的直线表示。例如，人的头（head）与嘴巴（mouth），嘴巴是头的组成部分之一，而且如果头没了，嘴巴也就没了，因此头和嘴巴是组合关系，如图 10-7 所示。

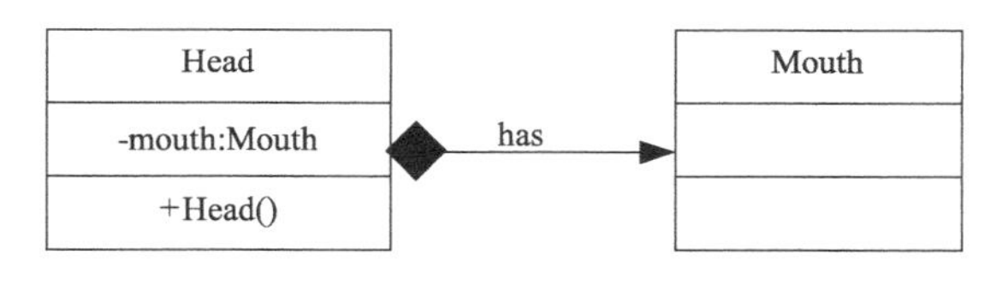

图 10-7　组合关系实例

2. 依赖关系

依赖（dependency）关系是一种使用关系，特定事物的改变有可能会影响到使用该事物的其他事物，在需要表示一个事物使用另一个事物时使用依赖关系。大多数情况下，依赖关系体现在某个类的方法使用另一个类的对象作为参数。在 UML 中，依赖关系用带箭头的虚线表示，由依赖的一方指向被依赖的一方。例如，驾驶员开车，在 Driver 类的 drive()方法中将 Car 类型的对象 car 作为一个参数传递，以便在 drive()方法中能够调用 car 的 move()方法，且驾驶员的 drive()方法依赖车的 move()方法，因此类 Driver 依赖类 Car，如图 10-8 所示。

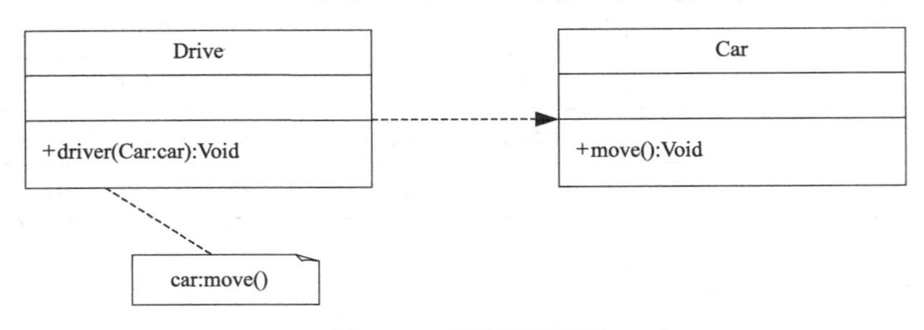

图 10-8　依赖关系实例

在系统实施阶段，依赖关系通常通过三种方式来实现，第一种也是最常用的一种方式，如图 10-8 所示将一个类的对象作为另一个类中方法的参数，第二种方式是在一个类的方法中将另一个类的对象作为其局部变量，第三种方式是在一个类的方法中调用另一个类的静态方法。

3. 泛化关系

泛化(generalization)关系也就是继承关系，用于描述父类与子类之间的关系，父类又称为基类或超类，子类又称为派生类。在 UML 中，泛化关系用带空心三角形的直线来表示。在代码实现时，使用面向对象的继承机制来实现泛化关系，如在 Java 语言中使用 extends 关键字、在 C++/C#中使用冒号“:”来实现。例如，Student 类和 Teacher 类都是 Person 类的子类，Student 类和 Teacher 类继承了 Person 类的属性和方法，Person 类的属性包含姓名(name)和年龄(age)，每一个 Student 和 Teacher 也都具有这两个属性，另外 Student 类增加了属性学号(studentNo)，Teacher 类增加了属性教师编号(teacherNo)，Person 类的方法包括行走 move()和说话 say()，Student 类和 Teacher 类继承了这两个方法，而且 Student 类还新增方法 study()，Teacher 类还新增方法 teach()。如图 10-9 所示。

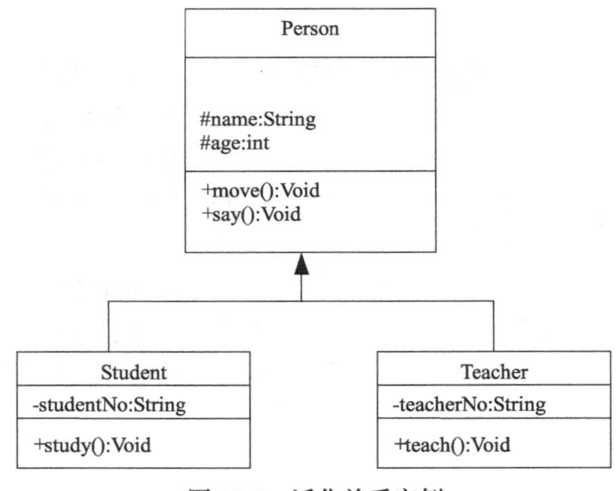

图 10-9　泛化关系实例

4. 接口与实现关系

在很多面向对象语言中都引入了接口的概念，如Java、C#等，在接口中，通常没有属性，而且所有的操作都是抽象的，只有操作的声明，没有操作的实现。UML中用与类的表示法类似的方式表示接口，如图10-10所示。

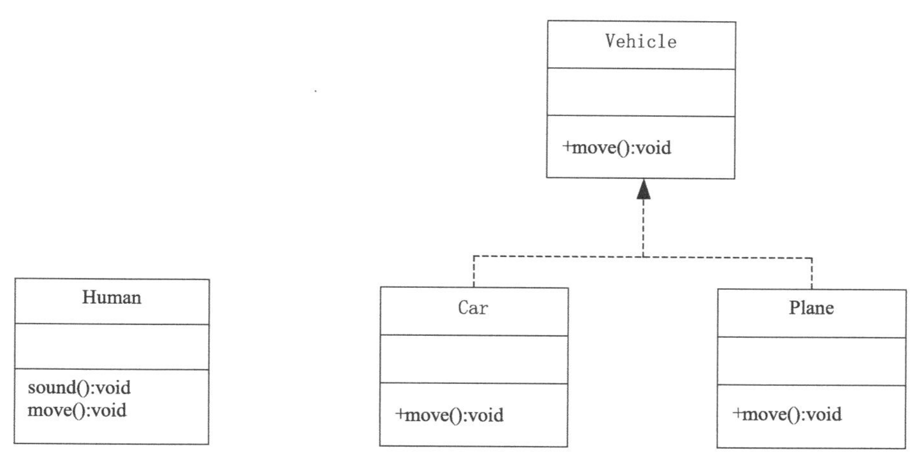

图 10-10　接口的UML图示　　　　图 10-11　实现关系实例

接口之间也可以有与类之间关系类似的继承关系和依赖关系，但是接口和类之间还存在一种实现(realization)关系，在这种关系中，类实现了接口，类中的操作实现了接口中所声明的操作。在UML中，类与接口之间的实现关系用带空心三角形的虚线来表示。例如，定义了一个交通工具接口Vehicle，包含一个抽象操作move()，在类Ship和类Car中都实现了该move()操作，不过具体的实现细节将会不一样，如图10-11所示。

10.3.3　对象图

对象图描述的是参与交互的各个对象在交互过程中某一时刻的状态。对象图可以被看成类图在某一时刻的实例。在UML中，对象图使用的是与类图相同的符号和关系，因为对象就是类的实例。类图和对象图的区别如表10-2所示。

表 10-2　类图和对象图的区别

类图	对象图
类具有三个分栏：名称、属性和操作	对象只有两个分栏：名称和属性
在类的名称分栏中只有类名	对象的名称形式为“对象名：类名”，匿名对象的名称形式为“：类名”
类的属性分栏定义了所有属性的特征	对象则只定义了属性的当前值，以便用于测试用例或例子中
类中列出了操作	对象图中不包括操作，因为对于同属于同一个类的对象而言，其操作是相同的
类使用关联连接，关联使用名称、角色、多重性以及约束等特征定义。类代表的是对对象的分类，所以必须说明可以参与关联的对象的数目	对象使用链连接、链拥有名称、角色，但是没有多重性。对象代表的是单独的实体，所有的链都是一对一的，因此不涉及多重性

对系统的设计视图建模时，可以使用一组类图完整地描述抽象的语义以及它们之间的关系。但是使用对象图不能完整地描述系统的对象结构。对于一个个体类，可能存在多个实例，对于相互之间存在关系的一组类，对象间可有的配置可能是相当多的。所以，在使用对象图时，只能在一定意义上显示感兴趣的具体或原型对象集。这就是对对象结构建模，即一个对象图显示了某一时刻相互联系的一组对象。

对对象结构建模，要遵循以下策略。

(1) 识别将要使用的建模机制。该机制描述了一些正在建模的部分系统的功能和行为，它们由类、接口和其他元素的交互而产生。

(2) 对于各种机制，识别参与协作的类、接口和其他元素，同时也要识别这些事物之间的关系。

(3) 考虑贯穿这个机制的脚本。冻结某一时刻的脚本，并且汇报每个参与这个机制的对象。

(4) 按照需要显示出每个对象的状态和属性值，以便理解脚本。

(5) 显示出对象之间的链，以描述对象之间关联的实例。

10.3.4 状态图

说明对象在它的生命期中响应事件所经历的状态序列，以及它们对那些事件的响应。状态图展示了一个特定对象的所有可能状态以及由于各种事件的发生而引起的状态间的转移。一个状态图描述了一个状态机，用状态图说明系统的动态视图。状态图对于接口、类或协作的行为建模尤为重要，可用它描述用例实例的生存周期。

1) 状态

对象的状态是指在这个对象的生命期中的一个条件或状况，在此期间对象将满足某些条件、执行某些活动或等待某些事件。

2) 转移

转移是由一种状态到另一种状态的迁移。这种转移由被建模实体内部或外部事件触发。对一个类来说，转移通常是调用了一个可以引起状态发生重要变化的操作结果。

3) 状态图中事物

(1) 状态：上格放置名称，下格说明处于该状态时，系统或对象要进行的工作。

(2) 转移：转移上标出触发转移的事件表达式。如果转移上未标明事件，则表示在原状态的内部活动执行完毕后自动触发转移。

(3) 开始：初始状态(一个)。

(4) 结束：终态(可以多个)。

4) 状态的可选活动表

状态的可选活动表如表 10-3 所示。

表 10-3 状态的可选活动表

转换种类	描述	语法
入口动作	进入某一状态时执行的动作	entry/活动
出口动作	离开某一状态时执行的动作	exit/活动
外部转换	引起状态转换或自身转换，同时执行一个具体的动作，包括引起入口动作和出口动作被执行的转换	事件(参数)[监护条件]/动作
内部转换	引起一个动作的执行但不引起状态的改变或不引起入口动作或出口动作的执行	事件(参数)[监护条件]/动作

图 10-12 是项目产生到完成的状态图。

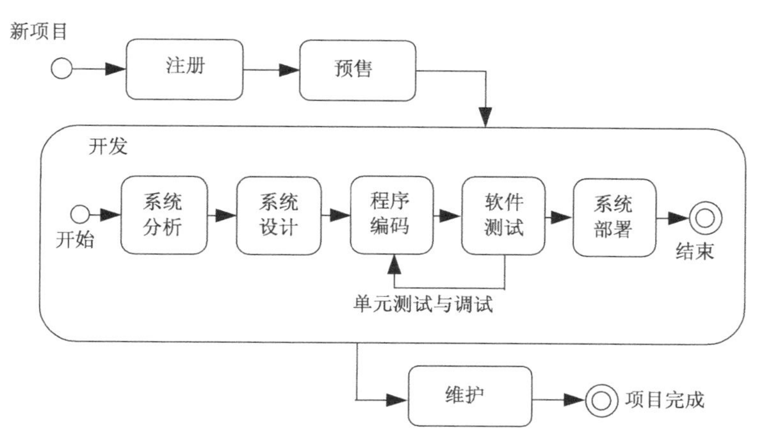

图 10-12　项目设计状态图

10.3.5　顺序图

顺序图用来表示用例中的行为顺序。当执行一个用例行为时，顺序图中的每条消息对应了一个类操作或状态机中引起转换的事件。顺序图展示对象之间的交互，这些交互是在场景或用例的事件流中发生的。顺序图属于动态建模。顺序图的重点在消息序列上，也就是说，描述消息是如何在对象间发送和接收的。表示了对象之间传送消息的时间顺序。浏览顺序图的方法：从上到下查看对象间交换的消息。图 10-13 是移动电话系统顺序图。

顺序图中的事物如下。

(1) 参与者：与系统、子系统或类发生交互作用的外部用户。

(2) 对象：顺序图的横轴上是与序列有关的对象。对象的表示方法：矩形框中写有对象或类名，且名字下面有下划线。

(3) 生命线：坐标轴纵向的虚线表示对象在序列中的执行情况(即发送和接收的消息，对象的活动)这条虚线称为对象的“生命线”。

(4) 消息符号：消息用从一个对象生命线到另一个对象生命线的箭头表示。箭头以时间顺序在图中从上到下排列。

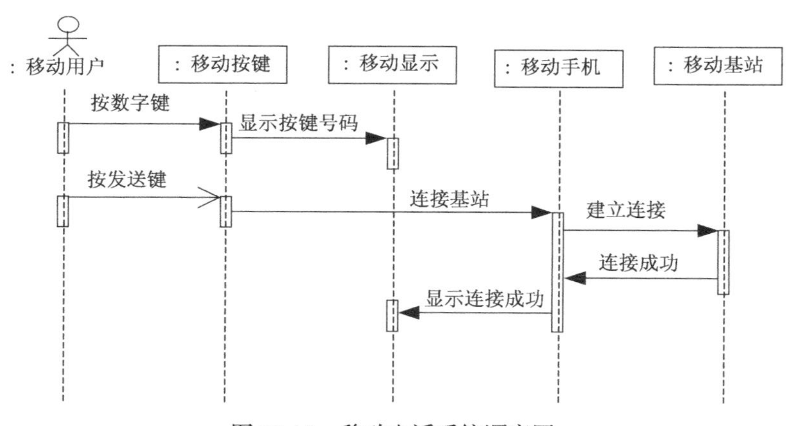

图 10-13　移动电话系统顺序图

10.3.6 活动图

活动图是一种特殊的状态图，描述要进行的活动、执行这些活动的顺序以及工作流。它对于系统的功能建模特别重要，强调对象间的控制流程。

活动图的符号表示如下。

(1)实心圆表示活动图的起点，实际上是一个占位符，带边框的实心圆表示终点。

(2)圆角矩形表示执行的过程或活动。

(3)菱形表示判定点。

(4)箭头表示活动之间的转换，各种活动之间的流动次序。箭头上的文字表示继续转换所必须满足的条件，使用格式“[条件]”来描述。

(5)粗线条表示可能会并行进行的过程的开始和结束。

10.3.7 协作图

协作图是一种交互图，强调的是发送和接收消息的对象之间的组织结构，使用协作图来说明系统的动态情况。协作图主要描述协作对象间的交互和链接，显示对象、对象间的链接以及对象间如何发送消息。协作图可以表示类操作的实现。

1. 协作图中的符号表示

(1)参与者：发出主动操作的对象，负责发送初始消息，启动一个操作。

(2)对象：对象是类的实例，负责发送和接收消息，与顺序图中的符号相同，冒号前为对象名，冒号后为类名。

(3)消息流：由箭头和标签组成，箭头指示消息的流向，从消息的发出者指向接收者。标签对消息作说明，其中，顺序号指出消息的发生顺序，并且指明了消息的嵌套关系；冒号后面是消息的名字。

2. 协作图的消息标签

消息标签的格式：[前缀] [条件] 序列表达式 [返回值：=]消息名

(1)前缀的语法规则：序列号，序列号，…，序列号‘/’。

说明：前缀用来同步线程，意思是在发送当前消息之前指定序列号的消息被处理.例如，1.1a，1.1b/。

(2)条件的语法规则：[条件短句]。

说明：条件短句通常用伪代码或真正的程序语言来表示。例如，[x>=0]。

(3)返回值和消息名：返回值表示一个消息的返回结果，消息名指出了消息的名字和所需参数。

图 10-14 描述了移动电话系统中，多个移动用户使用移动手机的过程。

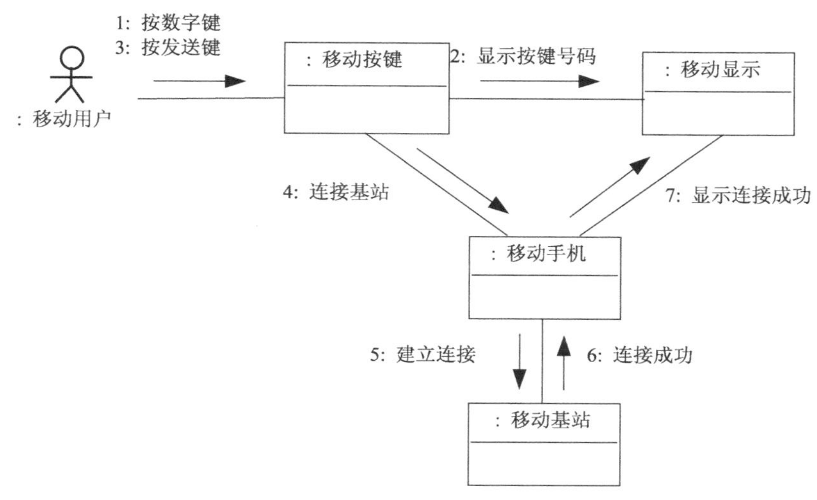

图 10-14 移动电话系统协作图

10.3.8 构件图

构件图用于静态建模，是表示构件类型的组织以及各种构件之间依赖关系的图。构件图通过对构件间依赖关系的描述来估计对系统构件的修改给系统可能带来的影响。

构件图中通常包含三种元素：构件、接口和依赖。每个构件实现一些接口，并使用另一些接口。

构件是定义了良好接口的物理实现单元，是系统中可替换的物理部件。一般情况下，构件表示将类、接口等逻辑元素打包而形成的物理模块。一个构件包含它所实现的一个或多个逻辑类的相关信息，创建了一个从逻辑视图到构件视图的映射。在 UML 中，构件用一个左侧带有两个突出小矩形的矩形来表示，如图 10-15 所示。

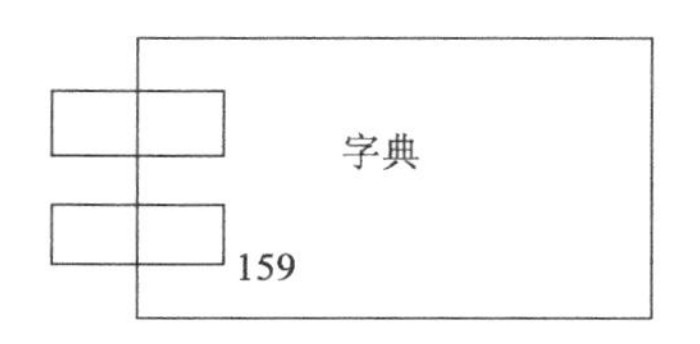

图 10-15 构件

构件的依赖关系用一条带箭头的虚线表示，箭头的形状表示消息的类型。构件的接口是从大矩形边框画出一条线，线的另一端为小空心圆，接口的名称写在空心圆的附近。

构件的名称是一个字符串，位于构件图的内部。构件的名称有两种：简单名和路径名。通常，UML 图中的构件只显示其名称，但是也可以用标记值或表示构件细节的附加栏加以修饰。构件有 3 种类型：配置构件、工作产品构件和执行构件。①配置构件是运行系统需要配置的构件，是形成可执行文件的基础，操作系统、Java 虚拟机和数据库管理系统都属于配置构件。②工作产品构件包括模型、源代码和用于创建配置构件的数据文件，它们是配置构件的来源，工作产品构件包括 UML 图、Java 类和 JAR 文件、动态链接库(dll)和数据库表

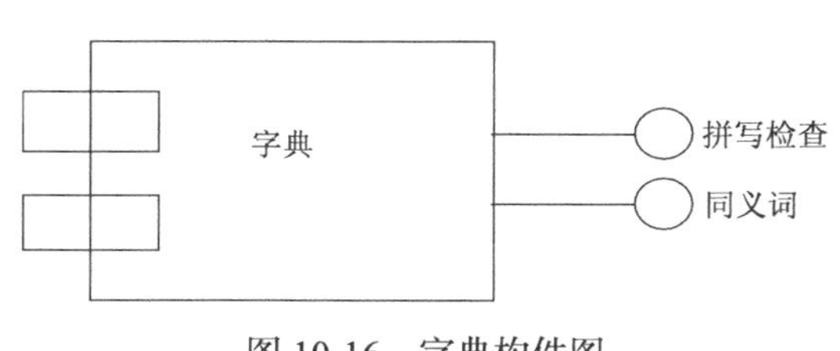

图 10-16 字典构件图

等。③执行构件是在运行时创建的构件，是最终可运行系统产生的允许结果。EJB、Servlets、HTML 和 XML 文档、COM+和.Net 构件以及 CORBA 构件都是执行构件的例子。图 10-16 表示字典有两个接口，分别是拼写检查和同义词。

10.3.9 部署图

它描述系统硬件的物理拓扑结构(包括网络布局和构件在网络上的位置)，以及在此结构上执行的软件(即运行时软构件在节点中的分布情况)。用部署图说明系统结构的静态环境视图，即说明分布、交付和安装的物理系统。

部署图中的要素如下。

(1)节点：用一长方体表示，长方体中左上角的文字是节点的名字 。节点代表一个至少有存储空间和执行能力的计算资源。节点包括计算设备和人力资源或者机械处理资源，可以用描述符或实例代表。节点定义了运行时对象和构件实例驻留的位置。

(2)构件：系统中可替换的物理部分。

(3)接口：外部可访问的服务。

(4)构件实例：构件的一个实例。

10.4 小　　结

面向对象方法是把数据和处理相结合的方法。面向对象方法不注重分析和设计之间的严格区分，从面向对象分析到面向对象设计，是一个反复多次迭代的过称。

面向对象的方法使用对象、类和继承，对象之间通过传递消息实现通信。可以用下面的方程概括。

面向对象=对象+类+继承+用消息通信。

UML 是面向对象的方法常用的标准建模语言。

UML 的图有用例图、类图、对象图、状态图、顺序图、活动图、协作图、构件图、部署图九种。

UML 是一种定义良好、易于表达、功能强大且普遍适用的建模语言。它融入了软件工程领域的新思想、新方法和新技术。它的作用域不限于支持面向对象的分析与设计，还支持从需求分析开始的软件开发的全过程。

习　　题

1. 简述 UML 可视化建模方法的优点？
2. 简述 UML 的建模机制有几种？每种建模机制通过哪些图来表达？
3. 试分别举例说明 UML 中类之间的关系有哪些？
4. UML 的模型元素有哪些？
5. 简述 UML 扩展机制的作用是什么？
6. 在一个“客户服务系统”中，需要管理的用户包括客户管理人员、维护人员、部门领导，他们都具有用户 ID、姓名、性别、年龄、联系电话、部门、职位、密码、登录名。其中，维护人员具有三个操作，即接受派工任务、填写维护报告、查询派工任务；部门领导具有五个操作，即安排派工任务、修改派工任务、删除派工任务、查询派工任务、处理投诉；客户人员具有四个操作，增加客户、删除客户、修改客户和查找客户。根据这些信息，创建系统的类图。

第11章　面向对象方法应用

面向对象的基本思想是从现实世界客观存在的事物出发来构造软件系统，并在系统构造中尽可能运用人类的自然思维方式，将一个实际问题看成一个对象或几个对象的集合。面向对象分析是在系统所要求解的问题中找出对象(具有属性和行为)以及它所属的类，并定义好对象与类；面向对象设计是把系统所要求解的问题分解为一些对象及对象间传递消息的过程。面向对象实现是把数据和处理数据的过程结合为一个对象。对象既可以像数据一样被处理，又可以像过程一样被描述处理的流程和细节。总之，面向对象分析到面向对象设计再到面向对象实现之间可以直接进行而不用转换，保持了问题域中事物及其相互关系的本来面貌。

11.1　面向对象分析

11.1.1　面向对象分析过程概述

软件开发的分析过程就是提取系统需求的过程，分析工作主要包括理解、表达和验证。面向对象分析的关键是识别问题域内的对象及其关系。面向对象分析的目的是完成对问题空间的分析并建立系统模型，具体任务是确定和描述系统中的对象、对象的静态特征和动态特征、对象间的关系以及对象的行为约束等。通常，先找出所有的候选类，然后去掉与问题域无关的的类。由此确定对象、类及其相互关系。

分析过程就是提取系统的需求的过程，是指为了满足用户的需求，系统必须“做什么”，而不是“怎么做”(系统如何实现)。系统分析通常是从一个需求文档(陈述)和用户一系列的讨论开始的。一般来说，由用户、领域专家、系统的开发者以及其他有关人员参加制定需求文档。

首先，系统分析员要对需求文档进行分析。需求文档通常是不完整、不准确的，也可能还是非正式的。通过分析可以发现和改正需求文档中的歧义性、不一致性，剔除冗余的内容，挖掘潜在的内容，弥补不足，从而使需求文档更完整、更准确。快速地建立一个原型系统，通过在计算机上运行原型系统，使得分析员和用户尽快交流和相互理解，从而能更正确地、更完整地提取和确定用户的需求。

然后，是需求建模。系统分析员根据提取的用户需求，深入理解用户需求，识别出问题域内的对象，并分析它们相互之间的关系，抽象出目标系统应该完成的需求任务，并用OOA模型准确地表示，即用面向对象观点建立对象模型、动态模型和功能模型。

最后，是需求评审。通过用户、领域专家、系统分析员和系统设计人员的评审，并进行反复修改后，确定需求规格说明。

11.1.2　面向对象分析的模型和层次

1. 面向对象分析的三个模型

面向对象分析的模型包括对象模型、动态模型和功能模型。对象模型描述了系统的静态结构；动态模型描述了系统的交互次序；功能模型描述了系统的数据变换。

其中，对象模型是最基础的、最核心的、最重要的。无论解决什么问题，首先要在问题域中提取和定义对象模型。当问题涉及用户界面与过程控制时，动态模型是重点。如果问题涉及大量数据变换，则功能模型非常重要。对象模型中的操作(即服务)可以出现在动态模型和功能模型内。

2. 面向对象分析的五个层次

面向对象分析由五个主要活动组成，即确定类–对象、识别结构、识别主题、定义属性和定义服务(方法)。对于一个复杂问题的面向对象的模型可用五个层次表示：类–对象层、结构层、主题层、属性层和服务层。

(1)主题(Subject)层：主题给出分析模型的总体概貌，是控制读者在同一时间所能考虑的模型规模的机制。

(2)类–对象(Class-Object)层：对象是数据及其处理的抽象。它反映了保存有关信息和与现实世界交互的能力。

(3)结构(Structure)层：结构表示问题域的复杂性。类–成员结构反映了一般–特殊关系，整体–部分结构反映了整体–部分的关系。

(4)属性(Attribute)层：属性是数据元素，用来描述对象或分类结构的实例，可在图中给出并在对象的储存中指定，即给出对象定义的同时，指定属性。

(5)服务(Serves)层：服务是接收到消息后必须执行的一些处理，可在图上标明它并在对象的储存中指定，即给出对象定义的同时，定义服务。

五个层次对应的五个活动，五个主要活动可以同时(并行)处理；可以从较高抽象层转移到较低的具体层，然后再返回较高抽象层继续处理；当系统分析员在确定类–对象的同时，想到该类服务，则可以先确定服务后，再返回继续寻找类–对象；没有必要遵循自顶向下、逐步求精的原则。

3. 面向对象分析的基本原则

1)构造和分解相结合的原则

构造是指由基本对象组装复杂对象的过程；分解是指对大粒度对象进行精化从而完成系统模型的细化的过程，这两者的结合是软件工程中系统分析的基本方法。

2)抽象化和具体化相结合的原则

抽象强调实体的本质和内在的属性，而忽视与问题无关的属性，是在决定如何实现对象之前确定对象的意义和行为。使用抽象可以尽可能避免过早考虑一些细节数据。抽象将数据对象及作用在其上的操作抽象成对象，它是分析的核心和灵魂，也是组织和建立系统规格说明和设计说明的基础。具体化是指在精化过程中，对对象的必要细节进行刻画，这有助于确定系统对象，加强系统模型的稳定性。抽象化和具体化使具体对象可以直接从抽象对象的定义中获得已经有的性质和特征，而不必重复定义它们。在分析中只需一次性地指定公共属性和操作，然后具体化并且扩充这些属性及其操作。

3)封装的原则

封装是指将对象的各种独立的外部特征与内部实现细节分开。从外部只需知道它做什么，而不必知道它如何做，也不必知道其内部数据。对象接口定义要尽可能地与内部工作状态相分离。封装有助于最大限度地减少由于需求的改变而对整个系统所造成的影响。

4) 相关的原则

相关是指系统中的对象之间存在着各种关联。在分析时要考虑与问题相关的对象间的各种关联，这些关联是对象协作的基础。相关包括静态结构的关联，如整体和部分；也包括动态特征的关联，如消息传递等。

5) 行为约束的原则

对象的语义特征是通过行为约束刻画的。行为约束包括静态行为约束和动态行为约束，它表示对象合法存在和对象的操作合法执行应该满足的约束条件。行为约束有助于深刻地理解对象和系统。面向对象分析的主要内容包括静态结构分析和动态行为分析。

11.2 建立对象模型

对象模型是三个模型中最关键的一个模型，对象模型表示静态的、结构化的系统的“数据”性质。它是对模拟客观世界实体的对象以及对象彼此间的关系的映射，描述了系统的静态结构。静态数据结构对应用细节依赖较少，比较容易确定；当用户的需求变化时，静态数据结构相对比较稳定。因此，用面向对象方法开发绝大多数软件时，都首先建立对象模型，然后再建立另外两个子模型。面向对象方法强调围绕对象而不是围绕功能构造系统。对象模型为建立动态模型和功能模型，提供了实质性的框架。

对象模型通常有五个层次。工作步骤：首先确定对象类和关联(因为它们影响系统整体结构和解决问题的方法)，对于大型复杂问题还要进一步划分出若干个主题；然后给类和关联增添属性，以进一步描述它们；接下来利用适当的继承关系进一步合并和组织类。而对类中操作的最后确定，则需等到建立了动态模型和功能模型之后，因为这两个子模型更准确地描述了对类中提供的服务的需求。

11.2.1 确定类和对象

类与对象是在问题域中客观存在的，系统分析员的主要任务就是通过分析找出这些类与对象。首先找出所有候选的类与对象，然后从候选的类与对象中筛选掉不正确的或不必要的。

1. 对象

对象是系统中用来描述客观事物的一个实体，是构成系统的一个基本单位，由一组属性和一组对属性进行操作的服务组成。属性一般只能通过执行对象的操作改变。方法或服务描述了对象执行的功能，若通过消息传递，还可以为其他对象使用。对象可以是外部实体、信息结构、事件、角色、组织结构、地点或位置、操作规程等。

2. 类

把具有相同特征(属性)和行为(操作)的对象归在一起就形成了类(如班级)。类的定义包括一组数据属性和在数据上的一组合法操作。在一个类中，每个对象都是类的实例(例证)，它们都可使用类中的函数。类定义了各个实例所共有的结构，使用类的构造函数，可以在创建该类的实例时初始化这个实例的状态。

类名是一类对象的名字。命名是否恰当对系统的可理解性影响相当大，因此，为类命名时应该遵守以下几条准则。

(1) 使用标准术语。

应该使用在应用领域中人们习惯的标准术语作为类名，不要随意创造名字。例如，“交通信号灯”比“信号单元”这个名字好，“传送带”比“零件传送设备”好。

(2) 使用具有确切含义的名词。

尽量使用能表示类的含义的日常用语做名字，不要使用空洞的或含义模糊的词做名字。例如，“库房”比“房屋”或“存物场所”更确切。

(3) 必要时用名词短语做名字。

为使名字的含义更准确，必要时用形容词加名词或其他形式的名词短语做名字。例如，“储藏室”、“公司员工”等都是比较恰当的名字。

总之，名字应该是富于描述性的、简洁的而且无二义性的。

11.2.2 确定类之间的关联

类和类之间存在一定的关系，有泛化、关联、聚集、依赖四种。建立对象模型中，分析所有的类，确定类之间关系。例如，汽车是机动车中具体的一类，汽车保持了机动车的基本特性并且加入了附加的特性。

1. 泛化

泛化关系是类的一般描述和具体描述之间的关系，具体描述建立在一般描述的基础之上，并对其进行了扩展。具体描述的所有特性、成员和关系与一般描述完全一致，并且包含补充的信息。泛化针对类型而不针对实例，一个类可以继承另一个类，但一个对象不能继承另一个对象。实际上，泛化关系指出，在类与类之间存在“一般–特殊”关系。泛化可进一步划分成普通泛化和受限泛化。

泛化用从子类指向父类的箭头表示，指向父类的是一个空三角形，如图 11-1 所示。

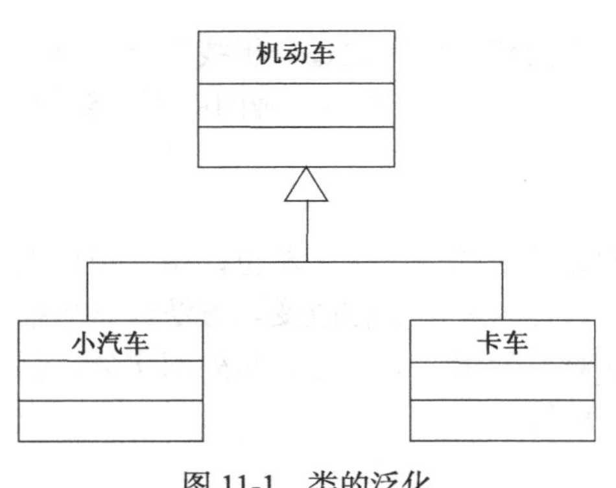

图 11-1 类的泛化

泛化的用途是在共享父类所定义的成分的前提下允许它自身定义增加的描述，这称为继承。继承是一种机制，通过该机制类的对象的描述从类及其父类的声明部分聚集起来。继承允许描述的共享部分只声明一次而可以被许多类所共享，而不是在每个类中重复声明并使用它，这种共享机制减小了模型的规模。更重要的是，它减少了模型的更新而必须做的改变和意外的前后定义不一致。对于其他成分，如状态、信号和用例，继承通过相似的方法起作用。

如果一个类有多个父类，那么它从每一父类那里都可得到继承信息，这种继承叫做多继承。例如，发电车继承了汽车的属性和服务，同时又继承了发电设备的属性和服务。

2. 关联

两个相对独立的对象，当一个对象的实例与另外一个对象的特定实例存在固定关系时，这两个对象之间就存在关联关系。

关联分为单向关联、双向关联和多向关联等三种基本类型。类型根据参与关联的对象的数目，用连线表示两个对象之间的关联关系。例如，公司和员工之间，每个公司对应一些特定的员工，每个员工对应一特定的公司。如图 11-2 所示。

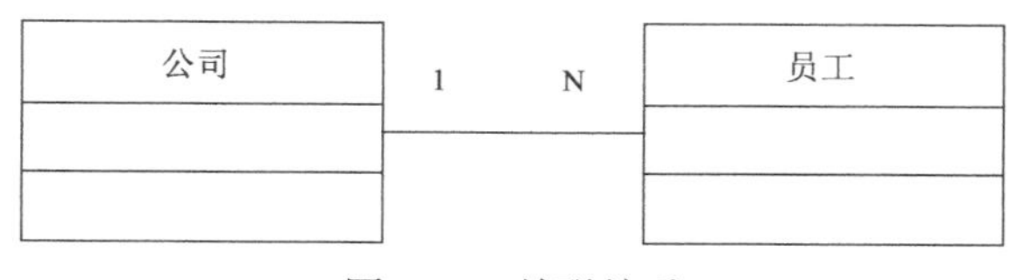

图 11-2　关联关系

3. 聚集关系

聚集是一种“整体–部分”关系。在这种关系中，有整体类和部分类之分。在陈述需求时使用的“包含”、“组成”、“分为……部分”等字句，往往意味着存在聚集关系。聚集最重要的性质是传递性，也具有逆对称性。

聚集可以有不同层次，可以把不同分类聚集得到一颗简单的聚集树，聚集树是一种简单表示，比画很多线将部分类联系起来简单得多，对象模型应该容易地反映各级层次。例如，图 11.3 是表示类的聚集关系的图形符号。图中，电脑是一个整体类，主板类、CPU 类和存储器类是组成整体类电脑的部分类。相互之间用菱形框和直线连接。菱形的顶点指向整体类，菱形的另一端线连接到部分对象。连线端可以标出数值，表示对象的数量，当值为 1 的时候可以省略。

例如，一台电脑由 1 个或多个 CPU、1 个或多个存储器、一个主板组成。电脑一端可以不标数量，CPU 和存储器数量可以是 1 或 n，主板可以不标数量，如图 11-3 所示。

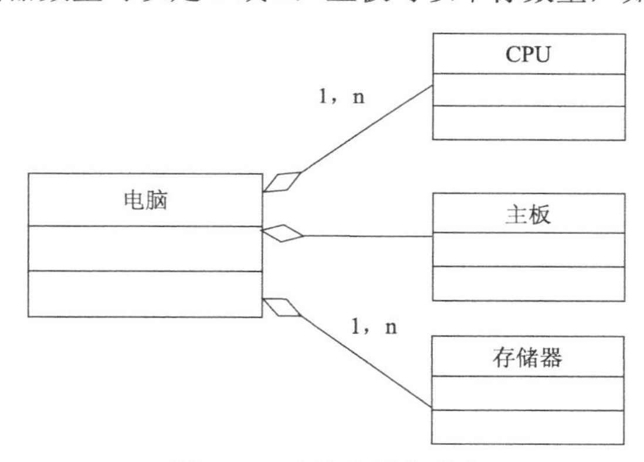

图 11-3　电脑的聚集关系

4. 依赖

对于两个相对独立的对象，当一个对象负责构造另一个对象的实例，或者依赖另一个对象的服务时，这两个对象之间主要体现为依赖关系。

依赖关系表现在局部变量、方法的参数以及对静态方法的调用。例如，要去拧螺丝，就要借助(也就是依赖)螺丝刀帮助完成拧螺丝的工作。

11.2.3　划分主题

在开发大型、复杂系统的过程中，为了降低复杂程度，人们习惯把系统再进一步划分成几个不同的主题，也就是在概念上把系统包含的内容分解成若干个范畴。

在开发很小的系统时，可能根本无须引入主题层；对于含有较多对象的系统，则往往先识别出类与对象和关联，然后划分主题，并用它作为指导开发者和用户观察整个模型的一种机制；对于规模极大的系统，则首先由高级分析员粗略地识别对象和关联，然后初步划分主题，经进一步分析，对系统结构有更深入的了解，再进一步修改和精炼主题。

应该按问题领域而不是用功能分解方法确定主题。此外，应该按照使不同主题内的对象相互间依赖和交互最少的原则确定主题。

11.3 建立动态模型

对象模型建立后，就需要考察对象和关系的动态变化情况。对象和关系具有生命周期，生命周期由许多阶段构成，每个阶段都有自己的运行规则，用来管理调节对象的行为，这需要用动态模型描述。动态模型表示瞬时的、行为化的系统的“控制”性质，它规定了对象模型中的对象的合法变化序列。动态模型用于描述系统的过程和行为，例如，描述系统从一种状态到另一种状态的转换，状态转换触发的事件和对象的行为。

所谓状态，是对对象属性值的一种抽象。当然，在定义状态时应该忽略那些不影响对象行为的属性。各对象之间相互触发(即作用)就形成了一系列的状态变化。把一个触发行为称为一个事件。对象对事件的响应，取决于接受该触发的对象当时所处的状态，响应包括改变自己的状态或者又形成一个新的触发行为。

状态是一种抽象，是针对影响对象行为的属性值。状态规定了对象对输入事件的响应方式。响应既可以作一个或多个动作，也可以只是改变对象本身的状态。状态有持续性，它占用一段时间间隔。

状态与事件密不可分，一个事件分开两个状态，一个状态隔开两个事件。事件表示时刻，状态代表时间间隔。

事件：是对象状态转换的控制信息。是特定的时刻发生的事情，使对象从一种状态转换到另一种状态的抽象。

行为：是对象在某一状态下发生的一系列处理操作。

建立动态模型，首先是编写脚本。从脚本中提取事件，画出顺序图以及到对象的状态图。

11.3.1 编写脚本

脚本，是完成系统某个功能的一个事件序列。通常起始于一个系统外部的输入事件，结束于一个系统外部的输出事件，它可以包括发生在此期间的系统所有的内部事件。

在建立动态模型的过程中，脚本是指系统在某一执行期间内出现的一系列事件。脚本描述用户(或其他外部设备)与目标系统之间的一个或多个典型的交互过程，以便对目标系统的行为有更具体的认识。编写脚本的目的是保证不遗漏重要的交互步骤，它有助于确保整个交互过程的正确性和清晰性。

脚本描写的范围并不是固定的，既可以包括系统中发生的全部事件，也可以只包括由某些特定对象触发的事件。脚本描写的范围主要由编写脚本的具体目的决定。

例如，编写一个自动售货机售货脚本。

顾客投入硬币：

①自动售货机计算并显示金额。

②顾客持续投入硬币直到足够的金额。

③自动售货机选择按钮灯亮。

④顾客选择饮料种类并按下选择按钮。

⑤自动售货机送出相应饮料并结算、找零。

⑥自动售货机扣除该饮料的存量。

⑦如自动售货机该饮料有存货，回到初始状态。

⑧如自动售货机该饮料无存货，显示该饮料“售空”灯亮，不再接受选择，回到初始状态。

11.3.2 设计用户界面

大多数交互行为都可以分为应用逻辑和用户界面两部分。通常，系统分析员首先集中精力考虑系统的信息流和控制流，而不是首先考虑用户界面。应用逻辑是内在的、本质的内容，用户界面是外在表现形式。动态模型着重表示应用系统的控制逻辑。

但是，用户界面的美观程度、方便程度、易学程度以及效率，是用户在使用系统时首先感受到的，用户对系统的第一印象往往就是通过界面获得的。用户界面的好坏往往对用户是否接受一个系统起着很重要的作用。因此，在分析阶段，软件开发人员需要快速开发一个用户界面原型，供用户试用和评价。

11.3.3 画顺序图

UML 顺序图中，竖线表示应用中的一个类，每个事件用一条水平的箭头表示，箭头的方向是从事件的发送方向指向接受对象，时间从上向下递增。下面是一个自动售货机售货的顺序图。

顾客需要买饮料。首先，投入钱币，售货机中有金额计算器，计算投入的金额总额，并显示出来，如果金额总数足够，选择按钮的灯亮，顾客可以按下选择按钮，选择饮料。售货机送出饮料，通过金额计算器结算余额，给顾客找零。售货机中存量计算器扣减存量，统计存量，如果存量为零，售空的标志灯亮起。

通过分析，自动售货机售货系统有六个对象类，分别为顾客、售货机、金额计算器、选择按钮、存量计算器和售空灯。自动售货机售货顺序图如图 11-4 所示。

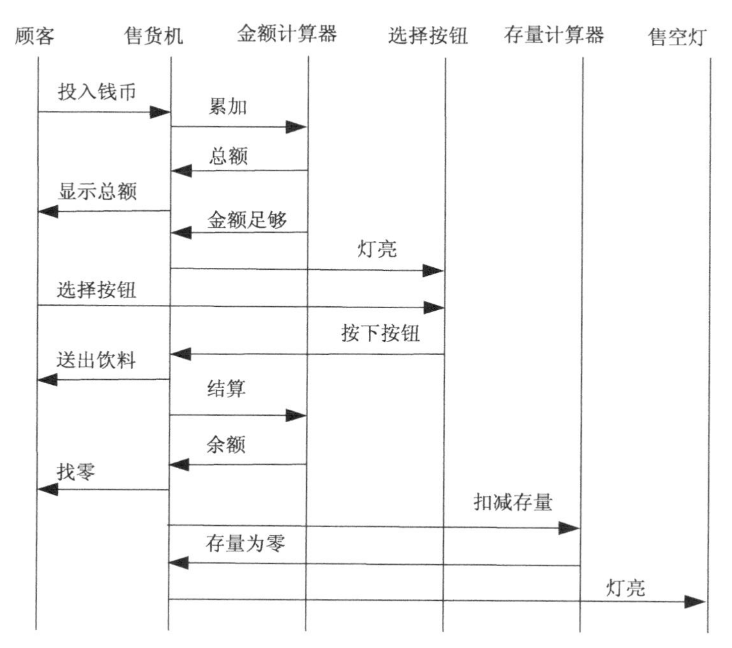

图 11-4　自动售货机售货顺序图

11.3.4 画状态图

状态图描绘事件与对象的状态的关系。通常一张状态图描绘一类对象的行为，它确定了由事件引起的状态序列。通过“执行”状态图，可以检验状态转换的正确性和协调一致性。执行的方式是从任意一个状态开始，当出现一个事件，可以引起状态转换，到达另一个状态，在状态入口执行相关的行为，在另一个事件出现之前，这个状态不会变化。

自动售货机状态图如图 11-5 所示。

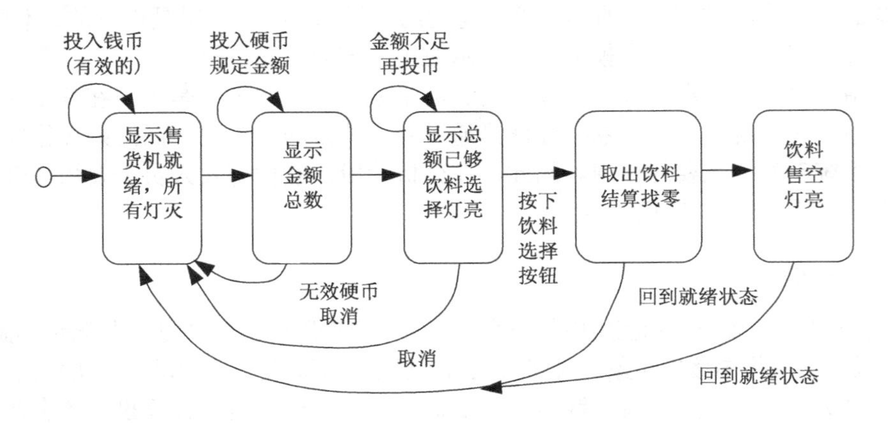

图 11-5 自动售货机状态图

自动售后机的状态有五种，分别是就绪、显示金额、选择灯亮、吐出饮料找零和售空灯亮。只有在顾客投入有效的钱币时，显示金额这个状态出现；当金额总额足够时，选择灯亮；顾客按下选择按钮，吐出饮料找零这个状态出现；存量计算器计算存量，不足时，售空灯亮，否则返回就绪状态。

11.4 建立功能模型

功能模型表示变化的系统的“功能”性质，它指明了系统应该“做什么”，因此更直接地反映了用户对目标系统的需求。功能模型由数据流图组成，指明从外部输入到外部输出，数据在系统中传递和变换的情况。功能模型表明一个计算如何从输入值得到输出值，它不考虑计算的次序。功能模型由多张数据流图组成。数据流图用来表示从源对象到目标对象的数据值的流向，它不包含控制信息，控制信息在动态模型中表示，同时数据流图也不表示对象中值的组织，值的组织在对象模型中表示。

建立功能模型的步骤：确定输入输出值，画出数据流图，定义服务。

1) 输入输出值是系统与外部之间进行交互的事件的参数

2) 画出数据流图

功能模型可以用多张数据流图表示，符号表示如下。

(1) 数据流或处理流程：用带箭头的直线表示。

(2) 处理：用圆角框或椭圆表示。

(3) 数据存储：用两条平行线或两端被同方向的圆弧封口的平行线表示。

(4) 数据源或数据终点用方框表示。

自动售货机售货数据流图如图 11-6 所示。

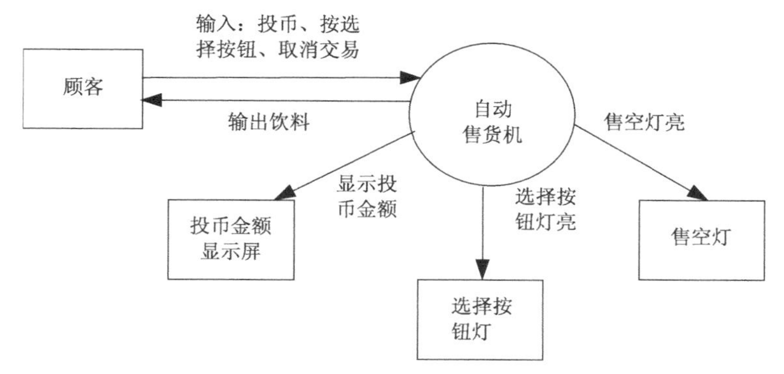

图 11-6　自动售货机售货数据流图

3) 定义服务

对象是由描述其属性的数据及可以对这些数据施加的操作（服务）封装在一起构成的独立单元。建立完整的对象模型，既要确定类中的属性，又要确定类中的服务。

服务与对象模型中属性和关联的查询有关，与动态模型中的事件有关，与功能模型中的处理有关。通过分析，把这些操作添加到对象模型中。

类的服务有以下几种。

(1) 对象模型中的服务。来自对象模型中的服务有读、写属性值。

(2) 来自事件中的服务。事件是可以识别的操作，是对象从一种状态转换到另一种状态的事情抽象。事件可以被认为是信息从一个对象到另一个对象的传送，发送信息的对象可能会收到对方的回复，也可能没有。这些状态的转换、对象的回复等，所对应的就是操作，即服务。

(3) 来自处理的服务。数据流图中的各个处理对应的对象的操作，应该添加到对象模型的服务中。

软件开发过程是一个反复修改、逐步完善的过程。必须把用户需求和实现策略区分开，但分析和设计之间不存在绝对的界限。

11.5　面向对象设计

面向对象设计（Object-Oriented Design，OOD）是面向对象分析到实现的一个桥梁。面向对象分析是将用户需求经过分析后，建立问题域精确模型的过程；而面向对象设计则根据面向对象分析得到的需求模型，建立求解域模型的过程。即分析必须搞清楚系统“做什么”，而设计必须搞清楚系统“怎么做”，从分析到设计不是传统方法的转换，而是平滑（无缝）过渡，而求解域模型是系统实现的依据。

面向对象设计可分为系统设计和对象设计。系统设计是高层设计，主要确定实现系统的策略和目标系统的高层结构。类-对象设计是低层设计，主要确定解空间中的类、关联、接口形式及实现服务的算法；高层设计主要确定系统的结构、用户界面，即用来构造系统的总的模型，并把任务分配给系统的各个子系统。

11.5.1 面向对象设计准则

1.面向对象设计准则

1）模块化

模块化是软件设计的重要准则。在面向对象开发方法中，将对象定义为模块。对象把数据结构和作用在数据上的操作（方法）封装起来构成模块。对象是组成系统的基本模块。

2）抽象

面向对象方法不仅支持过程抽象，而且支持数据抽象。类是一种抽象数据类型，在该数据类型之上，可以创建对象（类的成员）。类包含相似对象的共同属性和服务，它对外定义了公共接口，构成了类的规格说明（即协议），供外界合法访问。

3）信息隐藏

在面向对象方法中，信息隐藏通过对象的封装性实现。在面向对象方法中，对象是属性和服务的封装体，这就实现了信息隐藏。类结构分离了接口与实现，类的属性的表示方法和操作的实现算法，对于类的用户，都应该是隐藏的，用户只能通过公共接口访问类中的属性。

4）低耦合

所谓耦合，是指一个软件结构内不同模块之间互连的依赖关系。依赖关系越多耦合度越强，依赖关系越少耦合度越弱。在面向对象方法中，对象是最基本的模块，不同对象之间相互关联的依赖关系表示了耦合度。衡量设计优良的一个重要标准就是弱耦合，弱耦合的设计中某个对象的改变不会或很少影响其他对象。

5）高内聚

所谓内聚，是一个模块内各个元素彼此结合的紧密程度。结合得越紧密内聚越强，结合得越不紧密内聚越弱。强内聚也是衡量设计优良的一个重要标准。在面向对象设计中，内聚可分为下述三类。

(1)服务（操作）内聚。一个服务应该是单一的，即只完成一个任务。

(2)类内聚。类内聚要求类的属性和服务应该是高内聚的，而且它们应该是系统任务所必需的。一个类应该只有一个功能，如果某个类有多个功能，通常应该把它分解成多个专用的类。

(3)一般–特殊内聚。一般–特殊内聚表示：一般–特殊结构符合领域知识的表示形式，也就是说，特殊类应该尽量继承一般类的属性和服务。这样的一般–特殊结构是高内聚的。

6）可重用

在面向对象设计中，一个类的设计应该具有通用性，为开发相似的系统提供软件重用可能。因此，在软件开发过程中，为了实现重用，既要尽量重用已有的类，又要创建可重用的新类。

2. 面向对象设计的启发规则

1）设计结果应该清晰易懂

使设计结果清晰、易懂、易读是提高软件可维护性和可重用性的重要措施。显然，人们不会重用那些他们不理解的设计。用词一致、使用已有的协议、减少消息模式的数量、避免模糊的定义。

2) 一般–具体结构的深度应适当

类的等级中包含的层次应该适当，一般一个类的等级层次应该在七个左右，不超过九个。

3) 设计简单类

应该尽量设计小而简单的类，这样便于开发和管理。为了保持简单，应注意以下几点。

(1) 避免包含过多的属性。属性多通常表明这个类过于复杂，所完成的功能可能太多了。

(2) 有明确的定义。为了使类的定义明确，最好能用一两个简单的语句描述它的任务。

(3) 尽量简化对象之间的合作关系。如果需要多个对象一起配合才能完成一个功能，就会破坏类的简明性和清晰性。

(4) 不要提供太多的服务。一个类提供的服务过多，同样也表明这个类过于复杂，通常，一个类提供的服务应该不超过七个。

4) 使用简单的协议

一般来说，消息中参数不要超过三个。超过三个也不是不可以，但这样表明，通过过多消息相互关联的对象是紧耦合的，对其中一个对象的修改也会导致其他对象的修改。

5) 使用简单的操作

面向对象设计的类中的操作通常都很小，一般只有 3~5 行源程序语句，可以用仅含一个动词和一个宾语的简单句子描述它的功能。

6) 把设计变动减至最小

通常，设计的质量越高，设计结果保持不变的时间也越长。即使出现必须修改设计的情况，也应该使修改的范围尽可能小。

11.5.2 系统设计

系统设计是问题求解及建立解答的高级策略。必须制定解决问题的基本方法，系统的高层结构形式包括子系统的分解、它的固有并发性、子系统分配给硬软件、数据存储管理、资源协调、软件控制实现、人机交互接口。

系统设计步骤如下。

1. 系统分解子系统

设计阶段先从高层入手，然后细化。系统设计要决定整个结构及风格，这种结构为后面设计阶段的更详细策略的设计提供了基础。

系统中主要的组成部分称为子系统，子系统既不是一个对象也不是一个功能，而是类、关联、操作、事件和约束的集合。在应用系统中，子系统之间的关系可分为客户/服务器关系和同等伙伴关系两种。这两种关系对应两种交互的方式，即客户/服务器交互方式和同等伙伴交互方式。通常，系统使用客户/服务器关系，因为单向交互更容易理解，也更容易设计和修改，而双向交互相对困难。

将子系统组织成完整的系统有两种方式，即水平层次组织和垂直块组织。

(1) 层次组织。层次组织是将子系统按层组织成为一个层次软件系统，每层是一个子系统。上层建立在下层的基础上，下层为上层提供必要的服务。低层子系统提供服务，相当于服务器，上层子系统使用下层提供的服务，相当于客户。

(2) 块组织。块组织将系统垂直地分解成若干个相对独立的、弱耦合的子系统，一个子系统相当于一块，每块提供一种类型的服务。

(3) 设计系统的拓扑结构。构成完整系统的拓扑结构有管道型、树型、星型等。应采用与问题结构相适应的、尽可能简单的拓扑结构，减少子系统之间的交互数量。

2. 设计问题域子系统

使用面向对象方法开发软件时，在分析与设计之间并没有明确的分界线，对于问题域子系统，情况更是如此。但是，分析与设计毕竟是性质不同的两类开发工作，分析工作可以而且应该与具体实现无关，设计工作则在很大程度上受具体实现环境的约束。在开始进行设计工作之前(至少在完成设计之前)，设计者应该了解本项目预计要使用的编程语言，可用的软构件库(主要是类库)以及程序员的编程经验。通过面向对象分析所得出的问题域精确模型，为设计问题域子系统奠定了良好的基础，建立了完整的框架。只要可能，就应该保持面向对象分析所建立的问题域结构。

通常，面向对象设计仅需从实现角度对问题域模型做一些补充或修改，主要是增添、合并或分解类与对象、属性及服务，调整继承关系等。当问题域子系统过分复杂庞大时，应该把它进一步分解成若干个更小的子系统。

使用面向对象方法学开发软件，能够保持问题域组织框架的稳定性，从而便于追踪分析、设计和编程的结。在设计与实现过程中所做的细节修改(例如，增加具体类，增加属性或服务)，并不影响开发结果的稳定性，因为系统的总体框架是基于问题域的。对于需求可能随时间变化的系统，稳定性是至关重要的。稳定性也是能够在类似系统中重用分析、设计和编程结果的关键因素。为更好地支持系统在其生命期中的扩展，也同样需要稳定性。

1) 调整需求

有两种情况会导致修改通过面向对象分析所确定的系统需求：一是用户需求或外部环境发生了变化；二是分析员对问题域理解不透彻或缺乏领域专家帮助，致使面向对象分析模型不能完整、准确地反映用户的真实需求。

无论出现上述哪种情况，通常都只需简单地修改面向对象分析结果，然后再把这些修改反映到问题域子系统。

2) 重用已有的类

代码重用从设计阶段开始，在研究面向对象分析结果时就应该寻找使用已有类的方法。若因为没有合适的类可以重用而确实需要创建新的类，则在设计这些新类的协议时，必须考虑将来的可重用性。

如果有可能重用已有的类，则重用已有类的典型过程如下。

(1) 选择有可能被重用的已有类，标出这些候选类中对本问题无用的属性和服务，尽量重用那些能使无用的属性和服务降到最低程度的类。

(2) 在被重用的已有类和问题域类之间添加泛化关系(即从被重用的已有类派生出问题域类)。

(3) 标出问题域类中从已有类继承的属性和服务，现在已经无须在问题域类内定义它们了。

(4) 修改与问题域类相关的关联，必要时改为与被重用的已有类相关的关联。

3) 把问题域类组合在一起

在面向对象设计过程中，设计者往往通过引入一个根类而把问题域类组合在一起。事实上，这是在没有更先进的组合机制可用时才采用的一种组合方法。此外，这样的根类还可以用来建立协议。

4) 增添一般化类以建立协议

在设计过程中常常发现，一些具体类需要有一个公共的协议，也就是说，它们都需要定义一组类似的服务。在这种情况下可以引入一个附加类(如根类)，以建立这个协议。

5) 调整继承层次

如果面向对象分析模型中包含了多重继承关系，然而所使用的程序设计语言却并不提供多重继承机制，则必须修改面向对象分析的结果。即使使用支持多重继承的语言，有时也会出于实现考虑而对面向对象分析结果作一些调整。下面分两种情况讨论。

(1) 使用多重继承机制时，应该避免出现属性及服务的命名冲突。下面通过例子说明避免命名冲突的方法。

(2) 使用单继承机制。如果打算使用仅提供单继承机制的语言实现系统，则必须把面向对象分析模型中的多重继承结构转换成单继承结构。常见的做法是，把多重继承结构简化成单一的单继承层次结构。显然，在多重继承结构中的某些继承关系，经简化后将不再存在，这表明需要在各个具体类中重复定义某些属性和服务。

3. 设计用户界面子系统

设计用户界面子系统，先要设计用户界面类。是指那些为实现人机交互接口而设计的类，它是使软件系统能够接收用户的命令和能够为用户提供信息所需要的类。

用户界面类是为了使系统能够与用户进行交互而必须增添设计的类。在实际中，一个软件系统常常会因为其用户界面使得用户不满意而遭到否定或弃之不用。因此用户界面类的设计是一项既影响软件系统前途，又需要做耐心细致调查分析的重要工作。尽管在分析过程中已经对用户在用户界面方面进行了分析，但是在设计过程中仍然必须继续做这项分析工作，必须具体设计确定交互作用的时间、交互方式和交互技术等。用户界面类的设计通常可以采用系统原型(模型)法。

1) 分析考察用户

(1) 将用户分类。

①按职能分类：职员、经理。

②按技能层次划分：外行、初学、熟练、专家。

(2) 描述用户。

①用户类型。

②用户特征(年龄、身份、受教育程度等)。

③关键成功因素(需求、爱好、习惯等)。

④技能水平。

⑤完成本职工作的脚本。

2) 设计命令层次

(1) 研究用户交互的意义及准则。如果已建立的交互系统中已有命令层次，则先研究这个已有的交互界面的意义和准则。

(2) 建立初始命令层。可以以多种方式提供给用户，如窗口、按钮、下拉菜单、菜单条、可动的图标等。

(3) 细化命令层。为了细化命令层，应考虑如下几个问题。

①排序。在开发命令层时，必须仔细选择不同的操作名称，并把这些名称按一定要求排序，将最有用的放在前面，或者按习惯的工作步骤排序。

②组装。在操作中寻找组装结构模式，这有助于在层次中组织和分离操作。

③宽度和广度。由于人的短暂记忆局限，命令层次不宜太广太深。以 3 最为合适。

④极小化。尽量少用组合键，极小化用户的击键次数。

3) 完成设计

当前由于软件开发工具，特别是可视化开发工具的日益丰富，完成用户界面的具体设计已经是一件十分容易的事情了，但是在具体设计时不能忽略以下原则。

①一致性。使用一致的术语、一致的步骤和一致的动作行为。

②减少步骤。极小化击键次数、使用鼠标的次数和下拉菜单的次数，极小化响应时间。

③尽量显示提示信息。尽量为用户提供有意义的、及时反馈信息。

④设置取消操作。用户难免出错，应尽量使用户取消其错误动作。

⑤尽量减少要用户记忆的内容。不应该要求用户记下某窗口的信息而用于另一窗口中。

⑥易学易用。为用户提供联机学习手册。

⑦屏幕生动活泼。屏幕画面看起来能够吸引用户，唤起用户的注意和兴趣。

4. 设计任务管理子系统

在实际系统中，许多对象之间往往存在相互依赖关系。此外，在实际使用的硬件中，可能仅由一个处理器支持多个对象。因此，设计工作的一项重要内容就是，确定哪些是必须同时动作的对象，哪些是相互排斥的对象。然后进一步设计任务管理子系统。

分析并发性。

通过面向对象分析建立的动态模型，是分析并发性的主要依据。如果两个对象彼此间不存在交互，或者它们同时接受事件，则这两个对象在本质上是并发的。通过检查各个对象的状态图及它们之间交换的事件，能够把若干个非并发的对象归并到一条控制线中。所谓控制线，是一条遍及状态图集合的路径，在这条路径上每次只有一个对象是活动的。在计算机系统中用任务（task）实现控制线，一般认为任务是进程（process）的别名。通常把多个任务的并发执行称为多任务。对于某些应用系统，通过划分任务，可以简化系统的设计及编码工作。不同的任务标识了必须同时发生的不同行为。这种并发行为既可以在不同的处理器上实现，也可以在单个处理器上利用多任务操作系统仿真实现（通常采用时间分片策略仿真多处理器环境）。

设计任务管理子系统。

常见的任务有事件驱动型任务、时钟驱动型任务、优先任务、关键任务和协调任务等。设计任务管理子系统包括确定各类任务并把任务分配给适当的硬件或软件执行。

所谓任务，就是一个处理过程，它可能包含不同类的多个操作的执行。任务管理类的用途之一就是用于管理系统的这种任务，它的另一个主要用途是在操作系统级（运行平台）上负责处理并发、中断、调度等问题，从而使得所设计的系统能够相对独立于运行平台，当需要移植到其他运行平台上时，只需要替换有关任务管理类就可以了。因此，为了设计任务管理类，首先必须从所设计的系统有关类中找出需要并发进行的操作和那些与特定运行平台有关的操作，然后再对它们进行分析设计。

1) 确定任务类型

(1) 确定事件驱动型任务。

某些任务是由事件驱动而执行的。这种任务可能负责与设备的通信，与一个窗口或多个窗口、其他任务、子系统、其他处理器或其他系统的通信。

在系统运行时，这类任务的工作过程如下：任务处于睡眠状态(不消耗处理器时间)，等待来自数据线或其他数据源的中断；一旦接收到中断就唤醒了该任务，接收数据并把数据放入内存缓冲区或其他目的地，通知需要知道这件事的对象，然后该任务又回到睡眠状态。

(2) 确定时钟驱动型任务。

这种任务在特定的时间被触发执行某些处理。例如，某些设备要求周期性地获得数据或控制，某些用户界面、子系统、任务、处理器或其他系统也可能需要周期性地通信。此时就常用到时钟驱动型的任务。

时钟驱动型任务的工作过程如下：任务设置了唤醒时间后进入睡眠状态；任务睡眠(不消耗处理器时间)等待来自系统的中断；一旦接收到这种中断任务就被唤醒并做它的工作，通知有关的对象，然后该任务又回到睡眠状态。

(3) 确定优先任务及临界任务。

优先任务分高优先级和低优先级两种，用来适应处理的需要。临界任务是有关系统成功或失败的临界处理，它尤其涉及严格的可靠性约束。

高优先级：某些服务具有很高的优先级，为了在严格限定的时间内完成这种服务，可能需要把这类服务分离成独立的任务。

低优先级：与高优先级相反，有些服务是低优先级的，属于低优先级处理(通常指那些背景处理)。设计时可能用额外的任务把这样的处理分离出来。

(4) 确定协调任务。

当存在三个以上的任务时，就应该考虑增加一个任务，用它来协调任务。协调任务的引入当然会增加系统的开销，但是引入协调任务有利于封装任务之间的协调控制。使用状态转换矩阵可以描述该任务的行为。

(5) 尽量减少任务数。

必须仔细分析和选择每个确实需要的任务。应该使系统中包含的任务数尽量少。设计多任务系统的主要问题是，设计者常常为了自己处理时的方便而轻率地定义过多的任务。这样做加大了设计工作的技术复杂度，并使系统变得不易理解，从而也加大了系统维护的难度。

(6) 确定资源需求。

使用多处理器或固件，主要是为了满足高性能的需求。设计者必须通过计算系统载荷(即每秒处理的业务数及处理一个业务所花费的时间)，估算所需要的 CPU(或其他固件)的处理能力。

2) 分析任务

设计多任务系统的主要问题是设计人员常常定义太多的任务。原因是为自己处理时的方便，但是这样做就增大了整个设计的技术复杂度，并且不容易理解。因此，在进行任务管理类的具体设计前，必须仔细分析和选择各个任务，尽量使得任务的数目降低到最少。

3) 完成设计

设计任务包括定义任务的内容以及它怎样协调和通信。

①任务的内容：为任务命名，并简要说明任务的内容。

②怎样协调：定义各个任务如何协调工作，指出它是事件驱动还是时钟驱动。
③怎样通信：任务从什么地方获取数据，返回的结果送到何方。

5. 设计数据管理子系统

数据管理子系统是系统存储或检索对象的基本设施，它建立在某种数据存储管理系统之上，并且隔离了数据存储管理模式(文件、关系数据库或面向对象数据库)的影响。

数据管理子系统中，需要设计数据管理类。是指那些为实现对数据进行管理而设计的类，它是使软件系统能够对对象的属性值进行存储和检索所需要的类。

数据管理类用于存储和检索对象的属性值，可以采用文件模式或关系数据库模式实现。设计数据管理类的目的是使对对象属性值的管理独立于各种不同的数据管理模式。

1)数据格式设计

(1)文件数据格式。当采用文件存储管理方式时，数据格式的设计就是对文件记录结构进行设计。

(2)关系数据库格式。当采用关系数据库管理方式时，数据格式的设计就是对关系表结构进行设计。

2)操作设计

数据管理类的操作包括增添数据记录、删除数据记录、检索数据记录和更新数据记录等几种形式，问题空间类可通过这些操作发送消息给相应的数据管理类实现对数据的存储、删除、检索和更新。

11.5.3 对象设计

面向对象分析得到对象模型，通常并没有详细描述类中的服务。面向对象设计阶段是扩从、完善和细化对象模型的过程，设计类中的服务、实现服务的算法是面向对象设计的一个重要的任务，还要设计类的关系、接口形式及进行设计的优化。

1. 对象描述

对象是类或子类的一个具体的实例。

对象的设计描述可以通过实现描述和协议描述两种形式设计。实现描述，由传送给对象的消息所包含的每个操作的实现细节，包括对象名字的定义和类的引用、关于描述对象的属性的数据结构的定义及操作过称的细节。协议描述，通过定义对象可以接收的消息和当对象接收到消息后完成的操作建立对象的接口。协议描述是一组消息和对消息的注释。

2. 设计类中的服务

1)确定类中应有的服务

综合考虑对象模型、动态模型和功能模型才能确定类中应有的服务。如状态图中对象对事件的响应、数据流图中的处理、输入对象、输出对象和存储对象等。

2)设计实现服务的方法

先设计实现服务的算法，考虑算法的复杂度，如何使算法容易理解，容易实现和修改。然后选择数据结构，需要选择能方便、有效地实现算法的数据结构。最后，定义类中的内部操作，可能需要添加一些用来存放中间结果的类。

3. 关联的设计

在对象模型中，关联是联结不同对象的纽带，它指定了对象相互间的访问路径。在面向对象设计过程中，设计人员必须确定实现关联的具体策略。既可以选定一个全局性的策略统一实现所有关联，也可以分别为每个关联选择具体的实现策略，以与它在应用系统中的使用方式相适应。为了更好地设计实现关联的途径，首先应该分析使用关联的方式。

1）关联的遍历

在应用系统中，使用关联有两种可能的方式：单向遍历和双向遍历。在应用系统中，某些关联只需要单向遍历，这种单向关联实现起来比较简单，另外一些关联可能需要双向遍历，双向关联实现起来稍微麻烦一些。在使用原型法开发软件的时候，原型中所有关联都应该是双向的，以便于增加新的行为，快速地扩充和修改原型。

2）实现单向关联

用指针可以方便地实现单向关联。

3）实现双向关联

许多关联都需要双向遍历，当然，两个方向遍历的频度往往并不相同。实现双向关联有下列三种方法。

(1) 只用属性实现一个方向的关联，当需要反向遍历时就执行一次正向查找。如果两个方向遍历的频度相差很大，而且需要尽量减少存储开销和修改时的开销，则这是一种很有效地实现双向关联的方法。

(2) 两个方向的关联都用属性实现。这种方法能实现快速访问，但是，如果修改了一个属性，则相关的属性也必须随之修改，才能保持该关联链的一致性。当访问次数远远多于修改次数时，这种实现方法很有效。

(3) 用独立的关联对象实现双向关联。关联对象不属于相互关联的任何一个类，它是独立的关联类的实例。

4）关联对象的实现

可以引入一个关联类保存描述关联性质的信息，关联中的每个连接对应着关联类的一个对象。实现关联对象的方法取决于关联的重数。对于一对一关联，关联对象可以与参与关联的任一个对象合并。对于一对多关联，关联对象可以与“多”端对象合并。如果是多对多关联，则关联链的性质不可能只与一个参与关联的对象有关，通常用一个独立的关联类保存描述关联性质的信息，这个类的每个实例表示一条具体的关联链及该链的属性。

4. 调整继承关系

在面向对象设计过程中，建立良好的继承关系是优化设计的一项重要内容。继承关系能够为一个类族定义一个协议，并能在类之间实现代码共享以减少冗余。一个基类和它的子孙类在一起称为一个类继承。在面向设计，建立良好的类继承是非常重要的。利用类继承能够把若干个类组织成一个逻辑结构。

1）抽象与具体

在设计类继承时，很少使用纯粹自顶向下的方法。通常的做法是，首先创建一些满足具体用途的类，然后对它们进行归纳，一旦归纳出一些通用的类以后，往往可以根据需要再派生出具体类。在进行了一些具体化(即门化)的工作之后，也许就应该再次归纳了。对于某些类继承，这是一个持续不断的演化过程。

2) 为提高继承程度而修改类定义

如果在一组相似的类中存在公共的属性和公共的行为，则可以把这些公共的属性和行为抽取出来放在一个共同的祖先类中，供其子类继承在对现有类进行归纳的时候，要注意：

不能违背领域知识和常识；应该确保现有类的协议(即同外部世界的接口)不变。更常见的情况是，各个现有类中的属性和行为(操作)，虽然相似却并不完全相同，在这种情况下需要对类的定义稍加修改，才能定义一个基类供其子类从中继承需要的属性或行为。

有时抽象出一个基类之后，在系统中暂时只有一个子类能从它继承属性和行为，显然，在当前情况下抽象出这个基类并没有获得共享的好处。但是，这样做通常仍然是值得的，因为将来可能重用这个基类。

3) 利用委托实现行为共享

仅当存在真实的一般–特殊关系(即子类确实是父类的一种特殊形式)时，利用继承机制实现行为共享才是合理的。

5. 优化设计

1) 确定优先级

系统的各项质量指标并不是同等重要的，设计人员须确定各项质量指标的相对重要性(即确定优先级)，以便在优化设计时制定折中方案。系统的整体质量与设计人员所制定的折中方案密切相关。最终产品成功与否，在很大程度上取决于是否选择好了系统目标。最糟糕的情况是，没有站在全局高度正确确定各项质量指标的优先级，以致系统中各个子系统按照相互对立的目标进行了优化，将导致系统资源的严重浪费。在折中方案中设置的优先级应该是模糊的。事实上，不可能指定精确的优先级数值(例如，速度48%，内存25%，费用8%，可修改性19%)。最常见的情况是在效率和清晰性之间寻求适当的折中方案。

2) 增加冗余关联以提高访问效率

在面向对象分析过程中，应该避免在对象模型中存在冗余的关联，因为冗余关联不仅没有增添任何信息，反而会降低模型的清晰程度。但是，在面向对象设计过程中，应当考虑用户的访问模式，及不同类型的访问彼此间的依赖关系时，分析阶段确定的关联可能并没有构成效率最高的访问路径。增加冗余关联不仅是提高效率的技术，也是建立良好的继承结构的方法。

3) 调整查询次序

改进了对象模型的结构，从而优化了常用的遍历之后，接下来就应该优化算法了。优化算法的一个途径是尽量缩小查找范围。例如，假设用户在使用雇员技能数据库的过程中，希望找出既会讲日语又会讲法语的所有雇员。如果某公司只有5位雇员会讲日语，会讲法语的雇员却有200人，则应该先查找会讲日语的雇员，然后再从这些会讲日语的雇员中查找同时又会讲法语的人。

4) 保留派生属性

通过某种运算而从其他数据派生出来的数据，是一种冗余数据。通常把这类数据“存储”(或称为“隐藏”)在计算它的表达式中。如果希望避免重复计算复杂表达式所带来的开销，可以把这类冗余数据作为派生属性保存起来。派生属性既可以在原有类中定义，也可以定义新类，并用新类的对象保存它们。每当修改了基本对象之后，所有依赖于它的保存派生属性的对象也必须相应地修改。

11.6 面向对象实现

与结构化实现技术中先以模块为单位进行过程设计和编码调试相似，面向对象实现技术是先以类为单位进行操作设计、编码调试；然后实现类与类之间的关联定义，并进行系统测试；最后交予用户使用并根据使用情况进行维护。在每一个阶段都必须按照有关规范编写相应的说明书或报告。

11.6.1 程序设计语言的选择

毫无疑问，面向对象设计的实现最自然的实现方式是利用面向对象语言。

采用面向对象方法开发软件的基本目的和主要优点是通过重用提高软件的生产率。因此，应该优先选用能够最完善、最准确地表达问题域语义的面向对象语言。

在选择编程语言时，应该考虑的其他因素有：对用户学习面向对象分析、设计和编码技术所能提供的培训操作；在使用这个面向对象语言期间能提供的技术支持；能提供给开发人员使用的开发工具、开发平台，对机器性能和内存的需求，集成已有软件的容易程度。为了实现面向对象的设计，所选用的编码语言一般应包括实现类定义、对象创建、结构定义、实例关联定义、操作调用和消息发送、内存管理、封装等基本功能的编码手段。

1. 面向对象语言的优点

面向对象设计的结果既可以用面向对象语言、也可以用非面向对象语言实现。

使用面向对象语言时，由于语言本身充分支持面向对象概念的实现，因此，编译程序可以自动把面向对象概念映射到目标程序中。使用非面向对象语言编写面向对象程序，则必须由程序员自己把面向对象概念映射到目标程序中。所有非面向对象语言都不支持一般-特殊结构的实现，使用这类语言编程时要么完全回避继承的概念，要么在声明特殊化类时，把对一般化类的引用嵌套在它里面。

到底应该选用面向对象语言还是非面向对象语言，关键不在于语言功能强弱。从原理上说，使用任何一种通用语言都可以实现面向对象概念。当然，使用面向对象语言，实现面向对象概念，远比使用非面向对象语言方便，但是，方便性也并不是决定选择何种语言的关键因素。选择编程语言的关键因素，是语言的一致的表达能力、可重用性及可维护性。从面向对象观点看，能够更完整、更准确地表达问题域语义的面向对象语言的语法是非常重要的，因为这会带来下述几个重要优点。

1）一致的表示方法

从前面章节的讲述中可以知道，面向对象开发基于不随时间变化的、一致的表示方法。这种表示方法应该从问题域到 OOA，从 OOA 到 OOD，最后从 OOD 到面向对象编程（OOP），始终稳定不变。一致的表示方法既有利于在软件开发过程中始终使用统一的概念，也有利于维护人员理解软件的各种配置成分。

2）可重用性

为了能带来可观的商业利益，必须在更广泛的范围中运用重用机制，而不是仅在程序设计这个层次上进行重用。因此，在 OOA，OOD 直到 OOP 中都显式地表示问题域语义，其意义是十分深远的。随着时间的推移，软件开发组织既可能重用它在某个问题域内的 OOA 结果，也可能重用相应的 OOD 和 OOP 结果。

3) 可维护性

尽管人们反复强调保持文档与源程序一致的必要性，但是，在实际工作中很难做到交付两类不同的文档，并使它们保持彼此完全一致。特别是考虑到进度、预算、能力和人员等限制因素时，做到两类文档完全一致几乎是不可能的。因此，维护人员最终面对的往往只有源程序本身。

因此，在选择编程语言时，应该考虑的首要因素，是在供选择的语言中哪个语言能最好地表达问题域语义。一般来说，应该尽量选用面向对象语言实现面向对象分析、设计的结果。

2. 选择面向对象语言时应该着重考察的一些技术特点

1) 支持类与对象概念的机制

所有面向对象语言都允许用户动态创建对象，并且可以用指针引用动态创建的对象。允许动态创建对象，就意味着系统必须处理内存管理问题，如果不及时释放不再需要的对象所占用的内存，动态存储分配就有可能耗尽内存。

有两种管理内存的方法，一种是由语言的运行机制自动管理内存，即提供自动回收“垃圾”的机制；另一种是由程序员编写释放内存的代码。自动管理内存不仅方便而且安全，但是必须采用先进的垃圾收集算法才能减少开销。某些面向对象的语言允许程序员定义析构函数(destructor)。每当一个对象超出范围或被显式删除时，就自动调用析构函数。这种机制使得程序员能够方便地构造和唤醒释放内存的操作，却又不是垃圾收集机制。

2) 实现整体-部分(即聚集)结构的机制

一般来说，有两种实现方法，分别使用指针和独立的关联对象实现整体-部分结构。大多数现有的面向对象语言并不显式支持独立的关联对象，在这种情况下，使用指针是最容易的实现方法，通过增加内部指针可以方便地实现关联。

3) 实现一般-特殊(即泛化)结构的机制

既包括实现继承的机制也包括解决名字冲突的机制。所谓解决名字冲突，指的是处理在多个基类中可能出现的重名问题，这个问题仅在支持多重继承的语言中才会遇到。某些语言拒绝接受有名字冲突的程序，另一些语言提供了解决冲突的协议。不论使用何种语言，程序员都应该尽力避免出现名字冲突。

4) 实现属性和服务的机制

对于实现属性的机制应该着重考虑以下几个方面：支持实例连接的机制；属性的可见性控制；对属性值的约束。对于服务，主要应该考虑下列因素：支持消息连接(即表达对象交互关系)的机制；控制服务可见性的机制；动态联编。

所谓动态联编，是指应用系统在运行过程中，当需要执行一个特定服务的时候，选择(或联编)实现该服务的适当算法的能力。动态联编机制使得程序员在向对象发送消息时拥有较大自由，在发送消息前，无须知道接受消息的对象当时属于哪个类。

5) 类型检查

程序设计语言可以按照编译时进行类型检查的严格程度分类。如果语言仅要求每个变量或属性隶属于一个对象，则是弱类型的；如果语法规定每个变量或属性必须准确地属于某个特定的类，则这样的语言是强类型的。面向对象语言在这方面差异很大，例如，Smalltalk 实际上是一种无类型语言(所有变量都是未指定类的对象)；C++和 Eiffel 则是强类型语言。混合型语言(如 C++，Objective_C 等)甚至允许属性值不是对象而是某种预定义的基本类型数据(如整数、浮点数等)，这可以提高操作的效率。

强类型语言主要有两个优点：一是有利于在编译时发现程序错误；二是增加了优化的可能性。通常使用强类型编译型语言开发软件产品，使用弱类型解释型语言快速开发原型。总的来说，强类型语言有助于提高软件的可靠性和运行效率，现代的程序语言理论支持强类型检查，大多数新语言都是强类型的。

6)类库

大多数面向对象语言都提供一个实用的类库。某些语言本身并没有规定提供什么样的类库，而是由实现这种语言的编译系统自行提供类库。存在类库，许多软构件就不必由程序员重头编写了，这为实现软件重用带来很大方便。

类库中往往包含实现通用数据结构(例如，动态数组、表、队列、栈、树等)的类，通常把这些类称为包容类。在类库中还可以找到实现各种关联的类。

更完整的类库通常还提供独立于具体设备的接口类(例如，输入输出流)，此外，用于实现窗口系统的用户界面类也非常有用，它们构成一个相对独立的图形库。

7)效率

许多人认为面向对象语言的主要缺点是效率低。产生这种印象的一个原因是，某些早期的面向对象语言是解释型的而不是编译型的。事实上，使用拥有完整类库的面向对象语言，有时能比使用非面向对象语言得到运行更快的代码。这是因为类库中提供了更高效的算法和更好的数据结构，例如，程序员已经无须编写实现哈希表或平衡树算法的代码了，类库中已经提供了这类数据结构，而且算法先进、代码精巧可靠。

认为面向对象语言效率低的另一个理由是，这种语言在运行时使用动态联编实现多态性，这似乎需要在运行时查找继承树，以得到定义给定操作的类。事实上，绝大多数面向对象语言都优化了这个查找过程，从而实现了高效率查找。只要在程序运行时始终保持类结构不变，就能在子类中存储各个操作的正确入口点，从而使动态联编成为查找哈希表的高效过程，不会由于继承树深度加大或类中定义的操作数增加而降低效率。

8)持久保存对象

任何应用程序都对数据进行处理，如果希望数据能够不依赖程序执行的生命期而长时间保存下来，则需要提供某种保存数据的方法。希望长期保存数据主要出于以下两个原因：为实现在不同程序之间传递数据，需要保存数据；为恢复被中断了的程序的运行，首先需要保存数据。

一些面向对象语言，没有提供直接存储对象的机制。这些语言的用户必须自己管理对象的输入输出，或者购买面向对象的数据库管理系统。

另外一些面向对象语言(例如，Smalltalk)，把当前的执行状态完整地保存在磁盘上。还有一些面向对象语言，提供了访问磁盘对象的输入输出操作。

通过在类库中增加对象存储管理功能，可以在不改变语言定义或不增加关键字的情况下，在开发环境中提供这种功能。然后，可以从“可存储的类”中派生出需要持久保存的对象，该对象自然继承了对象存储管理功能。

理想情况下，应该使程序设计语言语法与对象存储管理语法实现无缝集成。

9)参数化类

在实际的应用程序中，常常看到这样一些软件元素(即函数、类等软件成分)，从它们的逻辑功能看，彼此是相同的，所不同的主要是处理的对象(数据)类型不同。例如，对于一个向量(一维数组)类，不论是整型向量，浮点型向量，还是其他任何类型的向量，针对它的数据元素所进行的基本操作都是相同的(例如，插入、删除、检索等)，当然，不同向量的数据元素的类型是不同的。如果程序语言提供一种能抽象出这类共性的机制，则对减少冗余和提高可重用性是大有好处的。

所谓参数化类，就是使用一个或多个类型去参数化一个类的机制，有了这种机制，程序员就可以先定义一个参数化的类模板(即在类定义中包含以参数形式出现的一个或多个类型)，然后把数据类型作为参数传递进来，从而把这个类模板应用在不同的应用程序中，或用在同一应用程序的不同部分。

10)开发环境

软件工具和软件工程环境对软件生产率有很大影响。由于面向对象程序中继承关系和动态联编等引入的特殊复杂性，面向对象语言所提供的软件工具或开发环境就显得尤其重要。至少应该包括下列一些最基本的软件工具：编辑程序、编译程序或解释程序、浏览工具、调试器(debugger)等。

编译程序或解释程序是最基本、最重要的软件工具。编译与解释的差别主要是速度和效率不同。利用解释程序解释执行用户的源程序，虽然速度慢、效率低，但却可以更方便更灵活地进行调试。编译型语言适于用来开发正式的软件产品，优化工作做得好的编译程序能生成效率很高的目标代码。有些面向对象语言(如 Objective_C)除提供编译程序，还提供一个解释工具，从而给用户带来很大方便。

某些面向对象语言的编译程序，先把用户源程序翻译成一种中间语言程序，然后再把中间语言程序翻译成目标代码。这样做可能会使得调试器不能理解原始的源程序。在评价调试器时，首先应该弄清楚它是针对原始的面向对象源程序，还是针对中间代码进行调试。如果是针对中间代码进行调试，则会给调试人员带来许多不便。此外，面向对象的调试器，应该能够查看属性值和分析消息连接的后果。

在开发大型系统的时候，需要有系统构造工具和变动控制工具。因此应该考虑语言本身是否提供了这种工具，或者该语言能否与现有的这类工具很好地集成。经验表明，传统的系统构造工具(例如，UNIX 的 Make)目前对许多应用系统都已经太原始了。

3. 着重考虑以下一些实际因素

1)将来能否占主导地位

在若干年以后，哪种面向对象的程序设计语言将占主导地位呢?为了使自己的产品在若干年后仍然具有很强的生命力，人们可能希望采用将来占主导地位的语言编程。根据目前占有的市场份额，以及专业书刊和学术会议上所做的分析、评价，人们往往能够对未来哪种面向对象语言将占据主导地位进行预测。

但是，最终决定选用哪种面向对象语言的实际因素，往往是如成本等经济因素而不是技术因素。

2)可重用性

采用面向对象方法开发软件的基本目的和主要优点，是通过重用提高软件生产率。因此，应该优先选用能够最完整、最准确地表达问题域语义的面向对象语言。

3) 类库和开发环境

决定可重用性的因素，不仅是面向对象程序语言本身，开发环境和类库也是非常重要的因素。事实上，语言、开发环境和类库这三个因素综合起来，共同决定了可重用性。

考虑类库的时候，不仅应该考虑是否提供了类库，还应该考虑类库中提供了哪些有价值的类。随着类库的日益成熟和丰富，在开发新应用系统时，需要开发人员自己编写的代码将越来越少。

为便于积累可重用的类和重用已有的类，在开发环境中，除了提供前述的基本软件工具，还应该提供使用方便的类库编辑工具和浏览工具。其中的类库浏览工具应该具有强大的联想功能。

4) 其他因素

在选择编程语言时，应该考虑的其他因素还有：对用户学习面向对象分析、设计和编码技术所能提供的培训服务；在使用这个面向对象语言期间能提供的技术支持；能提供给开发人员使用的开发工具、开发平台、发行平台；对机器性能和内存的需求；集成已有软件的容易程度等。

4. 程序设计风格

良好的程序设计风格对保证程序质量的重要性。良好的程序设计风格对面向对象实现尤其重要，不仅能明显减少维护或扩充的开销，而且有助于在新项目中重用已有的程序代码。良好的面向对象程序设计风格，既包括传统的程序设计风格准则，也包括为适应面向对象方法所特有的概念(例如，继承性)而必须遵循的一些新准则。

11.6.2 设计面向对象程序设计

良好的面向对象程序设计风格，有以下特有的准则。

1. 提高重用性

面向对象方法的一个主要目标，就是提高软件的可重用性。软件重用有多个层次，在编码阶段主要涉及代码重用问题。一般说来，代码重用有两种：一种是本项目内的代码重用，另一种是新项目重用旧项目的代码。内部重用主要是找出设计中相同或相似的部分，然后利用继承机制共享它们。为做到外部重用，则必须有长远眼光，需要反复考虑精心设计。虽然为实现外部重用而需要考虑的面，比为实现内部重用而需要考虑的面更广，但是，有助于实现这两类重用的程序设计准则却是相同的。下面讲述主要的准则。

1) 提高方法的内聚

一个方法(即服务)应该只完成单个功能。如果某个方法涉及两个或多个不相关的功能，则应该把它分解成几个更小的方法。

2) 减小方法的规模

应该减小方法的规模，如果某个方法规模过大(代码长度超过一页纸可能就太大了)，则应该把它分解成几个更小的方法。

3) 保持方法的一致性

保持方法的一致性，有助于实现代码重用。一般说来，功能相似的方法应该有一致的名字、参数特征(包括参数个数、类型和次序)、返回值类型、使用条件及出错条件等。

4) 把策略与实现分开

从所完成的功能看，有两种不同类型的方法。一类方法负责做出决策，提供变元，并且管理全局资源，可称为策略方法。另一类方法负责完成具体的操作，但却并不做出是否执行这个操作的决定，也不知道为什么执行这个操作，可称为实现方法。策略方法应该检查系统运行状态，并处理出错情况，它们并不直接完成计算或实现复杂的算法。策略方法通常紧密依赖具体应用，这类方法比较容易编写，也比较容易理解。

实现方法仅针对具体数据完成特定处理，通常用于实现复杂的算法。实现方法并不制定决策，也不管理全局资源，如果在执行过程中发现错误，它们应该只返回执行状态而不对错误采取行动。由于实现方法是自含式算法，相对独立于具体应用，因此，在其他应用系统中也可能重用它们。为提高可重用性，在编程时不要把策略和实现放在同一个方法中，应该把算法的核心部分放在一个单独的具体实现方法中。为此需要从策略方法中提取出具体参数，作为调用实现方法的变元。

5) 全面覆盖

如果输入条件的各种组合都可能出现，则应该针对所有组合写出方法，而不能仅针对当前用到的组合情况写方法。例如，如果在当前应用中需要写一个方法，以获取表中第一个元素，则至少还应该为获取表中最后一个元素再写一个方法。此外，一个方法不应该只能处理正常值，对空值、极限值及界外值等异常情况也应该能够做出有意义的响应。

6) 尽量不使用全局信息

应该尽量降低方法与外界的耦合程度，不使用全局信息是降低耦合度的一项主要措施。

7) 利用继承机制

在面向对象程序中，使用继承机制是实现共享和提高重用程度的主要途径。

(1) 调用子过程。最简单的做法是把公共的代码分离出来，构成一个被其他方法调用的公用方法。可以在基类中定义这个公用方法，供派生类中的方法调用。

(2) 分解因子。有时提高相似类代码可重用性的一个有效途径，是从不同类的相似方法中分解出不同的“因子”(即不同的代码)，把余下的代码作为公用方法中的公共代码，把分解出的因子作为名字相同算法不同的方法，放在不同类中定义，并被这个公用方法调用。使用这种途径通常额外定义一个抽象基类，并在这个抽象基类中定义公用方法。把这种途径与面向对象语言提供的多态性机制结合起来，让派生类继承抽象基类中定义的公用方法，可以明显降低为增添新子类而需付出的工作量，因为只需在新子类中编写其特有的代码。

(3) 使用委托。继承关系的存在意味着子类“即”父类，因此，父类的所有方法和属性应该都适用于子类。仅当确实存在一般-特殊关系时，使用继承才是恰当的。继承机制使用不当将造成程序难于理解、修改和扩充。

(4) 把代码封装在类中。程序员往往希望重用其他方法编写的、解决同一类应用问题的程序代码。重用这类代码的一个比较安全的途径，是把被重用的代码封装在类中。

2. 提高可扩充性

1) 封装实现策略

应该把类的实现策略(包括描述属性的数据结构、修改属性的算法等)封装起来，对外只提供公有的接口，否则将降低今后修改数据结构或算法的自由度。

2) 不要用一个方法遍历多条关联链

一个方法应该只包含对象模型中的有限内容。违反这条准则将导致方法过分复杂，既不易理解，也不易修改扩充。

3) 避免使用多分支语句

一般说来，可以利用 DO_CASE 语句测试对象的内部状态，而不要根据对象类型选择应有的行为，否则在增添新类时将不得不修改原有的代码。应该合理地利用多态性机制，根据对象当前类型，自动决定应有的行为。

3. 提高健壮性

程序员在编写实现方法的代码时，既应该考虑效率，也应该考虑健壮性。通常需要在健壮性与效率之间做出适当的折中。必须认识到，对于任何一个实用软件，健壮性都是不可忽略的质量指标。为提高健壮性应该遵守以下几条准则。

1) 预防用户的操作错误

软件系统必须具有处理用户操作错误的能力。当用户在输入数据时发生错误，不应该引起程序运行中断，更不应该造成“死机”。任何一个接收用户输入数据的方法，对其接收到的数据都必须进行检查，即使发现了非常严重的错误，也应该给出恰当的提示信息，并准备再次接收用户的输入。

2) 检查参数的合法性

对公有方法，尤其应该着重检查其参数的合法性，因为用户在使用公有方法时可能违反参数的约束条件。

3) 不要预先确定限制条件

在设计阶段，往往很难准确地预测出应用系统中使用的数据结构的最大容量需求。因此不应该预先设定限制条件。如果有必要和可能，则应该使用动态内存分配机制，创建未预先设定限制条件的数据结构。

4) 先测试后优化

为在效率与健壮性之间做出合理的折中，应该在为提高效率而进行优化之前，先测试程序的性能，人们常常惊奇地发现，事实上大部分程序代码所消耗的运行时间并不多。应该仔细研究应用程序的特点，以确定哪些部分需要着重测试(例如，最坏情况出现的次数及处理时间，可能需要着重测试)。经过测试，合理地确定为提高性能应该着重优化的关键部分。如果实现某个操作的算法有许多种，则应该综合考虑内存需求、速度及实现的简易程度等因素，经合理折中选定适当的算法。

11.6.3 面向对象的测试

面向对象系统的测试与传统的基于功能的系统的测试之间存在很大差别：对象作为一个单独的构件一般比一个功能模块大。由对象到子系统的集成通常是松散耦合的，没有一个明显的“顶层”。如果对象被复用，测试者无权进入构件内部分析其代码。

(1) 算法层是对类中定义的每个方法进行测试。基本上同传统软件测试中的单元测试。

(2) 类层是对封装在同一个类中的所有方法与属性之间的相互作用进行测试。在面向对象软件中，类是基本模块，因此可以认为这是面向对象测试中所特有的模块(单元)测试。

(3) 模板层是对一组协同工作的类–对象之间的相互作用进行测试。相当于传统软件测试中的子系统测试，但是也有面向对象软件的特点(如对象之间通过发送消息相互作用)。

(4) 系统层是把各个子系统组装成完整的面向对象软件系统过程中进行的测试。

面向对象程序中特有的封装、继承和多态等机制，也给面向对象测试带来一些新特点，增加了测试和调试的困难。面向对象程序中，类封装了属性和方法，其对象彼此间通过发送消息启动相应的操作，因此，在测试类的实现时，传统的测试方法就不再完全适用，应该从各种可能的启动操作的次序组合中，选出最可能发现属性和操作错误的若干种情况进行测试。继承和多态机制，是面向对象程序中实现复用的主要手段，但却给测试带来了难度，对于子类常常需要展开测试，还不得不重复原来已经做过的测试。

11.7 小　结

面向对象方法学把分析、设计和实现很自然地联系在一起了。虽然面向对象设计原则上不依赖特定的实现环境，但是实现结果和实现成本却在很大程度上取决于实现环境。因此，直接支持面向对象设计范式的面向对象程序语言、开发环境及类库，对于面向对象实现是非常重要的。

为了把面向对象设计结果顺利地转变成面向对象程序，首先应该选择一种适当的程序设计语言。面向对象的程序设计语言非常适合用来实现面向对象设计结果。事实上，具有方便的开发环境和丰富的类库的面向对象程序设计语言，是实现面向对象设计的最佳选择。

良好的程序设计风格对于面向对象实现格外重要。它既包括传统的程序设计风格准则，也包括与面向对象方法的特点相适应的一些新准则。

面向对象方法学使用独特的概念和技术完成软件开发工作，因此，在测试面向对象程序的时候，除了继承传统的测试技术，还必须研究与面向对象程序特点相适应的新的测试技术。

面向对象测试的总目标与传统软件测试的目标相同，也是用最小的工作量发现最多的错误。但是，面向对象测试的策略和技术与传统测试有所不同，测试的焦点从过程构件(传统模块)移向了对象类。

一旦完成了面向对象程序设计，就开始对每个类进行单元测试。测试类时使用的方法主要有随机测试、划分测试和基于故障的测试。每种方法都测试类中封装的操作。应该设计测试序列以保证相关的操作受到充分测试。检查对象的状态(由对象的属性值表示)，以确定是否存在错误。

习　题

1. 描述面向对象的设计方法与结构化设计方法的区别。

2. 在具体设计中如何在众多的类和对象中确定需要的对象和类?

3. 描述 OOA 概念模型的五个层次?

4. 一台微机有一个显示器、一个主机、一个键盘、一个鼠标。主机包括一个机箱、一个主板、一个电源、存储器等部件。存储器又分为固定存储器、活动存储器。固定存储器又分为内存和硬盘。活动存储器又分为软盘和光盘。请建立微机的对象模型。

第 12 章　软 件 维 护

本章主要介绍软件维护的概念，软件维护的特点，软件维护的过程与软件的可维护性。

12.1　软件维护的内容

计算机软件的不断修改是不可避免的。软件维护是软件生存周期的最后一环，对软件进行维护是为了保证软件在一个相当长的周期内能够正常运转，因此维护是工作量最大、最重要的一个环节。

12.1.1　软件维护的特点

非结构化维护需要付出很大代价。由于缺少系统设计、缺乏程序内部文档，软件维护的难度很大。由于有一个完整的软件配置存在，结构化维护就会相对简单许多。

软件维护的代价高昂。影响维护工作量的因素主要有系统的大小、软件使用的程序设计语言、数据库技术的应用、先进的软件开发技术等。

在软件维护中，影响维护工作量的程序特性有以下六种。

系统大小：系统越大，理解掌握起来越困难。系统越大，所执行功能越复杂。因此需要更多的维护工作量。

程序设计语言：语言的功能越强；语言的功能越弱，实现同样功能所需语句就越多，程序就越大。有许多软件是用较老的程序设计语言书写的，程序逻辑复杂而混乱，且没有做到模块化和结构化，直接影响程序的可读性。

系统年龄：随着不断地修改，老系统的结构越来越乱；维护人员经常更换，程序变得越来越难理解。而且许多老系统在当初并未按照软件工程的要求进行开发，因此没有文档，或文档太少，或在长期的维护过程中文档在许多地方与程序实现不一致，这样在维护时就会遇到很大困难。

数据库技术的应用：使用数据库，可以简单而有效地管理和存储用户程序中的数据，还可以减少生成用户报表应用软件的维护工作量。

先进的软件开发技术：在软件开发时，若使用能使软件结构比较稳定的分析与设计技术，及程序设计技术，如面向对象技术、复用技术等，可减少大量的工作量。

此外，许多软件在开发时并未考虑将来的修改，这就为软件的维护带来许多问题。

12.1.2　软件维护的分类

我们称在软件运行、维护阶段对软件产品所进行的修改过程就是所谓的维护。一般来说，要求进行软件维护的原因大致有几种：在软件开发过程中，软件测试不足以暴露出一个软件系统的所有潜在错误，用户使用时，必然会发现未检查出来的错误或缺陷，需要对软件进行维护；计算机软、硬件技术的发展日新月异，为了使软件在使用的过程中适应变化的环境，也需要对软件进行维护；用户在使用过程中提出了一些建设性意见，为满足这些要求，需要工作人员进行软件维护；为增强软件性能，进一步改善软件的可维护性和可靠性，还需要对软件进行维护。综合以上几种要求进行维护的原因，可以把软件维护分为改正性维护、适应性维护、完善性维护、预防性维护四类。

12.1.3 软件维护策略

在了解了影响软件工作量的因素之后，就需要采用适当的维护策略。可以通过使用新技术，大大减少进行改正性维护的需要。这些新技术包括数据库管理技术、软件开发环境、程序自动生成系统、较高级的语言、软件复用等。

适应性维护不可避免，但可以控制。主要的方法有进行体系结构设计时，把硬件、操作系统和其他相关因素的可能变化都考虑在内；把与硬件、操作系统以及其他外围设备有关接口程序划归到特定的程序模块中；使用内部程序列表、外部文件以及处理的例行程序包，可为维护时修改程序提供方便。

利用前两类维护中列举的方法，也可以减少完善性维护的需要；此外建立软件系统的原型，把它在实际系统开发之前提供给用户，使用户提前了解并进一步完善他们的功能要求，也能减少以后的完善性维护。

12.2 软件维护的过程

维护申请提出以前，首先建立一个维护机构，这个机构还要对每个维护申请规定相应的维护流程及建立维护记录。

12.2.1 建立维护机构

除了较大的软件公司，通常在软件维护工作方面并不保持一个正式的组织机构，但还是需要一名非专门的人负责维护工作。

维护申请首先提交给一个维护管理员，通过维护管理员再交给系统管理员，由系统管理员对申请做出评价。在维护人员对系统进行修改的过程中，由配置管理员严格把关，控制修改的范围，对软件配置进行审计。

软件维护申请采用统一的格式。在进行维护之前，维护人员应填写维护申请表。

12.2.2 软件维护工作流程

首先要确认即将进行的维护的类型。此时维护人员需要与客户沟通，弄清出错的状况并将这些数据记录下来，最后由维护管理人员根据数据确定维护的类型。

对于改正性维护，先评价错误的严重性。若错误严重，应立即安排人员，在系统管理员的指导下分析问题。对于其他的维护则按照修改的优先级统一安排时间修改。

适应性维护和完善性维护申请，需要经过评价后确定每项申请的优先顺序。若某项申请的优先级非常高，就应该立即着手开始维护工作，否则维护工作按优先次序进行排队，统一安排时间。

上述四种维护申请，都要进行同样的技术工作，即修改软件需求说明、修改软件设计、设计评审、必要的代码修改、单元与集成测试、确认测试、评审。

每次维护结束后，还需要进行一次状态评审。

对评价维护活动比较困难，因为缺乏可靠的数据。但如果维护记录做得比较好，就可以得出一些维护“性能”方面的度量值。可参考的度量值如：每次程序运行时的平均出错次数；花费在每类维护上的总“人时”数；每个程序、每种语言、每种维护类型的程序平均修改次数；因为维护，增加或删除每个源程序语句所花费的平均“人时”数；用于每种语言的平均“人时”数；维护申请报告的平均处理时间；各类维护申请的百分比。

这七种度量值提供了定量的数据，据此可开发技术、语言选择、维护工作计划、资源分配以及其他许多方面做出判定。因此，这些数据可以用来评价维护工作。

12.3　软件的可维护性管理

12.3.1　软件可维护性概念

所谓软件可维护性，是指纠正软件系统出现的错误和缺陷，以及为满足新的要求进行修改、扩充或压缩的容易程度。可维护性、可使用性、可靠性是衡量软件质量的几个主要质量特性，也是用户十分关心的几个方面。可惜的是影响软件质量的这些重要因素，目前尚没有对它们定量度量的普遍适用的方法。但是就它们的概念和内涵则是很明确的。软件的可维护性是软件开发阶段各个时期的关键目标。

12.3.2　软件可维护性度量指标

人们一直期望对软件的可维护性做出定量度量，但要做到这一点并不容易。许多研究工作集中在这个方面，形成了一个引人注目的学科——软件度量学。下面介绍度量一个可维护的程序的七种特性时常用的方法。这就是质量检查表、质量测试、质量标准。质量检查表是用于测试程序中某些质量特性是否存在的一个问题清单。评价者针对检查表上的每一个问题，依据自己的定性判断，回答“Yes”或者“No”。质量测试与质量标准则用于定量分析和评价程序的质量。由于许多质量特性是相互抵触的，要考虑几种不同的度量标准，相应地去度量不同的质量特性。

1. 可理解性

可理解性表明人们通过阅读源代码和相关文档，了解程序功能及其如何运行的容易程度。一个可理解的程序主要应具备以下特性：模块化(模块结构良好、功能完整、简明)，风格一致性(代码风格及设计风格的一致性)，不使用令人捉摸不定或含糊不清的代码，使用有意义的数据名和过程名，结构化，完整性(对输入数据进行完整性检查)等。

2. 可靠性

可靠性表明一个程序按照用户的要求和设计目标，在给定的一段时间内正确执行的概率。关于可靠性，度量的标准主要有平均失效间隔时间(Mean Time To Failure，MTTF)、平均修复时间(Mean Time To Repair error，MTTR)、有效性 A(= MTBD / (MTBD+MDT))。度量可靠性的方法，主要有以下两类：

(1)根据程序错误统计数字，进行可靠性预测。常用方法是利用一些可靠性模型，根据程序测试时发现并排除的错误数预测平均失效间隔时间 MTTF。

(2) 根据程序复杂性，预测软件可靠性。用程序复杂性预测可靠性，前提条件是可靠性与复杂性有关。因此可用复杂性预测出错率。程序复杂性度量标准可用于预测哪些模块最可能发生错误，以及可能出现的错误类型。了解了错误类型及它们在哪里可能出现，就能更快地查出和纠正更多的错误，提高可靠性。

3. 可测试性

可测试性表明论证程序正确性的容易程度。程序越简单，证明其正确性就越容易。而且设计合用的测试用例，取决于对程序的全面理解。因此，一个可测试的程序应当是可理解的、可靠的、简单的。

对于程序模块，可用程序复杂性度量可测试性。程序的环路复杂性越大，程序的路径就越多。因此，全面测试程序的难度就越大。

4. 可修改性

可修改性表明程序容易修改的程度。一个可修改的程序应当是可理解的、通用的、灵活的、简单的。其中，通用性是指程序适用于各种功能变化而无需修改。灵活性是指能够容易地对程序进行修改。

测试可修改性的一种定量方法是修改练习。其基本思想是通过几个简单的修改评价修改的难度。设 C 是程序中各个模块的平均复杂性，n 是必须修改的模块数，A 是要修改的模块的平均复杂性。则修改的难度 D 为

$$D = A/C$$

对于简单的修改，若 $D>1$，说明该程序修改困难。A 和 C 可用任何一种度量程序复杂性的方法计算。

5. 可移植性

可移植性表明程序转移到一个新的计算环境的可能性的大小。或者它表明程序可以容易地、有效地在各种各样的计算环境中运行的容易程度。

一个可移植的程序应具有结构良好、灵活、不依赖某一具体计算机或操作系统的性能。

6. 效率

效率表明一个程序能执行预定功能而又不浪费机器资源的程度。这些机器资源包括内存容量、外存容量、通道容量和执行时间。

7. 可使用性

从用户观点出发，把可使用性定义为程序方便、实用及易于使用的程度。一个可使用的程序应是易于使用的、能允许用户出错和改变，并尽可能不使用户陷入混乱状态的程序。

12.3.3 提高可维护性方法

一个可维护的程序应是可理解的、可靠的、可测试的、可修改的、可移植的、效率高的、可使用的。但要实现这所有的目标，需要付出很大的代价，而且也不一定行得通。因为某些

质量特性是相互促进的，如可理解性和可测试性、可理解性和可修改性。但另一些质量特性却是相互抵触的，如效率和可移植性、效率和可修改性等。因此，尽管可维护性要求每一种质量特性都要得到满足，但它们的相对重要性应随程序的用途及计算环境的不同而不同。所以，应当对程序的质量特性，在提出目标的同时还必须规定它们的优先级。这样有助于提高软件的质量，并对软件生存期的费用产生很大的影响。

模块化是软件开发过程中提高软件质量，降低成本的有效方法之一。也是提高可维护性的有效的技术。它的优点是如果需要改变某个模块的功能，则只要改变这个模块，对其他模块影响很小；如果需要增加程序的某些功能，则仅需增加完成这些功能的新的模块或模块层；程序的测试与重复测试比较容易；程序错误易于定位和纠正；容易提高程序效率。

结构化程序设计不仅使得模块结构标准化，而且将模块间的相互作用也标准化了。因而把模块化又向前推进了一步。采用结构化程序设计可以获得良好的程序结构。

采用备用件的方法。当要修改某一个模块时，用一个新的结构良好的模块替换掉整个模块。这种方法要求了解所替换模块的外部(接口)特性，可以不了解其内部工作情况。它有利于减少新的错误，并提供了一个用结构化模块逐步替换非结构化模块的机会。

采用自动重建结构和重新格式化的工具(结构更新技术)。这种方法采用如代码评价程序、重定格式程序、结构化工具等自动软件工具，把非结构化代码转换成良好结构代码。

改进现有程序的不完善的文档。改进和补充文档的目的是提高程序的可理解性，以提高可维护性。

使用结构化程序设计方法实现新的子系统。

采用结构化小组程序设计的思想和结构文档工具。软件开发过程中，建立主程序员小组，实现严格的组织化结构，强调规范，明确领导以及职能分工，能够改善通信、提高程序生产率；在检查程序质量时，采取有组织分工的结构普查，分工合作，各司其职，能够有效地实施质量检查。同样，在软件维护过程中，维护小组也可以采取与主程序员小组和结构普查类似的方式，以保证程序的质量。

质量保证审查对于获得和维持软件的质量，是一个很有用的技术。除了保证软件得到适当的质量，审查还可以用来检测在开发和维护阶段内发生的质量变化。一旦检测出问题，就可以采取纠正措施，以控制不断增长的软件维护成本，延长软件系统的有效生命期。

程序设计语言的选择，对程序的可维护性影响很大。低级语言，即机器语言和汇编语言，很难理解，很难掌握，因此很难维护。高级语言比低级语言容易理解，具有更好的可维护性。但同是高级语言，可理解的难易程度也不一样。

第四代语言，如查询语言、图形语言、报表生成器、非常高级的语言等，有的是过程化的语言，有的是非过程化的语言。不论是哪种语言，编制出的程序都容易理解和修改，而且，其产生的指令条数可能要比用 COBOL 语言或用 PL / 1 语言编制出的少一个数量级，开发速度快许多倍。有些非过程化的第四代语言，用户不需要指出实现的算法，仅需向编译程序或解释程序提出自己的要求，由编译程序或解释程序自己做出实现用户要求的智能假设，如自动选择报表格式、选择字符类型和图形显示方式等。总之，从维护角度看，第四代语言比其他语言更容易维护。

程序文档是对程序总目标、程序各组成部分之间的关系、程序设计策略、程序实现过程的历史数据等的说明和补充。程序文档对提高程序的可理解性有着重要作用。即使是一个十分简单的程序，要想有效地、高效率地维护它，也需要编制文档解释其目的及任务。而对于程序维护人员，要想对程序编制人员的意图重新改造，并对今后变化的可能性进行估计，缺了文档也是不行的。因此，为了维护程序，人们必须阅读和理解文档。

好的文档是建立可维护性的基本条件。它的作用和意义有三点。

文档好的程序比没有文档的程序容易操作。因为它增加了程序的可读性和可使用性。但不正确的文档比根本没有文档要坏得多。

好的文档意味着简洁、风格一致、且易于更新。

程序应当成为其自身的文档。就是说，在程序中应插入注释，以提高程序的可理解，并以移行、空行等明显的视觉组织突出程序的控制结构。如果程序越长、越复杂，则它对文档的需要就越迫切。

另外，在软件维护阶段，利用历史文档，可以大大简化维护工作。历史文档有三种：系统开发日志、错误记载、系统维护日志。

12.4 小　　结

软件维护是软件生存周期的最后一个阶段，也是成本最高的阶段。软件维护阶段越长，软件的生存周期也越长。软件工程学的一个重要目的就是提高软件的可维护性，降低软件的成本。软件维护通常有四种类型：改正性维护、适应性维护、完善性维护和预防性维护。对软件维护要有正式的组织，制定规范化的过程，实行严格的维护评价。

习　　题

1. 简述软件维护的分类。
2. 简述软件维护的过程。
3. 什么是软件可维护性？
4. 软件可维护性度量标准有哪些？

第四篇　软件工程管理

本篇主要介绍软件工程管理涉及的内容，主要包括软件项目需求管理、软件项目进度计划与安排、软件项目估算、人员组织管理、软件项目配置管理、软件项目风险管理、软件项目质量管理等。

相对于其他产品，软件产品具有更为抽象、复杂、缺乏统一规则等特点，软件工程的管理对于保证软件产品的质量具有更为重要的作用。随着软件的规模和复杂度的不断增加，开发人员的增加以及开发时间的增长，这些都增加了软件工程管理的难度。因此，软件工程管理成为软件工程的重要研究内容之一。

第 13 章　软件项目计划管理

本章主要介绍软件项目计划管理涉及的内容，主要包括制定项目实施的时间计划、成本和规模、人力组织管理、配置管理等。

13.1　软件项目计划的制定

制定项目计划是项目管理过程中一个非常关键的活动，它是软件开发工作的第一步。软件项目计划包括两个任务：通过研究确定软件项目的主要功能和系统界面；估算项目持续时间、需要的人力及项目成本。

13.1.1　进度安排

1. 进度安排的概念

软件项目进度安排是通过将工作量分配给特定软件工程任务，再将估算的工作量分布在计划好的项目持续时间内的一种活动。对于项目的进度，软件组织可以借鉴类似项目的历史经验数据。

2. 进度安排的整体过程

软件项目整体进度安排的过程如下。

(1) 根据项目总体进度目标，编制人员计划。

(2) 将各阶段需要的与可取得的资源进行比较，确定各阶段初步进度，再确定整个项目的初步进度。

(3) 对初步进度进行评审，使其满足需求，否则修改进度直至满足需求。

进度安排过程是一个动态的过程，会随着项目的进展进行实时调整，逐渐趋于更加详细准确。

3. 进度安排中的并行性

由于软件开发过程是由若干任务和子任务基于时间顺序构成的。而且，当有多个人参与软件工程项目时，多个开发活动和任务很可能并行进行。在这种情况下，必须协调多个并发任务，使其能够在后继任务之前完成，不会影响整个项目的完成日期。例如，在软件项目过程中，首先要进行需求分析与评审。需求评审通过后，就可以并行开展概要设计和测试计划工作。概要设计通过评审、系统模块结构建立后，又可以并行开展各模块详细设计、编码实现、单元测试。所有模块通过调试后，再进行集成测试。最后进行软件交付前的确认测试。

4. 进度安排的工具与方法

软件开发进度计划安排是一项困难的任务，既要考虑各子任务之间的相互依赖关系，尽可能并行安排任务，又要遇见潜在的问题，提供意外事件的处理意见。通常采用图示的方法描述计划进度，常用的工具主要有一般的表格工具、甘特图和计划评审技术。

1) 一般表格工具

简单的表格工具就可以清晰地描述进度安排计划。例如，可以使用 Excel 中的图表工具描述软件项目的开发进度安排，如图 13-1 所示。

项目进度计划图
70
60
50
40
30
20
10
0
一月
二月
三月
四月
五月
六月
月份
需求分析
总体设计
详细设计
编码、测试

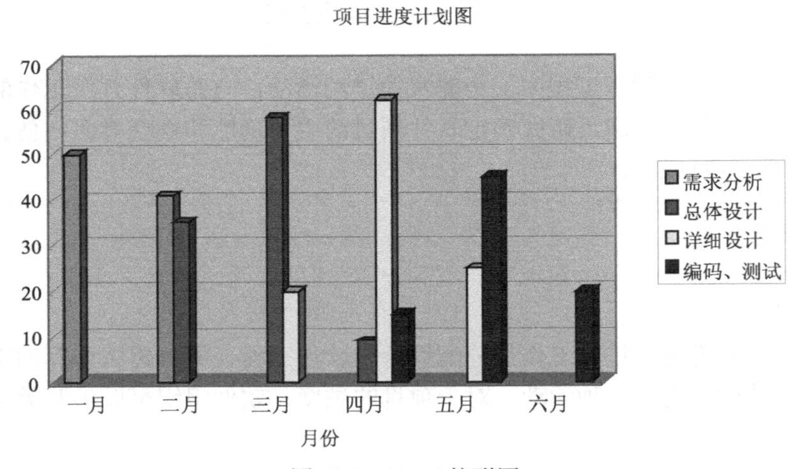

图 13-1　Excel 柱形图

2) 甘特图

甘特图又称横线图，是一种应用广泛的制定进度计划的工具，它用水平线段表示任务的活动顺序与持续时间。在甘特图中，横轴表示时间，纵轴表示任务(项目)，图 13-2 是一个甘特图的特例。

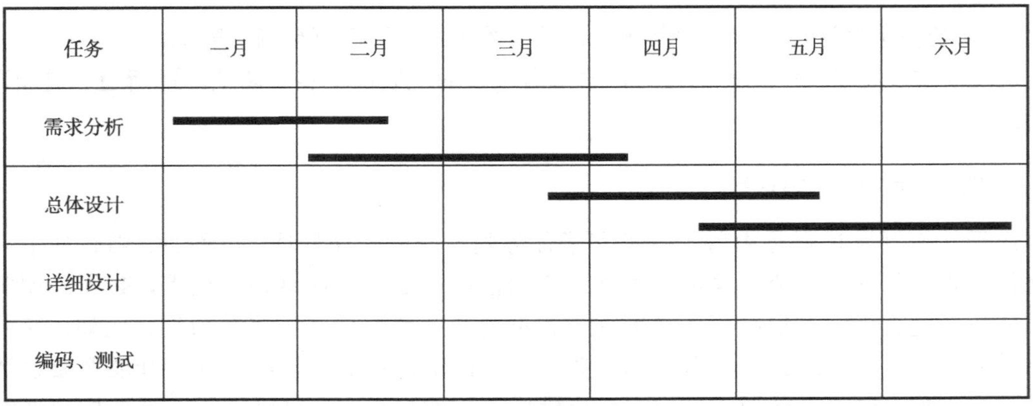

任务
一月
二月
三月
四月
五月
六月
需求分析
总体设计
详细设计
编码、测试

图 13-2　甘特图

甘特图简单、醒目，并能动态反映当前开发进展状况等优点，特别适合于小型项目管理使用；但其不足之处是不能表达出任务之间的复杂逻辑关系。

3) 计划评审技术

计划评审技术(Program Evaluation & Review Technique，PERT)是利用项目的网络图和各活动所需时间的估计值计算项目总时间的技术。它能协调整个计划的各道工序，合理安排人力、物力、时间等方面，加速计划的完成。计划评审技术是现代化管理的重要手段和方法。下面，结合一个简单的例子说明 PERT 技术如何制定进度安排。

假设要开发一个软件系统，表 13-1 把这一软件项目划分为一系列软件任务。

表 13-1 软件项目任务分解

软件任务	任务描述	前驱任务	任务持续时间/周
A	需求分析		3
B	概要设计	A	3
C	测试计划	A	2
D	详细设计	B	4
E	测试方案设计	C	3
F	编码	D	3
G	文档整理	D	2
H	产品测试	E F	4

根据分解出来的任务和其持续时间，可以画出该软件项目的 PERT 图，如图 13-3 所示。

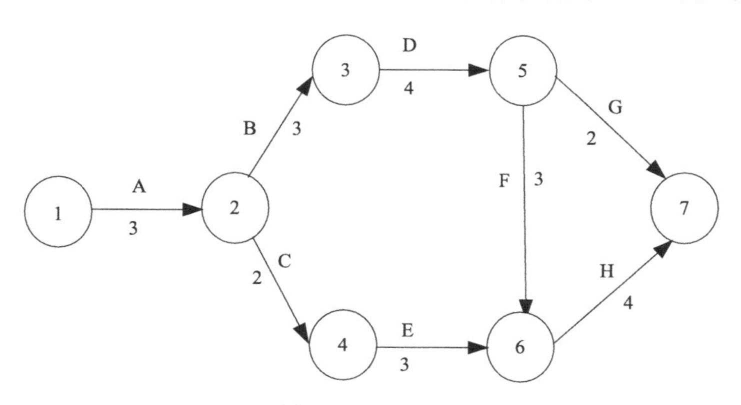

图 13-3 PERT 图

在 PERT 图中，有向边代表任务，圆圈代表事件，圈内标明事件的编号，所谓事件是指某项任务的开始或结束。一般地，事件仅表示时间点，并不消耗工程的时间和资源。有向边的起点和终点分别表示软件任务的开始和结束，对应的权则表示任务的持续时间。

从起点开始，按照各个任务的顺序，连续不断地到达终点的一条通路称为路径。从起点到达终点的所有路径中，权值最大的路径称为 PERT 图的关键路径。关键路径途径的任务称为关键任务。关键任务的持续时间决定项目的完工时间，如果可以缩短关键任务所需时间，就可以缩短项目的完工时间。而缩短非关键路径上任务的时间，也不能使项目提前完工。使用 PERT 图的基本思想就是在复杂的网络图中找出关键路径，对各个关键任务优先安排资源，挖掘潜力，尽量压缩需要的时间；而对于非关键路径上的各个任务，只要不影响项目完工时间，可适当抽出人力、物力等资源用在关键任务上，以达到缩短项目开发时间，合理利用资源的目的。

计算各个任务的最早发生时间和最迟发生时间，并在 PERT 图中标明，图 13-4 是标出最早开始时间与最迟发生时间的 PERT 图。图中粗黑箭头表示关键任务。

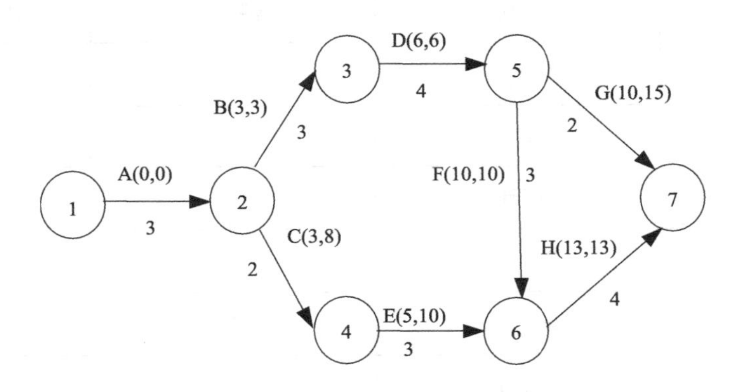

图 13-4　PERT 图

13.1.2　软件工程标准

对于软件工程管理者，软件工程规范的制定与实施同软件项目计划一样重要。一套标准的方法、成熟的规范能够确保软件工程过程在预定的时间内，以预算成本生产出符合性能要求的软件产品。

1. 软件工程标准的定义

所谓标准化是在经济、技术、科学等社会实践中，对重复性事物和概念通过制订、发布和实施标准达到统一，以获得最佳秩序和社会效益。软件过程的标准化是指在软件生存周期各个阶段的工作所建立的标准或规范。软件工程的标准化是加快软件开发速度，降低软件开发成本，提高软件性能，保证软件质量，便于软件的使用、升级、维护的最有效方法。软件标准化有其自身的特点与难度。软件工程的建设目标在工程进行期间会不断发生变更；软件产业无法在短时期内形成严密有效的社会分工体系。由于软件标准化的重要性与固有困难，在开发任何软件工程项目之前，必须对软件的标准化给予高度重视。

2. 软件工程标准的层次

根据软件工程标准制定机构不同，它可分为四个级别，分别是国际标准、国家标准、行业标准、企业标准。

1) 国际标准

国际标准由国际联合机构制订和公布，提供各国参考。ISO (International Standard Organization，国际标准化组织)，IEEE (Institute of Electrical and Electronics Engineers，国际电

子、电器与工程师协会)，IEC(International Electro technical Commission，国际电工委员会)，ITU(International Telecommunications Union，国际电信联盟)等国际组织有着广泛的代表性和权威性，所公布的标准也有较大影响。

2)国家标准

由政府或国家级机构制订或批准，适用于全国范围的标准。例如，GB 是中华人民共和国国家技术监督局公布实施的标准，简称“国标”。ANSI(American National Standards Institute，美国国家标准协会)是美国一些民间标准化组织的领导机构，具有一定权威性。

3)行业标准

行业标准由行业机构、学术团体或国防机构制订，并适用于某个业务领域。例如，IEEE 近年来专门成立了软件标准化技术委员会，积极推进软件标准化活动并取得了显著成果。IEEE 通过的标准通常要报请 ANSI 审批，因此 IEEE 公布的标准常常冠有 ANSI 字头。GJB 是由中国国防科学技术工业委员会批准的适用于国防部门和军队使用的标准。

4)企业标准

一些大企业或机构，由于工作的需要而制定的适用于本企业或机构的标准称为企业标准，企业标准以 Q 开头。

软件工程各级标准之间有着相互之间的制约关系。对于需要在全国范围内统一的技术要求，应当制定国家标准。对没有国家标准又需要在全国某个行业范围内统一的技术要求，可制定行业标准。在国家标准公布之后，该项行业标准废止。没有国家标准和行业标准的产品，应当制定企业标准，已有国家标准或行业标准的，国家鼓励企业制定严于国家或行业标准的企业标准，在企业内部使用。

13.1.3 软件项目成本估算方法

软件项目估算主要包括工作量估算与成本估算两个方面。由于两者在一定条件下可以相互转换，所以这里所说的成本估算主要是指开发成本估算。软件项目估算作为项目管理的一项重要内容，是确保软件项目成功的关键因素。越来越多的人认识到，做好软件工作量估算是减少软件项目预算超支问题的首要措施之一，不但有助于合理的投资、外包等商业决定，也有助于确定进度或预算方面的参考里程碑。

软件项目估算不是一劳永逸的活动，它是随项目进行而不断求精的过程。早期的估算虽然未知因素多，估算精度相对较低，但对于制定项目计划起着至关重要的作用。随着项目的进行，个别因素日趋明朗，估算也逐渐准确，进而对项目计划做出调整，如此反复，直到项目结束。

项目估算的首要问题是软件规模，即软件程序量。常用的软件规模度量标准有四种：代码行(Lines of Code，LOC)、功能点(Function Point，FP)\用例点(Use Case Point)和对象点(Object Point，OP)。

1. 代码行

代码行是在软件规模度量中最早使用也是最简单的方法，它把开发每个软件功能的成本和实现这个功能需要的源代码行数联系起来，LOC 是指所有的可执行的源代码行数。目前成本估算模型通常采用非注释的源代码行。通常根据经验和历史数据估计实现一个功能需要源程序行数。当有以往类似工程的历史数据可供参考时，这个方法还是非常有效的。

代码行虽然仍是目前普遍采用的一种方式，但它也存在一些问题：首先代码行数量依赖所有的编程语言和个人的编程风格。因此，计算的差异也会影响用多种语言编写的程序规模。其次代码行强调的工作量只是项目实现阶段的一部分。最后，在项目早期，需求不稳定，设计成熟的情况下很难准确地估算代码量。

2. 功能点

为克服代码行度量面临的种种问题，人们又提出了功能点技术。功能点度量是在需求分析阶段基于系统功能的一种规模估计方法。该方法通过研究初始需求得到系统所要实现功能的功能点，功能点的数量级系统规模。从功能点可以映射到代码行，从而用于成本估算和进度模型估算。

功能点的计算分两步进行。

(1)按照五种基本类型，计算未调整功能点。

五种基本类型分别是：外部输入 EI，外部输出 EQ，内部逻辑文件 ILF，外部接口文件 EIF，外部查询 EQ。按照这五种基本类型将软件功能归类，得到初始功能点数，然后分别乘以复杂性权重(根据每个基本类型所含数据元素和引用文件的数量分别归为“简单”、“一般”、“复杂”三个级别，并对应不同的复杂性权重，见表 13-2)，再将得到的五个加权数字相加即可得到未调整功能点(Unadjusted Function Point，UFP)数。用算式表达如下：$UFP=w_1\times EI+w_2\times EQ+w_3\times ILF+w_4\times EIF+w_5\times EQ$。其中 $w_i\,(1\leqslant i\leqslant 5)$ 是复杂性权重。

表 13-2　未调整功能点复杂度权重对应表

基本类型	权重复杂度		
	简单	一般	复杂
外部输入	3	4	6
外部输出	4	5	7
内部逻辑文件	7	10	15
外部接口文件	5	7	10
外部查询	3	4	6

资料来源：李明树，等. 软件成本估算方法及应用. Journal of Software，18(4)

(2)计算调整功能点。

根据 14 个基本系统特征(General System Characteristic，GSC)确定调整因子(Value Adjustment Factor VAF)，把调整因子与未调整功能点数相乘，即得到调整功能点。系统基本特征主要包括数据通信、高处理率、联机数据输入等 14 个方面，表 13-3 列出了全部的基本特征，并用 $F_i\,(1\leqslant i\leqslant 5)$ 代表。根据软件的特点，为每个特征分配一个值(0～5)。然后计算软件规模的综合影响程度 DI 为

$$DI=\sum_{1}^{14} F_i \tag{13-1}$$

调整因子为

$$VAF=0.65+0.01\times DI \tag{13-2}$$

功能点数为

$$FP=UFP\times VAF \tag{13-3}$$

表 13-3　基本系统特征

序号	F_i	基本系统特征
1	F_1	可靠备份与恢复
2	F_2	分布式数据
3	F_3	数据通信
4	F_4	性能指标
5	F_5	高负荷硬件
6	F_6	高处理率
7	F_7	联机数据输入
8	F_8	终端用户效率
9	F_9	在线升级
10	F_{10}	复杂的计算
11	F_{11}	可重用性
12	F_{12}	安装方便
13	F_{13}	可移植性
14	F_{14}	操作方便

功能点度量方法在软件规模度量中很受重视，因为它独立于编程语言，并可在早期根据明确功能需求对产品的规模进行估算。但它在复杂度因子的客观性上遭到质疑。逻辑比较复杂的实时系统、科学软件的规模度量需要更多信息，如算法、状态转换树木等，并不适合应用功能点分析法。

3. 用例点

随着软件系统更多地采用统一建模语言(Unified Modeling Language，UML)进行开发，继代码行、功能点之后，出现了基于 UML 的规模度量方法，而基于用例的估算方法是有代表性的方法之一。

UCP 方法通过分析用例角色、场景和不同技术与环境因子，该等式由多个变量构成：未调整用例点(Unadjusted Use Case Point，UUCP)\技术复杂度因子(Technical Complexity Factor，TCF)和环境复杂度因子(Environment Complexity Factor，ECF)。

$$UCP=UUCP\times TCF\times ECF \tag{13-4}$$

从 1993 年 UCP 方法提出至今，许多研究者在此基础上做了进一步的应用研究。

4. 对象点

随着越来越多的项目开始使用组合方法开发，规模度量中又出现了新的一类：对象点的度量。该技术可应用于所有类型的开发软件，利用功能点的基本原理，对象点方法需要考虑那些需投入大工作量的方面获取规模，如服务器数据表的数量、客户数据表的数量等。

5. 软件成本估算方法

成本估算是对完成软件项目所需费用的估计与计划。由于软件项目计划变化无端，成本估算是在一个无法以高度可靠性预计的环境下进行的。在软件项目过程中，为了达到各种资源的最佳配置，人们开发了许多成本估算方法。

1)基于算法模型的软件成本估算方法

基于算法模型的软件成本估算方法，提供了一个或多个算法形式，如线性模型、乘法模型、分析模型、表格模型及复合模型等，将软件成本估算为一系列主要成本驱动因子变量的函数。基于算法模型的方法的基本思想：找到软件工作量的各种成本影响因子，并判定它对工作量所产生的影响程度是可加的、可乘的还是指数的，以期得到最佳的模型算法表达形式。

根据模型中变量的依存关系，模型可分为静态和动态两种。在静态模型中，有一个唯一的变量(如程序规模)作为初始变量计算所有其他变量(如成本、时间等)。在动态模型中，没有类似静态模型中的唯一基础变量，所有变量都是相互依存的。

(1)Putnam 模型。

Putnam 模型是 Putnam 于 1978 年在来自美国计算机系统指挥部的 200 多个大型项目数据的基础上推导出来的一种动态多变量模型。Putnam 模型假设软件项目的工作量分布类似于 Rayleigh 曲线，在工作量、提交时间、程序规模之间有一个非线性的折中平衡关系。

(2)PRICE-S 模型。

PRICE-S 模型是一个专门的软件费用估算模型，最初作为新泽西州 RCA 内部评估模型，部分用做阿波罗登月计划。该模型根据程序量、项目类型和项目难度的测算值计算项目费用和进度。

(3)COCOMO 模型。

1981 年，Boehm 在其经典著作 *Software Engineer Economics*(《软件工程经济学》)一书中详细介绍了他提出的一种软件成本估算模型构造性成本模型，简称 COCOMO 模型。该模型是 Boehm 利用加利福尼亚的一个咨询公司的大量项目数据推导出的一个结构化成本估计模型。

COCOMO 模型有三个等级的模型：基本模型，在项目相关信息极少的情况下使用；中等模型，在需求确定后使用；详细模型，在设计完成后使用。其模型形式为

$$\text{Effort}=a\times(\text{KDSI})^{b}\times F \tag{13-5}$$

式中，Effort 为工作量，用人月表示；a 和 b 为系数，具体值取决于模型等级(即基本、中等或详细)以及项目的模式(根据项目的应用领域和复杂程度将项目模式划分为组织型、半独立型和嵌入型)。这个系数的值先由专家决定，然后利用 COCOMO 数据库的 63 个项目数据对专家给出的取值进一步求精。KDSI 为项目开发中交付的源指令(Delivered Source Instruction，DSI)千行数，也有用代码行表示，表示软件规模。F 是调整因子，基本模型中，F 为 1，后两个模型中，F 为 15 个成本因子对应的工作量乘数的乘积。

在项目开发的初始阶段，相关信息较少，只要确定项目的模式与可能的规模，就可用基本模型进行工作量估算。随着项目的进展和需求的确定，可以使用中等 COCOMO 模型进行估算。中等模型定义了 15 个成本因子，按照对应的项目描述，可将各个成本因子归为不同等级。不同等级的成本因子对工作量会产生不同的影响。每个成本因子按照不同等级对项目成本的影响程度，得到不同的工作量乘积，即调整因子 F。按照模型中的工作量公式，就可得到估算工作量。一旦软件的各个模块都已确定，估算者就可以使用详细 COCOMO 模型。详细模型包括中等模型中的所有特性，仍是将工作量作为程序规模及一组成本驱动因子的函数，

只不过这些成本驱动因子被分成了不同的层次且在软件生存周期的不同阶段被赋予不同的值。总而言之，详细 COCOMO 模型通过更细粒度的因子影响分析、考虑阶段的区别，使更细致地理解和掌控项目，有助于更好地控制预算和项目管理。

(4) COCOMOII。

20 世纪 90 年代以来，软件工程领域发生了很大的变化，出现了快速应用开发模型、软件重利用、再工程、面向对象方法及软件过程成熟度模型等一系列软件工程方法和技术，原始的 COCOMO 模型已经不适应新的软件成本估算和过程管理的需要，Boehm 和他的同事根据未来软件市场的发展趋势，于 1995 年提出了 COCOMOII。

从原始 COCOMO 模型到 COCOMOII的演化反映了软件工程技术的进步，如在原始 COCOMO 模型中使用的成本驱动因子 TURN(计算机响应时间)存在的原因是当时许多程序员共用一个主机，所以需要等待主机返回结果，而现在程序员都是人手一台计算机，这一驱动因子已没有任何意义，因此在 COCOMOII中不再使用。

与原始模型相比，COCOMOII主要做了如下改进：在开发的不同阶段，COCOMOII规模度量可以分别采用功能点、对象点或代码行表示；COCOMOII充分考虑了复用与再工程；COCOMOII进一步调整和改进了成本驱动因子。

2) 基于非算法模型的软件成本估算方法

基于非算法模型的软件成本估算方法采用的是除数学算法外的方法进行成本估算。比较典型的方法有专家估算和类比估算。

(1) 专家估算。

专家估算就是与一位或多位专家进行商讨，专家根据自己的经验和对项目的理解对项目做出成本估算。由于单独一位专家可能会产生偏颇，因此最好由多位专家进行估算。对于多位专家得到的多个估算值，采用某种方法将其合成一个最终的估算值。最常用的方法为 Delphi 方法：首先，每个专家在不与其他人讨论的前提下，先对某个问题给出自己的初步匿名评定。第 1 轮评定的结果收集、整理后，返回给每个专家进行第 2 轮评定。这次专家仍面对同一个评定对象，所不同的是他们会知道第 1 轮匿名评定情况。第 2 轮的结果通常可以把评定结果缩小到一个范围内，得到一个合理的中间取值范围。Delphi 法在 COCOMO 成本估算中也被广泛使用。

(2) 类比估算。

类比估算是把当前项目和以前做过的类似项目比较，通过比较获得其工作量的估算值。应用类比估算的前提是确定比较因子，以此作为相似项目比较的基础。常见的比较因子有软件开发方法、功能需求文档与接口数等。具体使用时需结合软件开发组织和软件开发项目的特点再确定。

可以在整个项目级上使用类比估算，也可以在子系统级上使用类比估算。类比估算最主要的优点是比较直观，而且能够确定过去实际的项目与新的类似项目的具体差异以及可能对成本产生的影响。其缺点在于不能适用于早期规模等数据都不确定的情况，并且应用一般集中于已有经验的狭窄领域，不能跨领域应用。

13.2 软件项目组织管理

一个软件项目的成功，除了软件技术、开发方法等因素，人员及项目的组织管理也是至关重要的。因为软件系统的开发与维护工作都要由人完成，人的因素是第一位的。适当的组织管理是确保项目成功的基础，特别是对于大型复杂的软件系统，高水平的管理对项目的成功在某种意义上起着决定性的作用。

软件工程项目的管理涉及的主要人员或角色有系统分析员、项目经理、系统设计人员、程序员、系统测试人员等。开发小型软件时，可能由一个人负责系统分析、计划和设计工作，而 2~3 个程序员完成编码工作。这里主要涉及的是程序员的管理。对于大型软件的开发，编码阶段需要多名开发人员分担，程序员的组织问题在编码阶段最为突出。无论是大型软件项目，还是小型软件项目，程序员的组织问题都是组织管理的重点。程序员的组织形式主要有三种。

13.2.1 民主制程序员组

民主制程序员组的一个重要特点是：小组成员完全平等，享有充分民主，通过协商做出技术决策。它要求改变评价程序员价值的标准，使得每个程序员都鼓励该组织中的其他成员找出自己编码中的错误。程序员组作为一个整体，将培养一种平等的团队精神。

民主程序员组的主要优点是：对发现的错误抱着积极的态度，这种积极的态度有助于更快地发现错误，从而生产出高质量的代码；小组具有高度的凝聚力，组内学术氛围浓厚，有利于攻克技术难关。因此当开发的软件产品技术难度较高时，采用民主制程序员组是适宜的。

民主程序员组的显著缺点是：小组成员虽然享有充分的民主，通过协商做出决策，但是责任不明确，可能表面人人负责，实际人人不负责。再者，小组成员之间的通信是平行的，如果一个小组有 n 个成员，则要占用 n(n–1)/2 个信道。基于上述原因，程序组的成员不能太多，否则将会通信过多而导致效率大大降低。此外，一个软件系统通常不能化分成大量的独立单元，大量程序单元将导致接口出现错误的可能性增加，而且软件测试既困难又费时。因此，民主制程序员组更适合小型系统开发。

民主制程序员组通常采用非正式的组织形式，即虽然名义上有一个组长，但他和组内其他成员完全平等，他们完成相同的任务。如果组内大多数成员都是经验丰富技术熟练的程序员，那么非正式的组织形式可能非常成功。如果组内成员多数技术水平不高，或是缺乏经验的新手，那么这种组织形式可能产生严重的后果：组间成员将缺乏必要的协调，最终可能导致工程失败。

13.2.2 主程序员组

为了使少数经验丰富、技术高超的程序员发挥更大的作用，程序小组可采用主程序员组组成形式。20 世纪 70 年代初期，美国 IBM 公司开始采用这种组织形式。

一个典型的主程序员小组由主程序员、后备程序员、编程秘书及 1～3 名程序员组成。必要时，小组还可以有其他领域的专家协助。主程序员既是成功的管理人员又是经验丰富、能力强的高级程序员，负责总的软件体系结构设计和关键部分的详细设计，并且负责指导其他程序员完成详细设计和编码工作。主程序员为每行代码的质量负责，他要复查其他成员的工作成果。后备程序员主要协助主程序员工作并且在必要时接替主程序员的工作。因此后备程序员必须在各个方面和主程序员同样优秀，平时，后备程序员的主要工作是设计测试方案、测试用例、分析测试结果及其他独立于设计过程的工作。编程秘书是主程序员的助手或秘书，他负责完成与项目有关的全部事务性工作。例如，维护项目资料和项目文档，编译、链接、执行程序和测试用例。

这是最初的程序员组的思想，现在情况已大为不同。现在各个程序员都有自己的终端或工作站，他们在自己的终端上编码、编译、链接和测试，无须编程秘书统一做这些工作，编程秘书很快就退出了软件工程领域。

主程序员组比较适用于软件开发人员多数缺乏经验，程序设计过程中有许多事务性工作的大中型项目。主程序员组的组织形式是一种比较理想化的组织形式，但在实际中很难有这种组织形式。其主要原因在于：首先主程序员应该是成功的管理者与高级程序员的结合体，但是现实社会中很难找到这样的人才；其次后备程序员很难找到，人们总是期望后备程序员像主程序员一样优秀，但是他们必须坐在替补席上，这是任何一个优秀的高级程序员或高级管理人员都不愿接受的工作。

实际工作中需要更合理、更现实的程序员组织形式，这种方法应该能充分结合民主制程序员和主程序员组的优点，并能够用于实现更大规模的软件项目。

13.2.3 现代程序员组

民主制程序员组的最大优点是小组成员对发现错误都持积极主动的态度，但它不适合大型软件项目中的程序员组织，所以产生了主程序员组。但是，在使用主程序员组的组织形式时，主程序员必须参与所有代码的审查工作。由于主程序员又是对小组成员进行评价的管理员，他参与代码审查工作就会把发现的错误与小组成员业绩挂钩，从而造成小组成员不愿发现错误的心理。

解决上述问题的方法是取消主程序员的大部分行政管理工作，于是，实际的主程序员由两个人担任：一个技术负责人，负责小组技术活动；一个行政负责人，负责所有非技术性活动。这样的组织结构如图 13-5 所示。

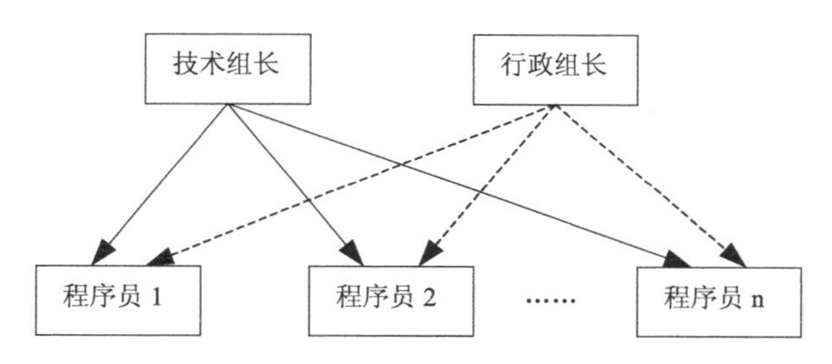

图 13-5 现代程序员组

技术组长自然要参与全部代码的审查工作，他只对技术工作负责，因此他不处理如预算和法律等问题，也不对组员业绩进行评价；行政组长不允许参加代码审查工作，他全权负责非技术事务，他负责对程序员的业绩进行评价，行政组长的责任是在常规调度会议上了解小组中每个程序员的技术能力。

在项目开始前，明确划分技术组长与行政组长的管理权限是非常重要的。但是，即使已经做了明确分工，还是会出现职责不清的问题，例如，考虑年度休假问题，行政组长有权批准某个程序员的休假申请，这是一个非技术性问题，但是技术组长很可能会马上否决这个申请，因为已经接近预订产品的完工期限，人手非常紧张。解决这类问题的方法是求助于更高层次的管理人员，对行政组长与技术组长都认为是自己职责范围的事务，制订一个解决方案。

程序员组的组成人员不宜过多，当软件规模较大时，应当把程序员分成若干个小组。程序员向他们的组长汇报工作，组长向项目经理汇报工作。当产品规模更大时，可以增加中间管理层次。

13.2.4 软件项目组织形式

如前所述，程序员组的组织形式主要用于实现阶段。软件项目的组织形式介绍 Mantei 提出的下述三种通用的组织方式。

1. 民主分权制

民主分权制(Democratic Decentralized，DD)软件工程小组没有固定的负责人，任务协调人是临时指定的。小组成员之间的通信是平行的，全组成员共同协商解决问题，做出决策。

民主分权制最适合解决模块化程度较低，难度较大的问题，因为解决这类问题需要更大的通信量。民主分权制小组结构能导致较高的士气和工作满意度，因此适合于生命周期长的小组。

2. 控制分权制

控制分权制(Controlled Decentralized，CD)软件小组有一个固定的负责人，他协调特定任务的完成并指导负责子任务的下级领导人的工作。解决问题仍然是一项群体活动，但是，通过小组负责人在子组之间划分任务实现解决方案。子组和个人之间的通信是平行的，但也有沿着控制层的上下级之间的通信。

3. 控制集权制

控制集权制(Controlled Centralized，CC)小组负责人管理顶层问题的解决过程并负责组内协调。负责人和小组成员之间的通信是上下级的。

控制分权制和控制集权制都比较适合小组结构，比较适合问题难度较小、开发规模较大的项目。

确定软件工程小组的结构时，应根据软件项目的特点、人员、时间等多种因素，列出几个重要的因素：待解决问题的困难程度；要开发的程序规模；小组成员在一起工作的时间；问题能被模块化的程度；待开发系统的质量和可靠性要求；交付日期的严格程度；项目的通信程度。

13.3 软件配置管理

开发软件时，许多人互相交互、互相合作，朝着共同的目标前进。这些人生产出许多产品，如设计说明、源代码、可执行码、测试用例、测试结果等文档；还有合同、计划、会议记录、报告等管理文档。软件开发过程中出现变更也是不可避免的。因此，为了避免无组织的文件汇集导致文件丢失，如何高效有序地产生、存放、查找和利用如此庞大的且不断变动的资料，确保在需要的时候能够及时获得正确的资料，尽可能少地出现混乱和差错成为软件工程项目十分突出的问题。这就是需要配置管理解决的地方。软件配置管理为软件开发提供了管理方法和活动原则，是软件开发过程质量保证活动的重要一环。

13.3.1　配置管理的意义

与发达国家相比，我国的软件企业在开发管理过程中，过分依赖个人的作用，没有建立起协同作战的氛围，没有科学的配置管理流程；技术上只重视系统和数据库、开发工具的选择，而忽视配置管理工具的选择，导致即使有配置管理规程，也由于可操作性差而搁浅。以上种种原因导致开发过程中存在一些问题，例如，开发管理松散，项目进展随意性很大；项目之间沟通不够，各个开发人员各自为政，开发大量重复，留下大量难以维护的代码；文档与程序严重脱节，给系统维护与升级带来极大困难；施工周期过长，且开发人员必须亲临现场等。

通过科学的配置管理能够大大改善软件开发环境与软件开发效益，缩短开发周期，有利于知识库的建立及规范管理，从而保证软件开发过程能够保质保量地完成。有效的配置管理可以提高软件产品质量、提高开发团队工作效率。很多软件企业逐渐意识到配置管理的重要性，借助国外一些成熟的配置管理工具，制订相应的配置管理策略，已经取得了较好的成效。

13.3.2　软件配置过程

1. 软件配置项的概念

软件配置项(Software Configuration Item，SCI)是以配置管理为目的的一组软件要素的集合，表 13-4 给出了软件配置项的一些例子。

表 13-4　软件配置项的分类和举例

分类	特征	举例
环境类	软件开发环境及软件维护环境	编译器、操作系统、数据库管理系统、开发工具、文档编辑工具
定义类	需求分析及定义阶段完成后的工作产品	需求规格说明书、项目开发计划、验收测试计划
设计类	设计阶段结束后得到的产品	系统设计规格说明、程序规格说明、数据库设计、编码标准、用户界面标准、系统测试计划
编码类	编码及单元测试后得到的工作产品	源代码、目标代码、单元测试数据、单元测试结果
测试类	系统测试后完成的工作产品	系统测试数据、系统测试结果、操作手册、安装手册
维护类	进入维护阶段后产生的工作产品	以上任何需要变更的软件配置项

2. 软件配置的概念

软件配置是一个软件产品的生存期各个阶段的不同形式(记录特定信息的不同媒体)和不同版本的程序、文档及相关数据的集合，或者配置项的集合。

3. 软件配置管理

软件配置管理是在软件的整个生命周期内管理变化的一组活动。这组活动主要用来标识变化、控制变化、确保适当地实现了变化、向需要知道这类信息的人报告变化。换句话说，软件配置管理的工作包括：在指定的时间及时确定软件的配置(如软件产品和它们的描述)；在整个软件生命周期中系统控制这些配置的调整，并维持其完整性和可跟踪性；软件产品配置之下的工作产品(如软件需求文档和代码)以及创建软件产品所必需的内容(如编译器)。

软件配置管理的主要任务包括配置标识、配置控制、配置报告和配置审核。

1)配置标识

为了控制和管理软件配置项，必须单独命名每个配置项，然后用面向对象方法组织它们。配置标识的目标是在整个系统生命周期中标识系统的构件，提供软件和软件相关产品之间的追踪能力。

配置标识框架主要包括配置项名称、文档类别名、资源、供应资源特性等。

2)配置控制

配置控制是在软件生存周期中控制软件产品的变更和发布。配置控制包括版本控制和变更管理。

在软件产品开发过程中以及产品发布以后可靠地建立和重新创建版本是软件配置管理的一个必备功能。在开发过程中，会建立产品的中间版本并对其进行测试。因为需要经常回到以前的版本，所以要能够快速准确地重建以前的版本。开发结束后，还需要管理发布给用户的软件版本，因此必须对所有必要的信息进行维护，以确保每一个已发布的软件产品版本能够重建。为了支持并行开发，软件配置管理还必须支持分支、文件比较和合并功能，版本控制提供了这种功能。

模块变更管理和基线管理都属于变更管理的范畴。对同一软件模块，有时候有不同功能需求问题。此时模块大部分代码相同，只是为实现不同功能，代码有局部差异。如果把不同功能需求增加为另外的模块，不但增加存储需求，还将增大管理难度，因此通常的做法是作为模块的变更管理。

基线是软件开发过程中的特定点，它的作用是使软件项目各个阶段的划分更加明确，使本来连续的的工作在这些点上断开，以便检查和肯定阶段性成果。基线由软件配置项组成，是软件配置管理的基础，为今后的开发工作建立了一个标准的起点。随着软件配置项的建立，产生了一系列基线。对这些基线必须进行管理和控制。

基线管理必须具有两个基本功能：对基线进行适当控制，禁止未经批准的任何变更。确定新基线之前，必须用新基线的试行版本对每个建议变更进行测试，以确保各个变更之间不会相互矛盾。为避免变更带来更多的问题，还需要一个综合的回归测试规程，确保项目在该点进行的所有变更都不会导致其他问题。这个过程一般要使用以前用过的大量测试用例，出现任何问题都说明变更有问题，这是必须回到变更之前，并责令相关程序员找出问题，然后再进行回归测试。

基线管理的另一个功能是为程序员提供灵活的服务，使他们能够比较容易地对自己的代码进行修改和测试。程序员根据基线中提供的任何部分的私有空间副本尝试新的变更，进行测试或修复，这样不会干扰其他人的工作。当程序员完成自己的工作，准备将工作结果并入基线时，必须保证新变更和其他部分兼容，确保新代码没有丢失以前的功能。

3)配置状态报告

配置状态报告的目的是提供软件开发过程的历史记录。内容主要包括软件配置项当前的状态集合发生变更的原因。配置管理人员应定时或在需要时提交配置报告。配置状态报告主要描述配置项的状态、变更的执行者、变更时间及对其他工作的影响。配置报告的结果要存入数据库中，以供管理者和开发者查询变更信息并对变更进行评估。

4)配置审核

配置审核是指根据需求标准或合同协议检验软件产品配置，验证每个软件配置项的正确性、一致性、完备性、有效性和可追踪性，以判定系统是否符合需求。具体来说，配置审核包括两个方面的内容：配置管理活动审核与基线审核。配置管理活动审核主要用于确保项目组成员的所有配置管理活动都遵循已批准的软件配置管理方针和规程，如检入/检出的频度、工作产品成熟度提升等。基线审核则是要确保基线化软件产品的一致性，且满足其功能要求。

在实际操作过程中，一般认为审核是一种事后活动，容易被忽视。但这种"事后"也是相对的，在项目初期审核发现的问题对项目后期工作有指导和参考价值。

配置审核有过程审核、功能审核、物理审核、质量系统审核四种形式。在项目进行过程中使用哪一种或哪几种审核要视具体情况而定。

13.4 小结

软件项目计划管理是在软件项目的早期要开展的一项重要工作，也是软件项目管理的重要内容之一。进度管理和成本估算是制定软件项目计划的依据，对于软件项目的整个运行过程有重要意义。

本章对进度管理、软件工程标准、软件项目估算、软件项目组织管理和软件配置管理分别进行了介绍。

对于进度安排，首先介绍了进度安排的概念、进度安排的整体过程、进度安排的并行性等内容，接着介绍了进度安排的工具与方法：一般表格工具、甘特图及计划评审技术。对于软件工程标准，首先介绍了什么是软件工程标准，然后介绍了软件工程标准的层次：国际标准、国家标准、行业标准及企业标准。对于软件成本估算，首先介绍了成本估算的方法：代码行、功能点、用例点和对象点，然后介绍了成本估算的方法。

项目组织是软件项目计划中与人直接相关的部分。一些成功的组织形式，如民主小组、主程序员小组和现代程序员组，软件项目管理者可以根据项目的实际情况灵活运用。

对于配置管理，首先介绍了配置管理的意义及配置过程，接着介绍了配置的基本概念，最后介绍了配置管理过程。软件配置管理是以软件项目中出现的变化为管理对象的。

习题

1. 项目进度安排有哪几种常用的方法？
2. 软件工程标准有几个层次？
3. 软件规模的度量标准有哪些？
4. 成员的组织形式有哪三种？
5. 软件配置管理的主要任务是什么？

第 14 章　软件风险管理

本章主要讲述软件风险的定义、软件风险的识别和分析过程、软件风险的监控与规避以及 RMM 计划。

14.1　软件风险概述

软件风险是不以人的意志为转移并超越人的主观意识的客观存在，在软件项目的生命周期内，风险是无处不在、随时发生的。对于软件风险只能在有限的空间和时间内改变风险的存在和发生条件，降低其发生频率，降低损失程度，而不能完全地消除风险。

14.1.1　软件风险定义

软件风险是有关软件项目、软件开发过程和软件产品损失的可能性。软件项目在开发过程中可能会带来损失活动，可能出现超出预算或者时间延迟的情况，需要冒一定风险。软件风险具有以下特点。

1. 偶然性和必然性

任何具体风险的发生都是许多风险因素和其他因素共同作用的结果，是一种随机现象。个别风险事故的发生是偶然、杂乱无章的。但是对大量风险的统计分析发现有一定运动规律，使用概率统计方法和其他现在风险方法计算风险发生概率和损失程度，促进软件风险管理的发展。

2. 不确定性和可变性

软件风险包含不确定，可能发生，也可能不发生。通过主动而系统地对软件风险进行全过程的识别分析和监控，对可能发生的风险进行控制，能够最大程度地降低风险对软件开发的影响。

软件风险可变性是指在软件项目实施过程中，各种风险在质和量上是有变化的。在软件项目实施过程中要对这种改变有预测性，对可能发生的风险进行规避。

3. 多样性和多层次性

软件项目开发涉及客户需求、开发技术、市场竞争、项目管理等多方面，在其生命周期内面临各种风险，这些风险之间存在着错综复杂的关系，使软件风险表现出多样性和多层次性。

14.1.2　常见软件风险

软件项目有其特殊性，受许多因素影响。常见的软件风险有以下几类。

1. 人力资源风险

软件技术的飞速发展和经验丰富的人员缺乏，意味着项目团队可能成为影响项目成功的因素。可能带来人力资源风险的情况包括人员配备不合理、忽略或没有进行必要项目培训、项目成员缺乏合作精神和必胜信心、不切实际的过高生产率要求导致人员疲惫项目停滞不前等。

2. 需求风险

软件需求是确定软件成果内容、功能、形式的决定性约束条件，是保证软件正确反映用户对软件使用要求的基础。可能带来软件需求风险的情况包括模糊或者变化的用户需求、没有详细准确的需求文档、接口文档不统一或者存在二义性、缺少需求变化管理等。

3. 开发技术风险

软件开发在设计、实现、接口、验证和维护等方面都需要技术的支撑，项目所采用的技术架构和策略对项目成功有重要影响。常见开发技术风险包括使用未经充分验证的新技术或者新开发平台、使用非传统软件开发方法、采用粗略概要设计导致系统架构不稳定、项目接口技术不成熟等。

4. 管理风险

管理问题制约了项目的成功，对项目时间资源配置不当、角色责任不明确或者定义不当都会引起不协调活动，进而影响整个项目的进度。影响管理风险的因素主要有项目角色责任划分是否清晰、项目有无人员激励机制、项目报告不真实、管理制度不落实等。

5. 相关性风险

许多风险都是因为项目的外部环境或因素的相关性产生的。影响外部环境的因素包括客户供应条目或者信息、内部或外部转包商的关系、交互成员或交互团体依赖性、经验丰富人员可得性和项目的复用性等。

14.1.3 软件风险管理的意义

软件项目从启动到关闭的全过程都存在不能预先确定的内部和外部干扰因素，在这些综合因素的影响下可能存在很多风险。如果不控制，风险的影响会扩大，甚至引起整个项目的夭折。在现代软件项目管理中，风险管理已成为软件开发工程中必不可少的环节。

软件风险管理能将风险带来的影响或者造成的损失降到最少。通过风险管理可以使决策更科学，从总体上减少项目风险，保证项目目标的实现。通过风险识别可加深对项目和风险的认识，分析各个方案利弊，了解风险对项目的影响，减少分散风险。通过风险分析提升项目计划的可信度，改善项目执行组织内部和外部之间的沟通。通过风险管理能够为以后规划和设计工作提供反馈，为制定项目应急计划提供依据，可推动项目管理层和项目组织积累风险资料，以便采取措施防止和规避风险造成的损失。

14.2 软件风险的识别

软件风险识别是试图采用系统化的方法，识别特定项目已知的和可预测的风险。通过识别已知的和可预测的风险，项目管理者就有可能避免这些风险，必要时控制这些风险。

14.2.1 软件风险识别依据

软件风险识别依据包括项目计划、历史经验、外部制度约束和项目内部不确定性等方面，具体有以下方面。

1. 项目计划

项目计划包括项目的各种资源及要求，项目目标、计划和资源能力之间的配比关系，为软件项目风险评估提供了基础。

2. 历史经验

其他项目的信息对本项目风险识别具有参考价值，可以从以往的项目相关文件中获得风险识别依据。

3. 外部制度约束

国家或者部门相关制度或者法律环境的变化，劳动力问题等对项目可能造成的影响。

4. 项目内部不确定性

项目中存在一切不确定性因素都可能是项目风险来源，如需求规格说明中，有关待定的部分可能就是风险的载体。

14.2.2 软件风险识别过程

软件风险识别过程是将项目不确定性转变成风险陈述的过程，主要包括以下活动。

1. 风险评估

风险评估又称风险预测，通常采用两种方法估价每种风险。估计风险可能发生的概率或者估计如果风险发生将会产生的后果。

2. 识别风险

风险识别没有一个标准方法，也没有特殊工具，需要人类智慧与经验的结合，目前常用的有核对清单、头脑风暴法、德尔菲法(Delphi)和 SWOT 分析技术等。

3. 风险定义级别

软件开发风险通常包括性能、成本和进度等因素，这些因素对项目目标可能产生的影响可以划分为可忽略的、轻微的、严重的、灾难性的等四个级别。具体如表 14-1 所示。

表 14-1 软件项目风险级别

风险因素	风险级别	
性能	灾难性的	无法满足需求而导致任务失败 软件严重退化使其根本无法到达要求的技术性能
	严重的	无法满足需求而导致系统性能下降，使得任务成功受到质疑，技术性能有所下降
	轻微的	无法满足要求而导致次要任务退化 技术性能有较小的降低
	可忽略的	无法满足要求而导致使用不方便或不易操作 技术性能不会降低
支持	灾难性的	无法满足需求而导致任务失败 无法做出响应或无法支持的软件
	严重的	无法满足需求而导致系统性能下降，使得任务成功受到质疑 软件修改过程有少量的延迟
	轻微的	无法满足要求而导致次要任务退化 有较好的软件支持
	可忽略的	无法满足要求而导致使用不方便或不易操作 易于进行软件支持
成本	灾难性的	错误将导致成本增加 严重的资金短缺，很可能超出预算
	严重的	错误将导致实施延迟，并使成本增加 资金不足，可能会超支
	轻微的	成本上的小问题 有充足的资金来源
	可忽略的	错误对成本的影响很小 可能低于预算

4. 确定风险因素

风险因素是引起风险的可能性和后果剧烈波动的变量。可通过将风险背景输入相关模型得到，例如，通过软件成本估计模型可发现成本驱动因素对成本风险的影响。

5. 编写风险文档

通过编写风险陈述和详细说明风险场景记录已知风险，对已知风险做好记录能够对其他项目管理具有借鉴作用。

14.2.3 软件风险识别方法技术

风险识别有很多方法，主要有检查表法、头脑风暴法、德尔菲法、SWOT 分析法、情景分析法和图形法等。

1. 检查表法

检查表法是利用一组问卷帮助项目计划人员了解项目和技术方面的风险。通过建立风险条目检查表列出所有可能存在风险的因素，主要有以下方面。

(1) 产品规模：建造或要修改的软件总体规模相关的风险。

(2) 商业影响：管理或市场所加的约束相关的风险。

(3) 客户特性：客户素质以及开发者和客户定期通信的能力相关的风险。
(4) 过程定义：软件过程被定义的程度以及它们被开发组织所遵守的程度相关的风险。
(5) 开发环境：用以建造产品的工具的可用性及质量相关的风险。
(6) 建造的技术：待开发软件复杂性及系统所包含技术的“新奇性”相关的风险。
(7) 人员数目及经验：参与工作的软件工程师的总体技术水平及项目经验相关的风险。
风险条目检查表可以通过不同的方式组织，调研上述每个话题相关的问题，得出潜在风险。

2. 头脑风暴法

头脑风暴法又称智力激励法、BS 法、自由思考法，是由美国创造学家 A·F·奥斯本首次提出的一种激发性思维的方法。头脑风暴法又可分为直接头脑风暴法(通常简称为头脑风暴法)和质疑头脑风暴法(也称反头脑风暴法)。前者是在专家群体决策尽可能激发创造性，产生尽可能多的设想的方法，后者则是对前者提出的设想、方案逐一质疑，分析其现实可行性的方法。

采用头脑风暴法组织群体决策时，要集中有关专家召开专题会议，主持者以明确的方式向所有参与者阐明问题，说明会议的规则，尽力创造在融洽轻松的会议气氛。一般不发表意见，以免影响会议的自由气氛。由专家“自由”提出尽可能多的方案。

3. 德尔菲法

德尔菲法(Delphi)是在由 O·赫尔姆和 N·达尔克首创。德尔菲法又名专家意见法，是依据系统的程序，采用匿名发表意见的方式，即团队成员之间不得互相讨论，不发生横向联系，只能与调查人员发生关系，以反复地填写问卷，以集结问卷填写人的共识及搜集各方意见，作为预测结果。

这种方法的优点主要是简便易行，具有一定科学性和实用性，可以避免会议讨论时产生的害怕权威随声附和，或固执己见，或因顾虑情面不愿与他人意见冲突等弊病，具有一定程度综合意见的客观性。

4. SWOT 分析法

SWOT 分析法又称态势分析法，是由旧金山大学的管理学教授提出来的，是一种能够较客观而准确地分析和研究一个单位现实情况的方法。SWOT 分析对机会(Opportunities)、风险(Threats)、优势(Strengths)、劣势(Weaknesses)四个方面结合起来进行分析，以寻找制定适合本项目实际情况的经营战略和策略的方法。

5. 情景分析法

情景分析法又称脚本法或者前景描述法，是假定某种现象或某种趋势将持续到未来的前提下，对预测对象可能出现的情况或引起的后果做出预测的方法。通常用来对预测对象的未来发展做出种种设想或预计，是一种直观的定性预测方法。

6. 图形法

通过图形技术指出造成问题的原因，帮助把问题追溯到最根本的原因上。常见的图形法包括因果图、系统或过程流程图和影响图等。

14.3 软件风险分析

在开发新的软件系统过程中，由于存在许多不确定因素，软件开发失败的风险是客观存在的。因此，风险分析对于软件项目管理是决定性的。风险分析就是评估已识别出风险的影响和可能性的过程。

14.3.1 软件风险分析过程

风险分析过程包括确定风险的驱动因素、预测风险造成后果和影响、评估风险等级以及制定风险计划等，具体步骤如下。

1. 确定风险的驱动因素

为了很好地消除软件风险，项目管理者需要标识影响软件风险因素的风险驱动因子，这些因素包括性能、成本、支持和进度。

2. 预测风险影响

根据风险定义，用风险发生的概率与风险后果的乘积度量风险的影响。

风险影响=风险发生的概率×风险后果

风险概率定义为大于 0 小于 1，见表 14-2。

表 14-2 风险发生概率

级别	概率	判断标准
极高	0.9	任何与之相关的风险都会成为问题
高	0.7	风险转换成问题的机会很高
中等	0.5	风险转换成问题的可能性对半
低	0.3	风险偶尔会成为问题
极低	0.1	风险几乎不可能成为问题

后果从 1 至 10 表示对性能、成本、支持和进度的影响，见表 14-3。

表 14-3 风险后果等级

级别	概率	判断标准
极高	9	导致项目失败、无法满足用户的关键要求
高	7	影响关键任务完成、严重质量缺陷、进度延缓、超支
中等	5	对进度、质量、范围、成本有一定影响，但可以接受
低	3	对进度、质量、范围、成本有轻微影响，但不能忽略
极低	1	对项目某些方面有微小影响，可以忽略

3. 评估风险

项目中各个风险的严重程度是随着时间而动态变化的。时间框架是度量风险的另一个变量，是采取有效措施规避风险的时限。表 14-4 表示了如何将风险的严重程度与行动时间框架结合才能获得一个最终的按优先顺序排列的风险评估单。

表 14-4　风险严重程度

时间		风险影响		
		低	中等	高
时间框架	短	5	2	1
	中等	7	4	3
	长	9	81	6

对风险按照风险影响进行优先排序，对级别高的风险优先处理。

4. 制定风险计划

风险计划是实施风险应对措施的依据和前提，风险计划制定包括制定风险管理政策和过程的活动。依据风险计划可以将管理的责任和权利分配到组织的各个层次。制定风险计划的过程就是将风险列表转换为应对风险所采取措施的过程。具体包括以下步骤。

(1) 制定风险设想，对导致不尽如人意的结果的事件和情况的估计。

(2) 选择风险应对途径，对具体风险依据项目计划、项目约束选择一种策略。

(3) 设定风险阈值，设定阈值用于定义风险发生的开端，根据量化目标分成不同等级，从而确定风险严重程度。

(4) 编写风险报告，将风险应对的整个过程编写成文档，形成风险管理的有效文件。

14.3.2　软件风险分析方法技术

风险分析方法和工具很多，常见的有因果关系分析法、决策树分析法、Pareto 分析法等。

1. 因果分析法

因果分析法通过因果图表现，这种图反映的因果关系直观、醒目、条例分明，用起来比较方便，效果好。常用的因果分析法有鱼骨图法，它是一种透过现象看本质的分析方法。

2. 决策树分析法

决策树分析法是指分析每个决策或事件(即自然状态)时，都引出两个或多个事件和不同的结果，并把这种决策或事件的分支画成图形，这种图形很像一棵树的枝干，故称决策树分析法。

3. Pareto 分析法

Pareto 分析法是先将比较影响不良率程度的高低，然后处理影响不良率较严重的项目依次采取措施。它是找出问题主要因素的一种简单而有效的图表方法。

14.4　软件风险监控与规避

14.4.1　软件风险监控

项目管理者应对风险识别、分析、规划和应对的全过程进行管理和监控，从而保证风险管理能达到顶期的目标，是项目实施过程中的一项重要工作。风险监控主要靠管理者的经验实施，利用项目管理方法以及其他某些技术如原型法、软件心理学、可靠性等设法避免或者转移风险。风险的监控活动如图 14-1 所示。

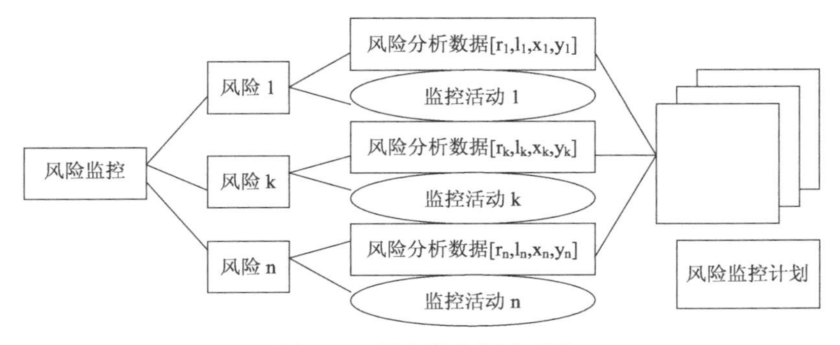

图 14-1　风险的监控活动图

从图 14-1 可以看出，风险监控活动要写入风险监控计划，风险监控计划记录了风险分析的全部工作，并且作为整个项目计划的一部分，为项目管理人员使用。

14.4.2　软件风险规避

风险规避是风险应对的一种方法，是指通过计划的变更消除风险或风险发生的条件，保护目标免受风险的影响。风险规避并不意味着完全消除风险，我们所要规避的是风险可能给我们造成的损失。一是要降低损失发生的机率，这主要是采取事先控制措施；二是要降低损失程度，这主要包括事先控制、事后补救两个方面。风险可能随时存在，对于软件开发，规避风险永远是最好的策略。

14.5　RMMM 计划

风险管理策略可以包含在软件项目计划中，或者风险管理步骤也可以组织成一个独立的风险缓解、监控和管理计划(RMMM 计划)。RMMM 计划将所有风险分析工作文档化，并由项目管理者作为整个项目计划中的一部分使用。RMMM 计划的大纲如下。

1.引言

1.1　文档的范围和目的

1.2　主要风险综述

1.3　责任

(1)管理者

(2)技术人员

2.项目风险表

2.1　中止线之上的所有风险的描述

2.2　影响概率及影响的因素

3.风险缓解、监控和管理

3.1　风险#n

(1)缓解

①一般策略

②缓解风险的特定步骤

(2)监控

①被监控的因素

②监控方法

(3)管理

①意外事件计划

②特殊的考虑

……

4.RMMM 计划的迭代时间安排表

……

5.总结

一旦建立了 RMMM 计划，且项目开始启动，则风险缓解及监控步骤也开始了。风险缓解是一种问题避免活动。风险监控则是一种项目跟踪活动，它有三个主要目的。

(1)评估一个被预测的风险是否真正发生了。

(2)保证为风险而定义的缓解步骤被正确地实施。

(3)收集能够用于未来风险分析的信息。

在很多情况下，项目中发生的问题可以追溯到不止一个风险，风险监控的另一个任务就是试图在整个项目中确定“起源”，即什么风险引起了什么问题。

14.6　小　　结

本章针对软件风险管理相关知识和风险管理过程中涉及的技术进行了详细描述。首先明确软件风险的定义；其次掌握软件识别的技术方法，主要有检查表法、头脑风暴法、德尔菲法、SWOT 分析法、情景分析法和图形法等；然后通过风险分析方法对风险进行分析，常见的有因果关系分析法、决策树分析法、Pareto 分析法等；最后通过软件监控和规避使得软件风险尽可能降低。

习　　题

1. 什么是软件风险？常见有哪几类？
2. 软件风险识别方法有哪几种？
3. 怎样进行软件风险的检查和规避？
4. 简述软件分析过程？

第 15 章　软件企业成熟度模型

本章主要介绍了软件成熟度模型(Capability Maturity Model for Software，CMM)的定义、产生和发展以及各等级分类及特征，同时对 CMM 内部结构、各级特征主要的关键过程域进行了详细描述，最后介绍了 CMM 的应用实施评估过程以及中国软件企业 CMM 的现状与趋势。

15.1　CMM 概 述

CMM 是指软件能力成熟度模型，是对于软件组织在定义、实施、度量、控制和改善其软件过程的实践中各个发展阶段的描述，是评估软件能力与成熟度的一套标准。该标准侧重软件开发过程的管理及工程能力的提高与评估，是国际上流行的软件生产过程标准和软件企业成熟度等级认证标准。CMM 给软件机构提供了度量软件过程的凭据，同时 CMM 对软件机构起到指导作用。

15.1.1　CMM 的产生和发展

1. CMM 历史

CMM 的工作最早开始于 1986 年 11 月，最初为满足美国政府评估软件供应商能力并帮助其改善软件质量，由卡内基–梅隆大学的软件工作研究所(SEI)牵头，在 Mitre 公司协助下进行研究，并于 1987 年 9 月发布了一份能力成熟度框架以及一套成熟度问卷。在此基础上不断改进，在 1991 年，推出了 CMM1.0 版，是在成熟度框架的基础上建立的一个可用的模型，该模型可以更加有效地帮助软件公司建立和实施过程改进计划。

经过几年努力，SEI 于 1993 年推出了 CMM1.1 版。近几年，SEI 又推出了 CMM2.0 版，同时进入了 ISO 体系，称为 ISO/IEC15504(软件过程评估)。软件企业可根据 C M M的模型对软件项目管理和项目工程进行定量控制和能力评估，用户也可以根据 C M M衡量和预测软件开发商的实际软件生产能力。目前C M M是国际上最流行、最实用的一种软件生产过程标准和软件企业成熟度等级认证标准。

2 . CMM 用途

CMM 的用途主要有以下几个方面。

(1) 软件过程改进(Software Process Improvement，SPI)。

软件过程改进指导软件机构提高软件开发管理能力，帮助软件企业对其软件生产过程的改进制定计划和措施，并实施这些计划和措施。

(2) 软件过程评估(Software Process Assessment，SPA)。

在评估中，经过培训的软件专业人员确定出一个企业软件过程的状况，找出该企业所面对的与软件过程有关的、急需解决的所有问题，以便取得企业领导对软件过程改进的支持。

(3)软件能力评价(Software Capability Evaluation，SCE)。

评估软件承包商的软件开发管理能力，在能力评价中，一组经过培训的软件专业人员鉴别出软件承包商的能力资格，或者是检查、检测应用于软件生产的软件过程的状况。

目前，CMM 认证已经成为世界公认的软件产品进度国际市场的通行证，我国已有多家软件企业通过了 CMM 标准认证。

15.1.2 CMM 各等级特征

CMM 强调的是软件过程的规范、成熟与不断改进。为了正确和有序地引导软件过程活动的开展，CMM 提供了一个框架，将软件开发过程按成熟度分成五个等级，为过程持续改进奠定了基础。这五个成熟度等级定义了一个有序的尺度，用以测量组织软件过程成熟度和评价其软件过程能力。下面分别介绍这五个等级。

1. 初始级

初始级，处于初始级的软件开发过程未经定义，基本上没有健全的软件工程管理制度。软件企业缺乏稳定的开发和维护环境，软件开发过程处于无序状态，缺乏对软件过程的有效控制和管理，出现问题后往往没有标准的解决方案，而是依靠开发者私下的个人经验或主观判断解决。

处于成熟度等级 1 的企业，由于软件过程完全取决于当前的人员配备，所以具有不可预测性，人员变化了，过程也跟着变化。所以，要精确地预测产品的开发时间和费用等重要的项目，是不可能的。

初始级主要特点是，软件的计划、预算、功能和产品质量都是不可预见、不可确定的。

2. 可重复级

建立基本的项目管理过程以跟踪成本、进度和功能特性，企业建立了管理软件项目的方针以及为贯彻执行这些方针的措施。项目开发是有计划的、可控制的行为，项目成功不是偶然的，是可重复的行为。

可重复级的管理过程包括需求管理、项目管理、项目追踪和监控、质量管理、配置管理、子合同管理六个方面。通过这些方面的管理和控制，可以获得一个按计划执行的、阶段可控的软件开发过程。

可重复级的特点是软件企业项目计划和跟踪稳定、项目过程可控、项目的成功是可重复的。

3. 已定义级

已将管理和工程活动两个方面的软件过程文档化、标准化，并综合成该机构的标准软件过程。软件管理活动和开发活动的过程都已得到标准化定义，这些标准和规范被明确地写入文档，并被统一集中到企业内部的软件过程标准中。

已定义级主要特点是软件过程已被编制为若干个标准化过程，并在企业范围内执行，使得软件生产和管理更具有稳定性、重复性、可控制性和具有持续性。

4. 已管理级

软件过程可以被明确的衡量标准度量和控制，对生产过程和产品质量的明确量化比，结合软件企业制定的统一的度量标准，可以使软件企业方便、及时、准确、有效地对生产活动和管理活动进行有的放矢的控制。

处于已管理机的软件企业主要特点是，软件开发过程是可以预测的，降低了风险产生的概率，从而保证了软件产品的质量。

5. 优化级

在已管理级的基础上，继续加强定量分析，采取有效的机制使软件过程的误差最小化。在具体项目的运用中，可根据来自以往的过程的反馈信息和采用新技术、新方法使软件过程能够得到持续改进和不断优化，达到防范缺陷目标的作用。

软件企业通过预见机制和持续不断的自查自纠，找出过程中的缺陷和不足，并进行处理。对软件过程的衡量标准和评价标准进行持续的改进，使软件企业能够不断调整软件生产过程，按最优化的方案进行软件生产。

优化级的特点是，过程的不断改进和新技术的采用被作为企业的常规的工作，以实现防范缺陷的目标。

15.2 CMM的结构

CMM 的每个等级都被分解为三个定义层次，这三个层次分别是关键过程域、共同特性和关键实践。每个等级由几个关键过程域组成，这几个关键过程域共同形成一种软件过程能力。每个关键过程域按四个关键实践类组织；并且都有一些特定的目标，通过相应的关键实践类实现。除了初始级，每一成熟度等级都是按完全相同的内部结构构成的，如图 15-1 所示。

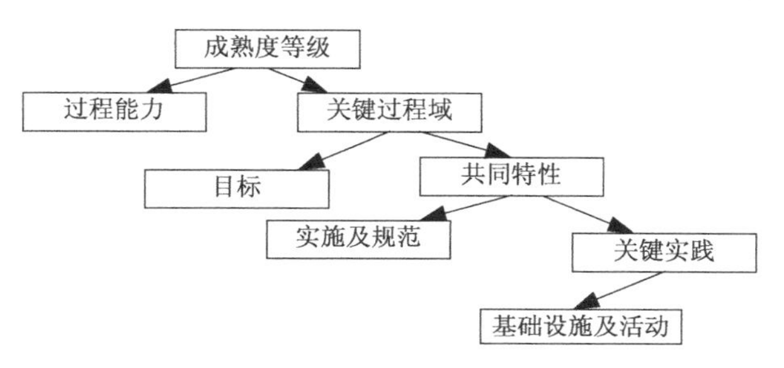

图 15-1 CMM 内部结构图

15.2.1 关键过程域

关键过程域是一组相关的活动，完成这些活动就达到了被认为是对改进过程能力非常重要的一组目标。每个关键过程域的目标总结了它的关键实践，可以用来判断一个结构或项目是否有效地实现了关键过程域。在一个具体项目或机构环境中，当调整关键过程域的关键实践时，可以根据关键过程域的目标判断这种调整是否合理。除了初始等级，每个成熟度等级可分为多个关键过程域，后面章节具体介绍。

15.2.2 关键实践

关键实践是指在基础设施以及其他前提条件均满足的情况下对关键过程域的规范实施起重要作用的活动。每个关键过程域都有若干个关键实践，实施这些关键实践就实现了关键过程域的目标。

每个关键实践的描述由两部分组成：前一部分说明关键过程域的基本方针、规范活动，即顶层关键实践；后一部分是详细描述，可能包括例子，即子实践。

15.2.3 共同特性

不同成熟度级别中的关键过程域执行的具体实践不同，这些实践分别组成关键过程域的五个属性，即五个共同特性，分别为执行约定、执行能力、执行活动、测量和分析以及验证执行。共同特性指明了一个关键过程域的执行和制定化是否有效、可重复和可持续。

15.3 CMM 各级中关键过程域

在 CMM 中，共有 18 个关键过程域、52 个目标、300 多个关键实践，每一级别的评估由美国卡内基–梅隆大学软件工程研究所授权的主评估师领导的评估小组进行。

15.3.1 可重复级中的关键过程域

可重复级包括六个关键过程域，主要涉及建立软件项目管理控制方面的内容。分别为需求管理(requirement management)、软件项目计划(software project planning)、软件项目跟踪和监督(software project tracking and oversight)、软件分包合同管理(soft ware sub-contract management)、软件质量保证(software quality assurance)、软件配置管理(softwcre configuration management)。

1. 需求管理

为了生产出的软件产品能够满足用户需求，软件项目的开发必须以用户的需求为导向。需求管理过程主要包括需求确认、需求评审、需求跟踪和需求变更。需求管理过程的目标是管理和控制需求，维护软件计划、产品和活动与需求的一致性，并保证需求在软件项目中得到实现。

2. 软件项目计划

软件项目计划目的是执行软件工程和管理软件项目制定合理的计划。主要包含估计待完的工作、建立必要的约定和确定进行该工作的计划。具体步骤为首先估计软件工作产品规模及所需的资源，其次制定进度表，然后鉴别和评估软件风险，最后协商约定。为了制定软件计划(即软件开发计划)，可能需要重复执行这些步骤。

3. 软件项目跟踪和监督

软件项目跟踪和监督目的是建立对实际进展有适当的可视性，使管理者能在软件项目性能明显偏离软件计划时采取有效措施。包括对照文件化的估计、约定、计划审查和跟踪软件完成情况和结果，并且根据实际的完成情况和结果调整这些计划。

4. 软件分包合同管理

软件分包合同管理目的是选择合格的软件分承包商并有效地管理他们。包括选择软件分承包商、建立与分承包商的约定以及跟踪和审查分承包商的性能和结果。这些惯例包括对纯软件子合同的管理，也包括对子合同的软件成分的管理，后者含有软件、硬件和可能有的其他系统成分。

5. 软件质量保证

软件质量保证目的是使管理者对软件项目正使用过程和正构造的产品有适当的解。包括审查和审核软件产品和活动以证实他们符合适用规程和标准，向软件项目经理和其他有关的经理提供这些审查和审核的结果。

6. 软件配置管理

软件配置管理目的是建立和维护在项目的整个软件生存周期中软件项目产品的完整性。涉及在给定时间点标识软件的配置(即选定的软件工作产品及其描述)，系统地控制对配置的更改并维护在整个软件生存周期中配置的完整性和可跟踪性。

15.3.2 已定义级中的关键过程域

已定义级包括七个关键过程域，主要涉及项目和组织的策略，目的是令软件机构建立起项目中的有效计划和管理过程。分别是组织过程焦点(organization process focus)、组织过程定义(organization process definition)、培训大纲(training program)、集成软件管理(integrated software management)、软件产品工程(software product engineering)、组间协调(intergroup coordination)、同行评审(peer reviews)。

1. 组织过程焦点

组织过程焦点目的是建立组织对软件过程活动的责任，这些活动能改进组织的整体软件过程能力。包括增进和保持对组织的和项目的软件过程的了解，协调那些评估、制定、维护和改进这些过程的活动。

2. 组织过程定义

组织过程定义目的是开发和维护便于使用的软件过程财富，这些财富可用于改进跨项目过程性能，并为组织积累性长期收益打个基础。包括开发和维护组织的标准软件过程以及相关的过程财富，例如，软件生存周期的描述、过程剪裁指南和准则、组织软件过程数据库和软件过程相关文档库。

3. 培训大纲

培训大纲目的是培育个人的技能和知识，使他们能有效和高效率地履行其职责。涉及确定组织、项目和个人所需要的培训，然后开发或外购培训以满足所确定的需求。

4. 集成软件管理

集成软件管理目的是将软件工程活动和管理活动集成为一个协调的、已定义的软件过程，该软件过程是从组织的标准软件过程和有关的过程财富剪裁得到的，这在组织过程定义中描述。涉及开发项目定义软件过程并采用此软件过程管理软件项目。项目定义软件过程是组织的标准软件过程经剪裁得到的，以便反映项目的具体特征。

5. 软件产品工程

软件产品工程目的是一致地执行妥善定义的工程过程，该工程过程集成全部软件工程活动，以便有效且高效地生产正确的、一致的软件产品。涉及采用项目定义软件过程(在集成软件管理关键过程方面中描述)和适当的方法及工具执行那些用以构造与维护软件的工程作业。

6. 组间协调

组间协调目的是建立软件工程组与其他工程组积极合作的手段以便项目更能够有效和高效率地满足顾客的需要。涉及软件工程组与其他项目工程组合作处理系统级的需求、对象和问题。项目工程组的代表与顾客和最终用户(合适时)合作建立系统级的需求、目标和计划。这些需求、目标和计划成为全部工程活动的基础。

7. 同行评审

同行评审目的是及早和高效率地消除软件工作产品中的缺陷。一个重要的伴随结果是对软件工作产品及可防止的缺陷得到更好的了解。涉及生产者的同行对软件工作产品的有条理的检查，以便识别缺陷和错误的区域。

15.3.3 已管理级中的关键过程域

已管理级主要任务是为软件过程和关键产品建立一种可以理解的定量的方式。该等级中包括两个关键过程域，分别是定量过程管理(quantitative process management)、软件质量管理(software quality management)。

1. 定量过程管理

定量过程管理目的是定量地控制软件项目的过程性能。软件过程性能表示遵循某软件过程所得到的实际结果。涉及建立集成软件管理关键过程方面所描述的项目定义软件过程的性能目标、测量过程性能、分析这些测量结果并做出调整以保持过程性能在可接受的范围内。

2. 软件质量管理

软件质量管理目的是建立对项目的软件产品质量的定量了解和实现具体的质量目标。涉及规定软件产品的质量目标，制定实现这些目标的计划，并监控及调整软件计划、软件工作产品、活动和质量目标，以满足顾客和最终用户对高质量产品的需要及愿望。

15.3.4 优化级的关键过程域

优化级主要涉及软件组织和项目中如何实现持续不断的过程改进问题。包括三个关键过程域，分别为缺陷预防(defect prevention)、技术改革管理(technology change management)、过程变动管理(process change management)。

1. 缺陷预防

缺陷预防目的是识别缺陷的原因并防止它们再出现。涉及分析过去曾遇到的缺陷和采取具体措施以防止将来再出现此类缺陷。缺陷可能曾在其他项目中和在当前项目的早期阶段或作业中已经识别出来。缺陷预防活动也是在项目间传播经验教训的一种机制。

2. 技术改革管理

技术改革管理目的是识别新技术(工具、方法和过程)，并以有序的方式将其引进到组织中。涉及识别、选择和评价新技术，将有效的技术引入本组织。其目的是改进软件质量、提高生产率和缩短产品开发周期。

3. 过程变动管理

过程变动管理目的是不断改进软件质量、提高生效率和缩短产品开发周期，以不断改进组织中所用的软件过程。包括规定过程改进目标，并且在高级管理者的支持下，前瞻和系统地识别、评价和实施对组织的标准软件过程和项目定义软件过程的持续改进。

15.4 CMM 应 用

CMM 制订了一套描述成熟软件机构特征的可应用准则，可供软件企业机构改进软件开发和维护过程，或由政府及商业机构用于评估和选择软件项目开发所面临的风险。

CMM 的用途主要是软件过程评估和软件能力评价，通过对软件的评估和评价促进软件过程的改进。

15.4.1 软件过程评估和软件能力评价

软件过程评估用于确定机构当前软件过程的状态，确定机构所面临的高优先级与软件过程有关的问题，并获得机构对软件过程改进的支持。

软件能力评价用来确定合格的软件项目承制方，或监控承制方软件开发工作中软件过程的状态，进而指出承制方应改进之处。

软件过程评估和软件能力评价的重要区别是如何适用结果。评估的结果是机构自我改进并确定行动该计划的基础；评价的结果是指导软件风险剖面图的推演。

CMM 为实施软件过程评估和软件能力评价建立了一个通用参考框架，如图 15-2 所示。

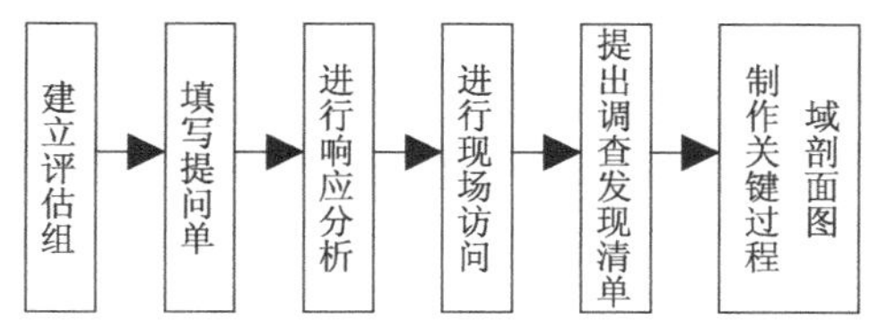

图 15-2 CMM 软件过程评估图

1. 建立估价小组

预先应对该组成员进行 CMM 和评估评价的细节方面的培训。该组成员应具丰富的软件工程和管理方面的知识、经验，是软件工程和管理方面的专家。

2. 填写提问单

对待评估或评价单位的代表进行 CMM 培训，然后由被评审代表完成软件能力成熟度提问单的填写工作，并回答评估评价组提出的诊断性问题。

3. 进行响应分析

评估评价组对提问单和专门的诊断性问题的回答进行分析，即对提问回答情况进行统计，并据此确定必须进一步探查的领域，以便提出补充问题。待探查的领域应与 CMM 的关键过程域相对应。

4. 进行现场访问

访问被评估或评价单位的现场，评估评价组根据响应分析的结果，召开座谈会、进行文档复审，以便进一步了解软件开发所遵循的软件过程。

评估评价组成员在提问、倾听、复审和综合各种信息时以 CMM 中的关键过程域和关键实践为依据，对其工作提供指导。评估评价组运用专业性的判断，确定所考察的关键过程域的实施是否满足相关关键过程域的目标规定。当 CMM 的关键实践与所考察的实践间存在明显差异时，该组必须用文件记下对此关键过程域做出判断的理论依据。

5. 提出调查发现清单

在现场工作阶段结束时，评估评价组生成一个调查发现清单，明确指出该软件开发组织软件过程强弱项。在软件过程评估中，该调查发现清单作为提出过程改进建议的基础；在软件能力评价中调查发现清单作为软件采购单位进行风险分析的一部分。

6. 制作关键过程域 KPA 剖面图

评估评价组制作一份关键过程域剖面图，标明该软件开发组织已满足和尚未满足其目标的关键过程域。一个关键过程域可能是已满足要求的，但仍可能会有一些相关的问题要解决。如未发现或未指出这些问题，就会妨碍实现该关键过程的相应目标，因此还应建立一个文件记录这些已被发现的问题。

15.4.2 软件过程改进

软件过程改进是一个持续的、全员参与的过程，其最终目的是改进软件工程师和项目经理的实践。CMM 在策划改进措施、措施计划的实施和定义过程方面具有特殊的价值。

CMM 实施软件过程改进采用的方法称为 IDEAL 模型，分五步：初始化(Initiating，I)诊断(Diagnoding，D)、建立(Establishing，E)、行动(Acting，A)、推进(Leveraging，L)。如图 15-3 所示。

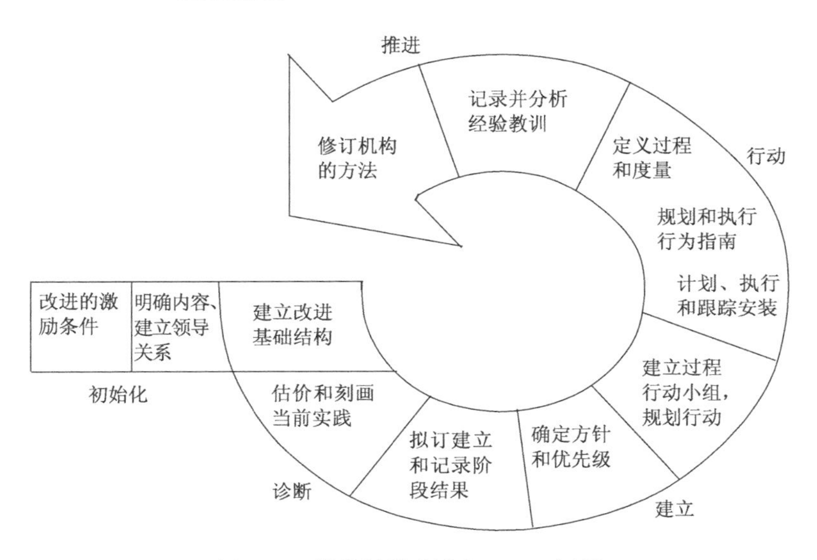

图 15-3 软件过程改进(IDEAL 方法)

15.5 CMM 的实施与评估

15.5.1 软件过程评估必要性

软件产业已逐步从一个弱小的产业跃居为新兴的、发展最快的、潜力巨大的产业。它代表着一个国家高新技术的水平。没有先进的软件产业，就不可能有先进的信息技术产业。

软件能力成熟度模型可用来评估软件过程成熟度，能不断对软件过程进行最有效的改进，提高软件过程能力，降低软件开发风险，因此深受软件产业界关注。这里首先从以下四个方面说明软件过程评估的必要性。

1. 软件特殊性的需要

通常所说的软件包括计算机运行时所需要的各种程序，一般分为系统软件和应用软件。随着软件需求量的快速增长，软件应用中出现的问题也越来越多。主要体现在以下五个方面。

(1) 软件成本的提高。

(2) 软件开发进度难以控制。

(3) 软件工作量的估计较困难。

(4) 软件质量难以保证。

(5) 软件的个性与维护比较困难。

软件是计算机系统中的逻辑部件而不是物理部件，软件开发是逻辑思维过程，软件的工作量很难估计，进度难衡量，质量也难评价，维护工作量繁重。同时软件的复杂度随规模呈指数增加，往往需要许多人共同开发一个大型系统。团队开发软件虽然增加了开发力量，但也增加了额外的工作量，组织不严密、管理不善，常常是造成软件开发失败多、费用高的重要原因。

2. 改进软件过程的需要

不断改进软件开发过程是软件工程的基本原理之一。1995 年正式发布的一项国际标准，即 ISO/IEC 12207《信息技术–软件生命周期过程》，就把软件过程改进列为软件生命周期的 17 个过程之一。实践表明，软件过程需要不断完善，从而不断提高软件过程能力。

改进软件过程首先需要分析当前的过程状态，确定其需要改进之处，制定适当的改进策略。第一步就是要对当前的软件过程进行评估，找出其中的弱点；第二步才能依据科学的改进途径制定适当的策略。

3. 降低软件风险的需要

软件产品开发的风险，一直是软件产业界和软件用户十分关注的问题，风险主要表现在开发成本和进度方面，特别是产品质量方面。为了降低风险，首先要对软件产品提供者的软件过程进行评估，进而评价其软件过程能力。随着软件过程的成熟，软件过程能力得到提高，相应的风险将不断降低。降低软件风险要符合以下两条最基本的要求。

(1) 软件采购者的需要。软件产品或软件服务的采购单位进行招标，在选择承制者时，为了降低风险，需要对备选单位的软件过程能力进行评价，而这种评价的依据是对该单位的软件过程进行评估的结果。

(2) 软件承制者的需要。软件产品研制单位和软件服务单位在响应顾客的需要、进行投标时，为了降低风险，需要对自己的软件过程能力进行评价，避免承担力所不及的任务；而这种评价的依据仍然是根据实际需要，对相应软件过程进行评估的结果。

随着一个软件组织软件过程能力的提高，其完成软件产品时在预算、进度，特别是产品质量方面的风险就会逐步降低。随着软件过程的改进，开发周期的缩短，产品可靠性明显提高。

4. CMM 对软件需求管理的需要

软件生产一般包括需求管理、流程设计管理、开发管理、测试管理等主要过程。软件的质量管理从软件需求阶段就开始了。需求是系统或软件必须达到的目标和能力；需求管理是一种系统方法，用来获取、组织和记录需求，建立并维护客户、用户和开发机构之间针对需求变化的协议。良好的需求管理对于降低开发成本和保障项目成功至关重要。

根据 CMM 的建议，不应将需求管理当做瀑布式的简单文档化流程。CMM 的一个显著特征是将软件需求作为一个活跃的实体贯穿于整个开发过程中，实施有效的需求管理事实上渗透在 CMM 的不同层次(level)和众多关键过程领域中。在 CMM 中，软件需求的变更是软件开发活动中的一个必然组成部分。

作为一种应用广泛、具有影响力的软件过程控制和评估框架，CMM 只有映射到一个具体的系统化软件流程中才能体现出其真正的价值。换言之，准备通过 CMM 评估的开发机构应该以现有的流程和方法作为改进和优化其流程的基本出发点。

软件能力成熟度水平是衡量机构的软件开发过程、流程成熟度的标准，不应该当做开发流程改进的奋斗目标。开发机构切忌本末倒置，应该以现有流程为基础，实事求是地改进、优化各项具体工作，参照过程成熟度模型全面提升开发机构的软件能力和需求管理能力。

15.5.2 CMM 评估步骤

当企业开始考虑 CMM 评估的价值和优点时，应对它的范围和需求有所了解。评估中应遵循以下步骤。

(1) 决定评估：为了进行评估，企业必须有要评估的东西，综合考虑影响评估的因素。

(2) 与主任评估师签合同：为了使企业的评估能被 SEI 承认和记录在案，就需要用由 SEI 授权的评估师进行评估。

(3) 选择评估团队：按 CMM 定义，选择评估团队成员。

(4) 选择项目：选择项目主要是确定评估范围。

(5) 选择参与者：评估过程中需要花费大量时间与项目中工作的人员交谈。

(6) 创建评估计划：主要包括目的、CMM 范围、事件进度、团队成员、参与者、报告和风险等。

(7) 批准计划：计划要得到管理者正式批准和采纳。

(8) 培训 CMM 团队：对选定的评估团成员进行 CMM 方面知识培训。

(9) 使团队做好准备：对整个评估团队进行定向培训。

(10) 举行启动会议：会议人员包括评估团队成员和评估参与者。

(11) 散发和填写 CMM 提问单：通过提问单帮助澄清软件项目开发中哪些过程和实践已到位。

(12) 考察提问单结果：对整体进行检查，从结果中得出高层 CMM 映射。

(13) 考察过程和实践文档：证实提问单所反映的事，通过考察过程和实践文档了解项目对 CMM 的遵从性和项目是否按照这些规则动作执行。

(14) 进行现场访谈：通过现场访谈形成真实和完整的 CMM 图像。

(15) 提炼信息：对记录进行重组、比较、提炼其发现的信息。

(16) 编制评估发现的草稿：评估发现可能出现也可能不出现在最终评估报告中。

(17) 陈述评估发现的草稿：在评估中的最后数据采集会议中向评估参与者陈述评估发现的草稿。

(18) 发布正式评估报告：包含重新陈述评估的目的，重新指明被评估的项目和 KPA，标识强项区域，标识弱项区域，关键过程域满足情况的总结和一个最终的等级得分。

(19) 交付报告：当完成最终评估报告时，评估团队将其交付给倡导者。

(20) 举行高层管理者会议：会议目的是明确企业相对 CMM 的位置，建立企业下一步前进目标。

15.5.3 企业实施 CMM 过程

国内的绝大部分软件企业目前处于 CMM 的初级阶段，没有基础和经验。下面讨论软件企业实施 CMM 或通过 CMM 评估所必须经历的步骤，软件企业实际实施 CMM 时，可以根据自身的实际情况和具体要求应用。

1. 提高思想认识

根据全球软件销售额数字分析，今后几年软件和信息服务的市场规模将有一个巨大的发展。然而中国这样的一个大国，软件销售额还不到世界市场的 0.5%。我国软件企业除少数几家在500人以上外，多数是在50人以下的民营、集体和个人的软件公司。以开发技术和规范化程序衡量，总体上仍是相当落后的，大多数企业仍为手工作坊式制作，产品缺乏市场竞争力。因此，软件过程管理已成为发展软件产业的一个关键性问题。希望企业通过使用 CMM 模型，一个等级一个等级地提高自己的软件开发及生产能力，提高企业的整体水平。

实施 CMM 对软件企业的发展起着至关重要的作用，CMM 过程本身就是对软件企业发展历程的一个完整而准确的描述，企业通过实施 CMM，可以更好地规范软件生产和管理流程，使企业组织规范化。而且，只有在国际市场取得成功的产品和企业才具有长久的竞争力和生命力，由于 CMM 已获得国际企业和用户的广泛认可，必须在软件企业实施 CMM。

2. 进行 CMM 培训和咨询工作

任何一个软件企业要想实施一先进的管理措施，首先应该做的就是理论基础的建设，作为一个过程式管理方法的 CMM，同样也不例外。

根据 CMM 模型的要求，一个项目的开发一定要有章可循，而且要做到有章必循，这两点都离不开培训。培训工作需要投入很大的人力、物力和财力，只有企业的管理人员和软件开发人员对 CMM 真正了解和认识了，自觉地按 CMM 的方法工作，才能真正实施 CMM，而不是一时应付，做表面文章。

培训的内容需要精心地准备，主要有两个方面：第一，对所有员工包括经理在内的最基本的软件工程和 CMM 培训知识；第二，对各个工作组的有关人员提供专业领域知识等方面的培训；此外，在每次开发过程中，还要对普通人员进行软件过程方面的培训。

培训的方式有很多，例如，向有关专业培训咨询机构进行咨询、利用互联网资源进行咨询和培训、聘请有关 CMM 专家到企业实地指导 CMM 的实施等。

3. 确定合理的目标

CMM 模型划分为五个级别，共计 18 个关键过程域、52 个目标、300 多个关键实践。每一个 CMM 等级的评估周期(从准备到完成)需 12~30 个月。无论一个软件企业的软件过程处于什么样的水平，都可以在 CMM 框架的五个级别中找到自己的位置。CMM 框架的不同级别是针对处于不同管理水平的软件企业制定的，一个软件企业实施 CMM，首先必须了解自己的管理现状，对照 CMM 的级别，找到自己在 CMM 中所处的位置，然后有针对性地采取与自己所处级别相适应的措施，使企业迟早纳入 CMM 的进化阶段，使软件过程管理早日得到改善，最终达到提高软件质量，获取经济效益的目的。

因此，要实施 CMM，首先应该对本企业的现状有一个准确的评估。企业目前处于什么水平，企业发展的问题是什么，借助 CMM 要达到的目的是什么。然后再结合企业的实际情况选择 CMM 的切入点，确定总体目标。这个目标包括在多长时间之内，需要投入多少人力、物力和财力，要达到哪一级。由于软件过程的建立和改进是一个渐进的、分轻重缓急的、逐步完善的过程。所以，在总体目标已经确定的前提下，还要制订近期目标和长期目标。

4. 成立工作组

企业针对 CMM 的实施，应成立专门的 CMM 实施领导小组或专门的机构。CMM 的实施需要有强有力的组织保证，领导层必须真正学习理解软件过程管理和改进的重要性，亲自领导和参与，要保证过程管理的人员配备，抽调企业中有管理能力、组织能力和软件开发能力的骨干人员，确实把此项工作当做企业生存和发展的大事来抓。

在 CMM 的实施过程中，工作组的成立是 CMM 的一个关键步骤。有几个重要的组织是必不可少的，这些组织包括软件工程过程组、软件工程组、系统工程组、系统测试组、需求管理组、软件项目计划组、软件项目跟踪与监督、软件配置管理组、软件质量保证组、培训组。

软件工程过程组是由专家组成的组，全心全意推进组织所采用的软件过程的定义、维护和改进工作。软件工程过程组统领 CMM 实施活动，协调全组织软件过程的开发和改进活动，制定、维护和跟踪与软件过程开发和改进活动有关的计划，定义用于过程的标准和模板，负责对全体人员培训有关软件过程及其相关的活动。

在 CMM 的实施中组织机构的设置必须完善，但不等于每一个机构必须是独立的。有些组织很小，机构可以适当合并，成员可以身兼数职。但对那些关键实践要求独立性时，组织必须十分小心。例如，软件质量保证组的独立性就是必须考虑的，否则在技术上或机构上出现的偏差，会无目的地影响软件过程、项目质量和风险决策的正确性。

5. 制定和完善软件过程

CMM 模型强调软件过程的改进，如果企业还没有一个文档形式的软件过程，则首要任务是对当前的工作流程进行分析、整理及文档化，从而制定出一个具有本企业风格的软件过程，并用该文档化的过程指导软件项目的开发。如果已经具备了软件过程，则要对这个过程做内部评估，对照 CMM 的要求，找出问题，然后对这个过程进行补充修改。在具体实施的过程中，可以选择有一定代表性和完善性的项目组或项目进行试点，跟踪、监督改进后的软件过程的实施情况，执行改进活动的状态。

总结这些项目组或项目以前成功的经验，从中规划出一个具有实际意义的软件过程，按照 CMM 规范评估这个过程，找出其中的优缺点。对不满足 CMM 要求的地方进行完善，使其成为一个完美的实施 CMM 的软件过程方案；然后将这个软件过程应用到当前正在承接的或即将承接的项目上，在实际使用过程中进一步发现其中的不足和错误之处，进行改进，最后将试点的结果推广到整个企业。

6. 内部评审

CMM 每一级别的评估都由美国卡内基–梅隆大学的软件工程研究所(CMU/SEI)授权的主任评估师领导一个评审小组进行。目前，全世界一共只有三百多个主任评估师，大部分在美国，而我国大陆还没有主任评估师。由于我国在 CMM 评估中要聘请外籍主任评估师，所以费用较高。据估计，要通过一个级别的 CMM 评估，费用是通过 ISO9000 认证的十多倍。

建议软件企业在进行正式评估之前，先进行内部评审或评估。这种内部评审包含两层含义。第一种就是软件企业组织自己内部成员，严格、认真地按照 CMM 规范评估过程，对自己的软件过程进行评审，找出其中的不足点并进行改进。第二种含义就是在全国范围内，由有关软件工程和 CMM 专家组成一个专门的“内部评审”机构，负责指导协调实施 CMM 的活动，推进活动的深入开展，对国内软件企业 CMM 评估进行预先评估。这种预先评估，可降低软件企业通过正式 CMM 评估的风险，减少软件企业实施 CMM 的成本，为企业最终获得国际 CMM 认证打下基础。

7. 正式评估

CMM 正式评估由 CMU/SEI 授权的主任评估师领导一个评审小组进行，评估过程包括员工培训(企业的高层领导也要参加)、问卷调查和统计、文档审查、数据分析、与企业的高层领导讨论和撰写评估报告等，评估结束时由主任评估师签字生效。

目前主要有两种基于 CMM 的评估方法，一种是 CBA-SCE(CMM-Based Appraisal for Software Capability Estimation)，它是基于 CMM 对组织的软件能力进行评估，是由组织外部的评估小组对该组织的软件能力进行的评估。另一种是 CBA-IPI(CMM-Based Appraisal for Internal Process Improvement)，它是基于 CMM 对内部的过程改进进行的评估，是由组织内部的小组对软件组织本身进行评估以改进质量，结果归组织所有，目的是引导组织不断改进质量。

8. 根据评估结果改进软件过程

根据 IDEAL 模型，成熟度的评估只是软件过程改进中的一个环节，如果这个环节与软件过程改进的其他环节不能很好地结合，那么，CMM 评估对于软件过程改进所应具有的作用就得不到发挥。

一般来说，应该在评估之后很快做出软件过程改进的计划，因为这时大家对评估结果和存在的问题仍有一个深刻的认识。计划在软件过程改进中是一个非常必要的阶段，只有有效的计划，才能确保软件过程得到有效的改进。

15.6 中国软件企业 CMM 的应用现状与趋势

1. 企业实施 CMM 的意义

我国软件要大幅度提高开发能力，走向世界，必须向国际上公认的软件评估标准靠拢。CMM 的现实意义在于它可以大幅度提高软件开发管理规范化水平，有助于客户特别是大公司对软件企业建立信心。软件产业外包的关键之一就是要获得 CMM 认证的通行证。印度软件企业因通过 CMM 认证而大量出口软件到美国为我们提供了先例。

2. 我国软件企业实施 CMM 的现状

近年来，我国软件行业越来越重视 CMM 评估以及基于 CMM 的软件过程改进，国内软件企业的规范化程度有了显著提高，同时国家也出台了一些政策，鼓励软件行业进行能力成熟度认定工作。目前通过此类评估的企业有摩托罗拉中国软件中心、沈阳东软股份有限公司、华为印度研究所、大连华信计算机技术有限公司、惠普中国软件研究中心、北京用友软件工程有限公司、华为软件有限公司、普天信息技术研究院、上海宝信软件股份公司等 19 家企业。

3. 我国软件企业实施 CMM 的趋势

中国的软件企业已经开始走上标准化、规范化、国际化的发展道路，中国软件已经面临一个整体突破的时代。从长远意义看，把通过 CMM 评估作为提升国产软件研发实力的助力器，当 CMM 评估过程的理念和精髓渗透到众多的中小型企业中时，我国软件产品质量将得到大幅度提升。

CMM 认证在软件管理国际化中几乎有不可替代的作用，已经成了测量国产软件发展情况的尺度。众多软件厂商对实施 CMM 充满激情。CMM 虽然不是万能的，但为中国企业走向规范化、规模化、成熟化创造了一个良好的契机。中国软件企业应有效地把握 CMM 评估，促进国内企业的软件过程改进，提高软件生产力。

15.7 小　　结

通过本章学习能够初步了解软件企业成熟度模型(CMM)的定义、产生和发展以及中国软件企业 CMM 的现状与趋势；能够掌握 CMM 的等级分类及特征、 CMM 内部结构、各级特征主要的关键过程域；同时能够掌握 CMM 的应用实施评估过程。

习　　题

1. CMM 将软件过程的成熟度分为几个级别？
2. CMM 软件能力成熟度模型分级结构及主要特征。
3. 简述 CMM 评估的内容和评估过程。
4. CMM 的关键过程域是如何划分的？

参 考 文 献

李明树，何梅，杨达等. 2007. 软件成本估算方法及应用. 软件学报，18(4)：775-795

刘冰，赖函，瞿中. 2009. 软件工程实践教程. 北京：机械工业出版社

刘文，朱飞雪. 2005. 软件工程基础教程. 北京：北京大学出版社

覃征，何坚，高洪江等. 2005. 软件工程与管理. 北京：清华大学出版

覃征，徐文华等. 2009. 软件项目管理. 2 版. 北京：清华大学出版社

覃征，杨利英，高勇民等. 2004. 软件项目管理. 北京：清华大学出版社

孙家广. 2005. 软件工程——理论、方法与实践. 北京：高等教育出版社

徐家，白忠建，吴磊. 2009. 软件工程——理论与实践. 2 版. 北京：高等教育出版社

杨继萍，吴军希，孙岩等. 2011. Project 2010 从新手到高手. 北京：清华大学出版社

杨文龙，姚淑珍，吴芸. 1999. 软件工程. 北京：电子工业出版社

张海藩. 2003. 软件工程. 北京：人民邮电出版社

张家浩. 2008. 现代软件工程. 北京：机械工业出版社

张林，马雪英，王衍. 2009. 软件工程. 北京：中国铁道出版社

赵韶平，罗海燕，李霁红等. 2004. PowerDesigner 系统分析与建模. 北京：清华大学出版社

郑人杰，殷人昆，陶永雷. 1997. 实用软件工程. 2 版. 北京：清华大学出版社

Carlo G，Mehdi J，Dino M. 2003. Fundamentals of Software Engineering. Second Edition. 北京：清华大学出版社

Humphrey W S. 2011. Introduction to the Team Software Process. 北京：人民邮电出版社

Maciaszek L A，Bruc L L. 2007. Practical Software Engineering—A Case Study Approach. 北京：机械工业出版社

Pressman R S. 1999. Software Engineering—A Practitioner's Approach. Fourth Edition. 北京：机械工业出版社